全国高职高专院校药学类与食品药品类专业“十三五”规划教材

固体制剂综合教程

（供药学类及相关专业使用）

主　编　郝晶晶

主　审　侯香菊

副主编　潘学强　赵春霞

编　者　（以姓氏笔画为序）

王峥业　郝晶晶　赵春霞　曹　悦

谢志强　潘学强　魏增余

U0285774

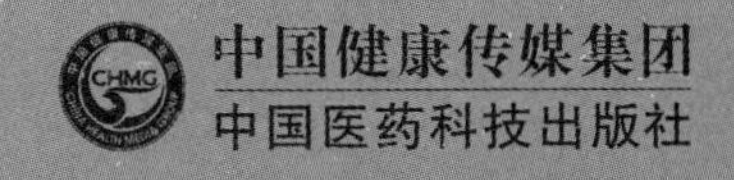

中国健康传媒集团
中国医药科技出版社

内容提要

本教材是“全国高职高专院校药学类与食品药品类专业‘十三五’规划教材”之一，结合高职高专教育教学理念，旨在培养学生药品生产岗位综合职业素质。本教材主要内容为介绍药物制剂基础、散剂、颗粒剂、片剂、胶囊剂、丸剂的生产过程及要求，系统化阐述药物制剂岗位需要掌握的知识、技能。

本教材适合医药卫生高等职业院校药学类专业及相关专业教学使用，也可作为药品生产企业员工培训教材。

图书在版编目（CIP）数据

固体制剂综合教程/郝晶晶主编.—北京:中国医药科技出版社，2020.1

全国高职高专院校药学类与食品药品类专业“十三五”规划教材

ISBN 978-7-5214-1366-3

Ⅰ.①固…　Ⅱ.①郝…　Ⅲ.①人固体–制剂–高等职业教育–教材　Ⅳ.①TQ460.6

馆CIP数据核字（2019）第278256号

美术编辑　陈君杞

版式设计　**友全图文**

出版　**中国健康传媒集团**｜中国医药科技出版社

地址　北京市海淀区文慧园北路甲 22 号

邮编　100082

电话　发行：010–62227427　邮购：010–62236938

网址　www.cmstp.com

规格　889 × 1194mm $^{1}/_{16}$

印张　17 $^{3}/_{4}$

字数　393 千字

版次　2020 年 1 月第 1 版

印次　2020 年 1 月第 1 次印刷

印刷　三河市百盛印装有限公司

经销　全国各地新华书店

书号　ISBN 978-7-5214-1366-3

定价　55.00 元

版权所有　盗版必究

举报电话：010-62228771

本社图书如存在印装质量问题请与本社联系调换

获取新书信息、投稿、为图书纠错，请扫码联系我们。

前言

PREFACE

随着制药技术的发展，国家对药品生产质量的要求不断提高，为适应新形势下全国高职高专医药类专业教育改革和发展的需要，遵循现代高职高专教育教学的理念，以培养学生药品生产岗位综合职业素质为目标，在“以服务为宗旨，以就业为导向，以能力为本位，以学生为主体”的职业教育理念的指导下，依据工作岗位对知识与技能的需求，本教材对固体制剂的教学内容进行了系统化设计，突出了结构导向工作过程系统化的编写模式，实现了由传统的“以学科体系为引领”向“以解决岗位实际问题为引领”和“以学科知识为重点”向“以实际应用和技能提高为重点”的两个转变，本教材在编写上体现“四个创新”。

1. 体例创新 按照工作过程设计，依据制药企业固体制剂生产岗位要求，划分为药物制剂基础、散剂的生产、颗粒剂的生产、片剂的生产、胶囊剂的生产、丸剂的生产六个工作项目。每个工作项目又下设两个难度递增的工作任务。每个工作任务均按照资讯、计划、实施、评价等过程设计，将理论与实践有机结合，突出教学与实践岗位对接。

2. 内容创新

（1）教学项目的选择，涵盖了固体制剂生产典型工作任务，依据原料易得、应用广泛、方法新颖、设备先进的原则，选择相应制剂品种的生产为载体，反映新知识、新技术、新工艺和新方法。

（2）以生产合格的产品为纽带，按照制剂生产工艺编制教学模块，教学过程中将知识、技能与情感态度有机整合，并融入课程思政元素于学生实践过程。教学内容对接药物制剂工职业资格标准和医药行业规范，教材中编制的生产工艺规程、设备操作规程、生产记录等文件符合国家《药品生产质量管理规范》（GMP）要求，与岗位对接。

（3）注重发挥学生的主体作用，以引导学生小组合作式训练为主，以教师指导为辅，培养学生团队合作意识。

3. 结构创新 教材编制严格依据工作逻辑，按照学生的认知规律由浅入深编排教学内容，体现模块化和系列化。

4. 呈现形式创新 教材中加入课件、微课、动画等大量的数字化素材。

本教材由郝晶晶（北京卫生职业学院）担任主编，负责编写项目一和项目四；潘学强（北京卫生职业学院）担任副主编，负责编写项目二和项目六的任务12；赵春霞（北京卫生职业学院）担任副主编，与谢志强共同编写项目五；曹悦（北京卫生职业学院）、王峥业（徐州医药高等职业学校）共同编写项目三；魏增余（江苏连云港中医药高等职业技术学校）负责编写项目六的任务11。全书由华润三九（北京）药业有限公司侯香菊担任主审。

本教材编写过程中得到了主编单位北京卫生职业学院及各参编人员所在院校的热情关怀和大力支持，在此一并感谢。因编者水平所限，缺点和不足在所难免，敬请广大读者批评指正，以利再版时改正和提高。

编 者

2019年9月

目录
CONTENTS

项目一　药物制剂基础

知识目标

通过药物制剂认知、熟悉洁净区及设备等生产任务，掌握药物制剂技术及相关术语的含义，药物剂型的分类方法，空气洁净度的级别。

熟悉药物制剂的工作依据，空气净化工艺，制药机械的分类、代码与型号。

了解药物制剂的发展，药品生产质量管理规范对制剂设备的要求。

能力要求

熟练掌握查阅药典的技巧；学会进入洁净区的方法及解释制药设备的型号。

任务1　药物制剂认知

扫码“学一学”

任务资讯

一、概述

（一）药剂学与药物制剂技术

药剂学是指研究药物制剂的基本理论、处方设计、制备工艺、质量控制和合理使用等内容的综合性技术科学。药物制剂技术是指在药剂学理论指导下，研究药物制剂生产和制备技术的综合型应用技术学科，是药学专业、制药类专业的一门重要的核心课程。

（二）常用术语

1. 药物和药品　药物是用于供预防、治疗和诊断人的疾病所用物质的总称，包括天然药物、化学合成药物和生物技术药物。药品是指用于预防、治疗、诊断人的疾病，有目的地调节人的生理功能并规定有适应证或者功能主治、用法和用量的物质，包括中药、化学药和生物制品等。

药物与药品是两个完全不等同的概念，药物的内涵比药品大，并非所有能防治疾病的物质均为药品。

2. 药物剂型和药物制剂　药物剂型是指将药物制成适合于临床使用的形式，简称剂型，如散剂、片剂、颗粒剂、溶液剂、乳剂、混悬剂、软膏剂、栓剂、气雾剂等。药物制剂是指根据药典或药政部门批准的质量标准，将原料药物按照某种剂型制成的具有一定规格的药剂，是各种剂型中的具体药品，简称制剂，如头孢拉定片、维生素C注射剂、鱼肝油胶丸等。制剂的基本质量要求是安全、有效、稳定、使用方便。研究制剂生产工艺技术

及相关理论的科学称为制剂学。

3. 药品批准文号 药品批准文号是指国家批准药品生产企业生产该药品的文号，是由国家药品监管部门统一编制，并由各地药品监管部门核发。药品批准文号代表着生产该药品的合法性，每一个合法制剂均有一个特定的批准文号。

药品批准文号格式：国药准字+1位字母+8位数字。试生产药品批准文号格式：国药试字+1位字母+8位数字。其中化学药品使用字母“H”，中药使用字母“Z”，通过药品监督管理局整顿的保健药品使用字母“B”，生物制品使用字母“S”，体外化学诊断试剂使用字母“T”，药用辅料使用字母“F”，进口分包装药品使用字母“J”。

4. 药品名称 包括通用名称、商品名和国际非专利药品名称（INN）等。

药品的通用名称是指按照我国国家药典委员会药品命名原则制定的药品名称，具有通用性，国家药典或药品标准采用的通用名称为法律名称。通用名称不可用做商标注册。

药品商品名是指国家药品监督管理部门批准给特定企业使用的该药品专用的商品名称，是指药品作为商品属性的名称，不同企业生产的同种药品，商品名是不同的，如对乙酰氨基酚是解热镇痛药，不同药厂生产的含有对乙酰氨基酚的复方制剂，商品名有百服咛、泰诺林等；药品商品名具有专有性质，不得仿用。

国际非专利药品名称是世界卫生组织（WHO）制定的药物（原料药）的国际通用名，采用国际非专利药品名称，使世界药物名称得到统一，便于交流和协作。

具有商品名的药品在药品的包装上，必须同时标注通用名，而且商品名与通用名不得同行书写，字体比例单位面积不得大于通用名二分之一。

5. 辅料和物料 辅料是药物制剂中除主药以外的一切附加成分的总称，是制剂生产和处方调配时所添加的赋形剂和附加剂，是制剂生产中必不可少的组成部分。物料是制剂生产过程中所用的原料、辅料和包装材料等物品的总称。

6. 中间品和成品 中间品是指生产过程中需要进一步加工制造的物品或未经过合格检验的产品。成品是指生产过程全部结束，并经检验合格的最终产品。

7. 批和批号 批指经一个或若干加工过程生产的、具有预期均一质量和特性的一定数量的原辅料、包装材料或成品。为完成某些生产操作步骤，可能有必要将一批产品分成若干亚批，最终合并成为一个均一的批。在连续生产情况下，批必须与生产中具有预期均一特性的确定数量的产品相对应，批量可以是固定数量或固定时间段内生产的产品量。

批号是用于识别一个特定批的具有唯一性的数字和（或）字母的组合。用于追溯和审查该药品的生产历史。每批药品均应编制生产批号。

8. 新药 是指未在中国境内销售的药品，根据物质基础的原则性及新颖性不同，分为创新药和改良型新药。

9. 特殊药品 国家对麻醉药品、精神药品、医疗用毒性药品、放射性药品实行特殊管理，这四类药品被称为特殊管理的药品，简称特殊药品。

二、药物剂型

（一）药物制剂的发展

药物制剂是在传统制剂的基础上发展起来，并随着药物和其他科学技术的发展而发展。根据制剂的发展年代，大致可分为三阶段。

第一阶段是传统制剂。传统制剂是将药物经简单加工，制成供内服或外用的制剂，包括中药制剂（如汤剂、丸剂、散剂、栓剂、酒剂等）和格林制剂（如酯剂、浸膏剂、散剂、酒剂、溶液剂等）。

第二阶段是近代药物制剂。近代药物制剂是在传统制剂的基础上，随着制药机械产生而发展起来的，有150余年的历史。如1843年生产模印片；1847年生产硬胶囊剂；1876年发明压片机，使片剂生产机械化；1886年出现了注射剂。

第三阶段是现代药物制剂。现代药物制剂是为了克服近代药物制剂的给药频繁、药物浓度不稳定的缺点，提高病人的依从性、减少药物的副作用、以提高治疗效果而发展起来的。1947年青霉素普鲁卡因缓释制剂的研制成功，标志着现代药物制剂的产生。现代药物制剂中有缓释制剂、控释制剂、靶向制剂、脉冲式给药系统等。

（二）剂型的重要性

任何一种药物都不能直接应用于临床，必须将其制成适合于临床需要的最佳给药形式，即药物剂型。剂型作为药物的给药形式，对药效的发挥起到至关重要的作用，主要有以下几个方面。

1. 可改变药物的作用性质　如50%的硫酸镁口服溶液具有泻下作用，但用10%的葡萄糖注射液稀释成5%的溶液静脉注射时能抑制大脑中枢神经，具有镇静、解痉作用；又如依沙吖啶（利凡诺）1%注射液用于中期引产，但0.1%～0.2%溶液局部涂敷有杀菌作用。

2. 可调节药物的作用速度　如注射剂、吸入气雾剂、舌下给药片剂等，发挥药效很快，常用于急救；丸剂、缓控释制剂、植入剂等属长效制剂或慢效制剂。

3. 可降低（或消除）药物的毒副作用　如氨茶碱治疗哮喘效果很好，但口服可以引起心跳加快，若改成气雾剂可以减少这种副作用。又如芸香油片剂治疗支气管哮喘和哮喘性支气管炎很有效，但是可引起恶心、呕吐等副作用，而用硬脂酸钠、虫蜡做基质，1%的硫酸钠做冷凝液制成的芸香油滴丸，具有肠溶作用，可以克服芸香油片引起的恶心、呕吐等副作用。

4. 可产生靶向作用　如静脉注射乳剂、脂质体是具有微粒结构的制剂，在体内能被网状内皮系统的巨噬细胞所吞噬，主要在肝、肾、肺等器官分布较多或定位释放，而减少全身副作用，提高治疗效果。

5. 影响疗效　固体剂型如片剂、颗粒剂、丸剂的制备工艺不同会对药效产生显著的影响，药物晶型、药物粒子大小的不同，也可直接影响药物的释放，从而影响药物的治疗效果。

（三）药物剂型分类

2015年版《中华人民共和国药典》（简称《中国药典》）共收载品种5608种，从剂型的角度而言包含了40余种不同剂型。这些剂型基本包括了目前国际市场流通与临床所使用的

常见品种，但是还没有包括一些发展中的剂型，如脂质体，微球等。既然药物剂型的种类繁多，为了便于研究、学习和应用，需要对剂型进行分类。

1. 按形态分类 可将剂型分成固体剂型（如散剂、丸剂、颗粒剂、胶囊剂、片剂等），半固体剂型（如软膏剂、糊剂等），液体剂型（如溶液剂、芳香水剂、注射剂等）和气体剂型（如气雾剂、吸入剂等）。一般形态相同的剂型，在制备特点上有相似之处。如液体制剂制备时多需溶解、分散等操作；半固体制剂多需熔化和研匀，固体制剂多需粉碎、混合和成型等。

这种分类方式纯粹是按物理外观，具有直观、明确的特点，且对药物制剂的设计、生产、保存和应用都有一定的指导意义。不足之处是没有考虑制剂内在特点和给药途径。

2. 按分散系统分类 一种或几种物质（分散相）分散于另一种物质（分散介质）所形成的系统称为分散系统。按药物（分散相）在溶剂（分散介质）中的分散特性，可将剂型分为如下几种。

（1）低分子型 是指药物以分子或离子状态均匀地分散在分散介质中形成的剂型。通常药物分子的直径小于1nm，而分散介质在常温下以液体最常见，这种剂型又称为真溶液型。分子型的分散介质也包括常温下为气体（如芳香吸入剂）或半固体（如油性药物的凡士林软膏等）的剂型。所有分子型的剂型都是均相系统，属于热力学稳定体系。

（2）胶体溶液型 是指固体或高分子药物分散在分散介质中所形成的不均匀（溶胶）或均匀的（高分子溶液）分散系统的液体制剂。分散相的直径在1～100nm之间。如溶胶剂、胶浆剂等。高分子胶体溶液（胶浆剂）属于均相的热力学稳定系统，而溶胶则是非均相的热力学不稳定体系。

（3）乳剂型 是指互不相溶或极微溶解的两相液体，其中一相以微小液滴分散于另一相中形成相对稳定的均匀分散体系称为乳浊液，也称为乳剂，如口服乳剂、静脉注射乳剂、部分搽剂等。

（4）混悬液型 是指难溶性固体药物以微粒状态分散在分散介质中组成非均相分散系统的液体制剂。分散相的直径通常在0.1～50μm之间，如洗剂、混悬剂等。

（5）气体分散型 是指液体或固体药物以微粒状态分散在气体分散介质中所形成分散体系，如气雾剂、粉雾剂等。

（6）固体分散型 是指固体药物以聚集体状态与辅料混合呈固态的制剂，如散剂、丸剂、胶囊剂、片剂等。这类制剂在药物制剂中占有很大的比例。

（7）微粒型 药物通常以不同大小微粒呈液体或固体状态分散，主要特点是粒径一般为微米级（如微囊、微球、脂质体、乳剂等）或纳米级（如纳米囊、纳米粒、纳米脂质体，亚微乳等），这类剂型能改变药物在体内的吸收、分布等方面特征，是近年来大力研发的药物靶向剂型。

按分散系统对剂型进行分类，基本上可以反映出剂型的均匀性、稳定性以及制法的要求，但不能反映给药途径对剂型的要求，可能会出现一种剂型由于辅料和制法不同而属于不同的分散系统，如注射剂可以是溶液型，也可以是乳状液型、混悬型或微粒型等。

3. 按给药途径分类 这种分类方法是将同一给药途径的剂型分为一类，紧密结合临床，能反映给药途径对剂型制备的要求。

（1）经胃肠道给药剂型 是指药物经过口服进入胃肠道起局部或经吸收后发挥全身作

用的制剂。如口服溶液剂、糖浆剂、颗粒剂、胶囊剂、散剂、丸剂、片剂等等。

（2）非经胃肠道给药剂型　是指除胃肠道给药途径以外的其他所有剂型，这些剂型可以在给药部位起局部或被吸收后起全身作用。如各类注射给药剂型、呼吸道给药剂型（如气雾剂、喷雾剂、粉雾剂），皮肤给药剂型（如外用溶液剂、软膏剂、贴剂、搽剂等），黏膜给药剂型（如滴眼剂、滴鼻剂、眼用软膏剂、含漱剂等），直肠给药剂型（如栓剂、灌肠剂等），腔道给药剂型（如气雾剂、泡腾片等）。

这种分类方法虽然与临床使用结合比较密切，但是会产生同一种剂型由于用药途径的不同而出现多次重复。如片剂可以是口服给药、腔道给药、植入给药等。

4. **按制法分类**　按照剂型制备过程中主要工序相同的归为一类。

（1）浸出制剂　主要采用浸出方法制备的制剂，如酒剂、酊剂、浸膏剂、煎膏剂等。

（2）无菌制剂　用灭菌方法制备或无菌技术制成的制剂，如注射剂、植入剂等。

此种分类方法不能包括全部剂型，故不常用。

5. 按作用时间分类　有速释（快效）、普通和缓控释制剂等。这种分类方法能直接反映用药后起效的快慢和作用持续时间的长短，因而有利于临床的正确使用。这种方法无法区分剂型之间的固有属性。如注射剂和片剂都可以设计成速释和缓释产品，但两种剂型制备工艺截然不同。

总之，药物剂型种类繁多，剂型的分类方法也不局限于一种。但是，剂型的任何一种分类方法都有其局限性、相对性和相容性。因此，人们习惯于采用综合分类方法，即将不同的两种或更多分类方法相结合，目前更多的是以临床用药途径与剂型形态相结合的原则，既能够与临床用药密切配合，又可体现出剂型的特点。

三、药物制剂的工作依据

扫码“看一看”

（一）药典

药典是一个国家记载药品规格和标准的法典。大多数由国家药典委员会组织编印并由政府颁布施行，具有法律的约束力。药典中收载的是疗效确切、副作用小、质量较稳定的常用药物及其制剂，规定其质量标准、制备要求、鉴别、杂质检查与含量测定等，作为药品生产、检验、供应与使用的依据。一个国家的药典在一定程度上可以反映这个国家药品生产、医疗和科学技术水平。药典在保证人民用药安全有效、促进药品研究和生产上起着重大作用。

随着医药科学的发展，新的药物和试验方法不断出现，为使药典的内容能及时反映医药学方面的新成就，药典出版后，一般每隔几年须修订一次。各国药典的再版修订时间多在5年以上。我国药典自1985年后，每隔5年修订一次。有时为了使新的药物和制剂能及时得到补充和修改，往往在下一版新药典出版前，还出现一些增补版。

1. 中华人民共和国药典　新中国成立后的第一版《中国药典》于1953年出版，定名为《中华人民共和国药典》，简称《中国药典》，依据《中华人民共和国药品管理法》组织制定和颁布实施。《中国药典》一经颁布实施，其同品种的上版标准或其原国家标准即同时停止使用。

从2005年版《中国药典》开始，将生物制品从二部中单独列出，为第三部，这也是为了适应生物技术药物在今后医疗中作用日益扩大所做的调整，同时也说明生物技术药物在医疗领域中的地位显现。

现行版《中国药典》为2015年版，它是由一、二、三、四部及增补组成。从结构上来讲，《中国药典》各部均是由凡例、正文和索引三部分组成的。其中，凡例是使用本药典的总说明，包括药典中各种计量单位、符号、术语及其在使用时的有关规定。正文是药典的主要内容，阐述各部分所收载内容的详细信息。如一部主要收载药材和饮片、植物油脂和提取物、成方制剂和单味制剂等，二部主要收载化学药品、抗生素、生化药品以及放射性药品等，三部主要收载生物制品，四部则是在2010年版《中国药典》的基础上将各部中的通则、药用辅料进行了汇总和整合，并独立成卷，形成了如今的药典四部。索引部分包括中文、汉语拼音、拉丁文和拉丁学名索引，以便查阅。

与此同时，根据1985年确定的药典每隔5年修订一次的原则，2020年版《中国药典》编制工作正在进行中。根据国家药典委员会发布的消息，2020年版《中国药典》仍然会维持四部的编写体例，各部的编写内容也将与2015年版保持一致，但在收载品种及通用性技术要求上都将有所提高，这将为今后一段时期药学相关工作提供更有力的保障。

2. 国外药典 据不完全统计，世界上已有近40个国家编制了国家药典，另外还有3个区域性药典。如美国药典《The United States Pharmacopoeia》简称USP，由美国政府所属的美国药典委员会（The United States Pharmacopoeia Convention）编辑出版。USP于1820年出版第一版，1950年以后每5年出版一次修订版，现行版为第42版（2019年5月1日生效）。英国药典《British Pharmacopoeia》简称BP，现行版于2019年1月1日生效。日本药典称为日本药局方《Pharmacopoeia of Japan》简称JP，由日本药局方编集委员会编纂，由厚生省颁布执行，每五年修订一次。有些国家为了医药卫生事业的共同利益，共同编纂药典，如《欧洲药典》简称EP。欧洲药典条文具有法定约束力，各国行政或者司法机关强制执行欧洲药典，各成员国国家机关有义务遵循欧洲药典。《欧洲药典》第9版自2017年1月生效，至2018年2月已经出版增补版5版。国际药典《Pharmacopoeia International》简称Ph. Int.，是世界卫生组织（WHO）为了统一世界各国药品的质量标准和质量控制方法而编纂的，1951年出版了第一版《国际药典》。最新版本为2015年第五版，但《国际药典》对各国无法律约束力，仅作为各国编纂药典时的参考标准。

（二）药品标准

我国的国家药品标准包括《中国药典》和《局颁标准》。列入局颁药品标准的药品一般包括以下几种：①由国家药品监督管理局审核批准的药品，包括新药、仿制药品和特殊管理的药品等。②某些上一版药典收载而现行版药典未列入、企业已经生产多年、疗效肯定，但质量标准仍需进一步提高的药品等。对于过去的地方性药品标准（按规定已经停止使用）中临床常用、疗效较好、生产地区较多的药品要进行质量标准修订、整理和提高，使其升入局颁标准。药品标准坚持质量第一，充分体现安全有效、技术先进、经济合理的原则，对药品的生产和应用起到促进提高质量、择优发展的作用。

药品标准是国家对药品的质量、规格和检验方法所作的技术规定。药品标准是保证药品质量，进行药品生产、经营、使用、管理及监督检验的法定依据。药品的国家标准是指《中国人民共和国药典》和国家药品监督管理局颁布的《药品标准》。

（三）处方

处方是指医疗和生产中关于药剂调制的一项重要书面文件。广义而言，凡制备任何一种药剂或制剂的书面文件，均可称为处方。按其性质分为以下几种。

1. 法定处方　国家药品标准收载处方。具有法律约束力。药品生产企业和药剂配制单位在制备药剂时应严格遵守。

2. 医生处方　医生对患者进行诊断后对特定患者的特定疾病的治疗、预防或其他需要而开写给药局有关患者用药方案（包括有关药品、给药量、给药方式、给药疗程以及调配方法等）的书面凭证。该处方具有法律上、技术上和经济上意义。

3. 协定处方　协定处方是医院药剂科与临床医师根据医院日常医疗用药的需要，共同商定制定的处方。适用大量配制和储备，便于控制药品的品种和质量，提高工作效率，减少患者取药等候时间。每个医院的协定处方仅限于在本单位适用。

（四）药品生产质量管理规范

《药品生产质量管理规范》（Good Manufacturing Practice for Drugs，GMP）也称为“良好的生产规范”，是在药品生产的全过程中，保证生产出优质药品的一套科学、系统的管理体系。GMP是药品进入国际医药市场的“准入证”。其中心思想是：任何药品的质量形式是设计和生产出来的，而不是检验出来的。GMP强调预防为主，在药品的生产过程中建立质量保障体系，实行全面质量管理以保证药品质量。

我国的GMP（2010年修订版），于2011年3月1日起实施，分为14章，316条。其基本内容包括：制药企业机构设立和人员素质、厂房、设施、设备、物料、卫生、验证、文件、生产管理、质量管理、产品销售与回收、投诉与不良反应报告等。

工作任务

请查阅药典，完成表1-1。

表1-1　查阅药典完成的内容

序号	制剂名称	制剂类别	查阅项目	药典页数
1	六一散	按照　分类的　制剂	性状	部　页
2	葡萄糖酸钙口服溶液	按照　分类的　制剂	贮藏	部　页
3	氧氟沙星片	按照　分类的　制剂	检查	部　页
4	克拉霉素胶囊	按照　分类的　制剂	类别	部　页
5	0.9%氯化钠注射液	按照　分类的　制剂	含量测定	部　页
6	精蛋白重组人胰岛素注射剂	按照　分类的　制剂	鉴别	部　页
7	杞菊地黄丸	按照　分类的　制剂	规格	部　页

任务评价

一、选择题

（一）单项选择题

1. 关于药物制剂技术概念表述正确的是（　　）

A. 是指在药剂学理论指导下，研究药物制剂生产和制备技术的综合型应用技术

学科

B. 是指研究药物制剂的处方理论、制备工艺和合理应用的综合性技术科学

C. 是指研究药物制剂的处方设计、基本理论和应用的技术科学

D. 是指研究药物制剂生产的应用型技术学科

2. 关于剂型的表述错误的是（　　）

A. 剂型是药物供临床应用的形式　　B. 同一种剂型可以存在不同的制剂

C. 同一药物也可制成多种剂型　　D. 剂型系指某一药物的具体品种

3. 关于剂型的分类，叙述错误的是（　　）

A. 溶胶剂为液体剂型　　B. 栓剂为半固体制剂

C. 软膏剂为半固体制剂　　D. 气雾剂为气体分散型

4. 建国后第一版《中国药典》的出版时间是（　　）

A. 1950年　　B. 1953年　　C. 1960年　　D. 1963年

5. USP是指（　　）

A.《美国药典》　　B.《日本药典》

C.《英国药典》　　D.《中国药典》

6. 中国药典最新版本为（　　）

A. 2020年版　　B. 2015年版　　C. 2005年版　　D. 2010年版

7. 药物制剂中除主药以外的一切附加成分的总称为（　　）

A. 辅料　　B. 物料　　C. 批　　D. 成品

8.《中国药典》制剂通则包括在（　　）内。

A. 第一部　　B. 第二部　　C. 第三部　　D. 第四部

9. 各国的药典经常需要修订，《中国药典》一般是每（　　）年修订出版一次

A. 2年　　B. 4年　　C. 5年　　D. 6年

10. GMP是（　　）

A. 药品生产质量管理规范　　B. 药品安全试验规范

C. 保证药品质量的科学方法　　D. 药品经营企业的改造依据

（二）多项选择题

1. 药剂学的研究内容有（　　）

A. 制剂基本理论　　B. 制剂处方设计　　C. 制剂的制备工艺

D. 制剂质量控制和合理应用　　E. 制剂的临床研究

2. 药品名称一般包括（　　）等。

A. 通用名称　　B. 商品名称　　C. 国际非专利药品名称（INN）

D. 英文名　　E. 阿拉伯名

3. 关于制剂的正确表述是（　　）

A. 制剂是指根据药典或药政部门批准的质量标准，将原料药物按照某种剂型制成的具有一定规格的药剂

B. 同一种制剂可以有不同的药物组成

C. 是各种剂型中的具体药品

D. 头孢拉定片是一种药物制剂

E. 阿司匹林肠溶片是一种药物制剂

4. 制剂的基本质量要求是(　　)

A. 安全　B. 有效　C. 稳定　D. 使用方便　E. 快捷

5. 以下属于药物剂型的分类方式有(　　)

A. 按给药途径分类　B. 按分散系统分类　C. 按形态分类

D. 按制法分类　E. 按名称分类

6. 药物制成剂型应用的目的是(　　)

A. 为了满足临床的需要　B. 为了适应药物性质的需要

C. 为了便于应用、贮存、运输　D. 为了方便　E. 为了经济

7. 属于《中国药典》在制剂通则中规定的内容为(　　)

A. 栓剂和阴道片的熔变时限标准和检查方法

B. 普通片的崩解度检查方法

C. 片剂溶出度试验方法

D. 控释制剂和缓释制剂的释放度试验方法

E. 丸剂的溶散时限检查标准

8. 药典收载的药物及其制剂必须(　　)

A. 疗效确切　B. 祖传秘方　C. 质量稳定

D. 副作用小　E. 价格低廉

9. 处方可分为(　　)

A. 法定处方　B. 医师处方　C. 私有处方

D. 协定处方　E. 国际处方

10. 以下属现行版《中国药典》四部所收载内容的有(　　)

A. 颗粒剂的质量要求　B. 丸剂溶散时限检查标准

C. 高效液相色谱法的操作方法　D. 磷酸盐缓冲盐的组成

E. 玉米淀粉的质量标准

二、简答题

1. 何谓剂型？剂型如何分类？药物制成不同剂型有何重要意义？

2. 按分散系统可将剂型分成哪几类？举例说明。

3. 何谓药品的通用名称、批准文号、生产批号？

扫码“学一学”

任务2　熟悉洁净区及设备

·任务资讯·

一、空气净化

随着制药工业的发展，对药品生产的工艺环境洁净度、温度、空气排放、防止交叉污染、操作人员的保护等各个方面提出了各自特殊的要求。药品特别是静脉注射的药物，必须确保不受微生物的污染，悬浮在空气中的微生物大都依附在尘埃粒子表面，进入洁净室的空气，若不除尘控制微生物粒子，药物的质量就难以保证，药品生产过程中也产生各种粉尘，必须去除，以防止药物交叉污染和污染大气环境。

为了使洁净室内保持所需要的温度、湿度、风速、压力和洁净度参数，最常用的办法是向室内不断送入一定量经过处理的空气，以消除洁净室内外各种热、湿干扰及尘埃污染。为获得送入洁净室内具有一定状态的空气，需要用一整套设备对之进行处理，不断送入室内，又不断从室内排除一部分来，由此构成净化空调系统。目前制药企业大部分采用的是集中式净化空调系统。

（一）空气洁净度级别

空气洁净度是指洁净环境中空气含尘量和含菌量的多少程度。2010年版《药品生产质量管理规范》中将空气洁净度级别分为A、B、C、D四个级别。

A级：高风险操作区，如灌装区、放置胶塞桶和与无菌制剂直接接触的敞口包装容器的区域及无菌装配或连接操作的区域，应当用单向流操作台（罩）维持该区的环境状态。单向流系统在其工作区域必须均匀送风，风速为0.36～0.54m/s（指导值）。应当有数据证明单向流的状态并经过验证。在密闭的隔离操作器或手套箱内，可使用较低的风速。

B级：指无菌配制和灌装等高风险操作A级洁净区所处的背景区域。

C级和D级：指无菌药品生产过程中重要程度较低操作步骤的洁净区。

以上各级别空气洁净度级别、空气悬浮粒子标准，洁净区微生物监测的动态标准，见表1-2、表1-3。

表1-2　洁净室（区）空气洁净度级别、空气悬浮粒子标准

洁净度级别	悬浮粒子最大允许数/m³			
	静态		动态	
	≥0.5μm	≥5.0μm	≥0.5μm	≥5.0μm
A级	3520	20	3520	20
B级	3520	29	352000	2900
C级	352000	2900	3520000	29000
D级	3520000	29000	不作规定	不作规定

表1-3　洁净区微生物监测的动态标准

洁净度级别	浮游菌 cfu/m³	沉降菌（ϕ90mm）cfu /4h	表面微生物	
			接触（ϕ55mm）cfu /碟	5指手套cfu /手套
A级	<1	<1	<1	<1
B级	10	5	5	5
C级	100	50	25	—
D级	200	100	50	—

（二）空气净化工艺

1. 净化工艺原则　在空气净化工程中，不同的操作区域对洁净度的要求不同，因此空气净化达到的程度也不同。空气净化过程一般可分为三级过滤。第一级为初效过滤，第二级为中效过滤，第三级为高效过滤。

在空气净化过程中常按以下原则进行组合：①D级洁净度，采用初效、中效和亚高效三级过滤系统；②A、B、C级洁净度，采用初效、中效、高效三级过滤系统。

净化空调流程一般过程是，新风经初效空气过滤器过滤后与回风混合，再经冷却、加热、加湿、除湿等一系列处理，然后经过中效空气过滤器，最后经高效空气过滤器到达送风口，将一定洁净度的空气送到洁净室。

2. 中效空气净化工艺流程　D级洁净车间的净化空调可采用以下工艺流程，见图1-1。

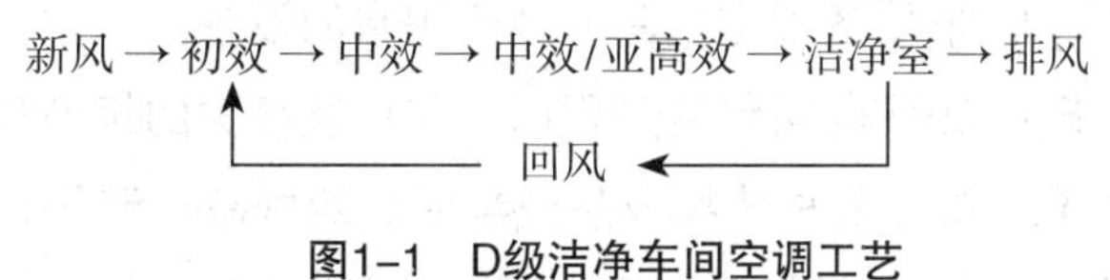

图1-1　D级洁净车间空调工艺

3. 高效空气净化工艺流程　A、B、C级洁净室的净化空调系统可采用以下流程，见图1-2。

图1-2　A级、B级、C级洁净室净化空调工艺

值得注意的是，在设计D级净化空调系统时，往往要考虑过滤器是否能达到标示功能，否则需要采用三级过滤流程。如果在工艺生产过程中不产生有害物质时，在保证新鲜空气量和保持洁净室正压的条件下，可尽量利用回风，以降低能源成本。

（三）常见净化空调系统

1. 净化空调箱　简单的净化空调箱由新回风混合段、表冷挡水段、蒸汽加热段、风机段、加湿段、中效过滤段、送风段等功能段组成。

净化空调箱具有密封性好，不漏风，占地面积小，投资费用低等优点。

2. 净化空调系统　净化空调系统由空调箱、高效过滤器、新风管道、回风管道、排风机、洁净车间组成。

在送风管路系统中设计有新风与回风流通管路。新风与回风经过滤后同时进入空调箱混合段，随后依次通过后续各工段。从中效过滤器出来的净化空气被输送到各洁净室的高效过滤器，洁净空气通过高效过滤器过滤后进入车间。从车间引出来的风就是回风。为了

充分利用已除去了颗粒和大量微生物的车间放空气，在实际设计中，往往按一定比例将回风输送到新风管与新风混合，经净化处理再次被送入洁净室使用，这样节约了能源，降低了生产成本。

从洁净室出来的一部分空气要排放到大气中，称这部分气体为放空气。为了避免三废污染，放空气必须通过旋风分离器除去粉尘后方可排放。

二、制剂设备分类

（一）制药机械的分类

制药设备是药品生产企业为进行生产所采用的各种机械和设备的统称，包括制药专用设备和非制药专用的其他设备。按照国家、行业标准，按照制药设备的基本属性，可将其分为以下8大类。

1. 原料药设备及机械（L） 实现生物、化学物质转化；利用动、植、矿物制取医药原料的工艺设备及机械。

2. 制剂机械（Z） 将药物制成各种剂型的机械与设备。

3. 药用粉碎机械（F） 用于药物粉碎（含研磨）并符合药品生产要求的机械。

4. 饮片机械（Y） 对天然药用动物、植物进行选、洗、润、切、烘等方法制取中药饮片的机械。

5. 制药用水设备（S） 采用各种方法制取制药用水的设备。

6. 药品包装机械（B） 完成药品包装过程以及与包装相关的机械与设备。

7. 药物检测设备（J） 检测各种药物成品或半成品的机械与设备。

8. 制药辅助设备（Q） 辅助制药生产设备用的其他设备。

其中，制剂机械（Z）按照药品的不同剂型，可以分成13类。

（1）颗粒剂机械（KL） 将药物或适宜的辅料经混合制成颗粒状制剂的机械及设备。

（2）片剂机械 包括混合机械（H）、制粒机械（L）、压片机械（P）及包衣机械（BY），是指将原料药与辅料经混合、制粒、压片、包衣等工序制成各种形状片剂的机械与设备。

（3）胶囊剂机械（N） 是将药物或与适宜的药物辅料充填于空心胶囊或密封于软质囊材内的机械设备。

（4）小容量注射剂机械 包括抗生素瓶注射剂机械（K）、安瓿注射剂机械（A）、卡式瓶注射剂机械（KP）及预灌封注射剂机械（YG），是指制成50ml以下装量的无菌注射液机械及设备。

（5）大容量注射剂机械 包括玻璃输液瓶机械（B）、塑料输液瓶机械（S）及塑料输液袋机械（R），是指制成50ml以上装量的注射剂的机械及设备。

（6）丸剂机械（W） 将药物细粉或浸膏与赋形剂混合，制成丸剂的机械与设备。

（7）栓剂机械 将药物与基质混合，制成栓剂的机械与设备。

（8）软膏剂机械（G） 将药物与基质混匀，配成软膏，定量灌装于软管内的制剂机械与设备。

（9）糖浆剂机械（T） 将药物与糖浆混合后制成口服糖浆剂的机械与设备。

（10）口服液剂机械（Y） 将药液灌封于口服液瓶内的制剂机械与设备。

（11）气雾剂机械（Q） 将药物和抛射剂灌注于耐压容器中，使药物以雾状喷出的制剂机械设备。

（12）滴眼剂机械（D）　将无菌药液灌封于容器内，制成滴眼药剂的制剂机械与设备。

（13）药膜剂机械（M）　将药物溶解于或分散于多聚物薄膜内的制剂机械与设备。

（二）制药机械代码与型号

《制药机械产品分类与代码》是我国制药机械标准化工作中的一项重要基础标准，属于国家标准；《制药机械产品型号编制方法》是一项行业标准，此标准的制定是为加强制药机械的生产管理、产品销售、设备选型及国内外技术交流。制药机械产品型号由主型号和辅助型号组成。主型号有制药机械分类名称代号、产品型式代号、产品功能及特征代号，辅助型号有主要参数、改进设计顺序号，其格式为：Ⅰ Ⅱ Ⅲ Ⅳ Ⅴ型+设备名称。

Ⅰ为制药机械分类名称代号：按国家标准有八类。如原料药设备及机械为L、制剂机械为Z等。

Ⅱ为产品型式代号：以机器工作原理、用途及结构型式分类。如旋转压片机代号为ZP。

Ⅲ为产品功能及特征代号：用有代表性汉字的第一个拼音字母表示。用于区别同一种类型产品的不同型式。由一至二个符号组成；当只有一种型式时，此项可省略。如异型旋转压片机代号为ZPY。

Ⅳ为主要参数：制药机械产品的主要参数有机器规格、包装尺寸、容积、生产能力、适应规格等。一般用数字表示；如表示两个以上参数时，用斜线隔开。

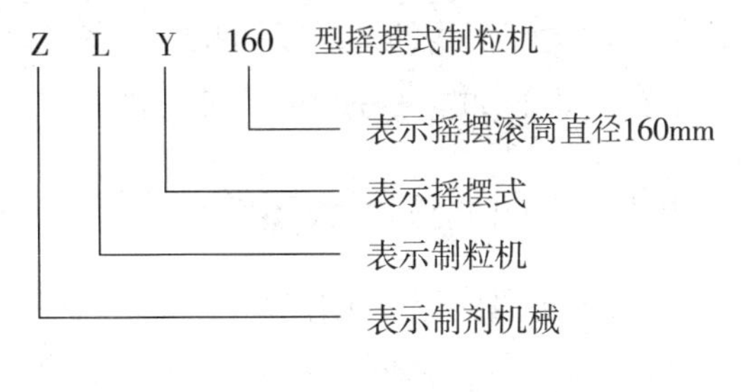

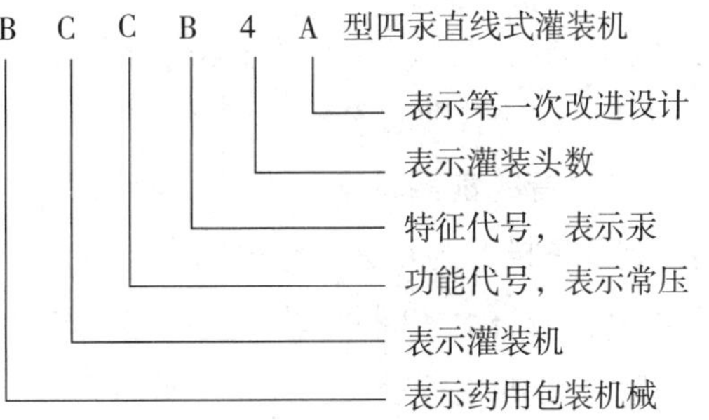

图1-3　制药机械代码与型号

Ⅴ为改进设计顺序号：用A、B、C…表示。第一次设计的产品不编顺序号。

例如图1-3。

三、《药品生产质量管理规范》对制剂设备的要求

《药品生产质量管理规范》（GMP）是药品生产和质量管理的最低标准，其贯穿药品生产的各个环节，以控制产品质量。GMP中关于设备、设施和厂房的要求主要有以下内容。

1. 对设备的要求　法规要求如下。

第七十一条　设备的设计、选型、安装、改造和维护必须符合预定用途，应当尽可能降低产生污染、交叉污染、混淆和差错的风险，便于操作、清洁、维护，以及必要时进行的消毒或灭菌。

第七十二条　应当建立设备使用、清洁、维护和维修的操作规程，并保存相应的操作记录。

第七十三条　应当建立并保存设备采购、安装、确认的文件和记录。

第七十四条　生产设备不得对药品质量产生任何不利影响。与药品直接接触的生产设备表面应当平整、光洁、易清洗或消毒、耐腐蚀，不得与药品发生化学反应、吸附药品或

向药品中释放物质。

第七十七条　设备所用的润滑剂、冷却剂等不得对药品或容器造成污染，应当尽可能使用食用级或级别相当的润滑剂。

第七十九条　设备的维护和维修不得影响产品质量。

第九十一条　应当确保生产和检验使用的关键衡器、量具、仪表、记录和控制设备以及仪器经过校准，所得出的数据准确、可靠。

第九十七条　水处理设备及其输送系统的设计、安装、运行和维护应当确保制药用水达到设定的质量标准。水处理设备的运行不得超出其设计能力。

2. 对厂房和设施的要求　主要内容可概括如下。

（1）厂区和厂房的布局以及对环境的要求。

（2）对生产厂房的洁净级别和洁净室（区）的要求。

（3）对设施如空气净化系统等的要求。

四、《药品生产质量管理规范》对制药设备管理的要求

设备各阶段的管理工作，是决定一个企业生存的重大因素。企业的生产规模、产品质量、生产成本、交货期、安全、环保、工人的劳动情绪无不受设备的影响。GMP要求设备的管理要做到“操作有规程、运行有监控、过程有记录、事后有总结”。

（一）设备管理的内容

1. 设备的前期管理　设备的前期管理又称设备规划工程，是指从制定设备规划方案起，到设备投产为止这一阶段的全部管理工作。设备的前期管理程序包括有：①确立企业经营方针和目标；②制定设备规划；③选购设备；④安装工程；⑤调试验收；⑥总结评价。

2. 设备的运行管理　设备的运行管理是设备使用期间的养护、检修或校正、运行状态的监控及相关记录的管理。一般将此类管理分成：①日常管理，为防止药品的污染及混淆，保证生产设备的正常运行，定期对设备进行常规的清洁及保养，并记好设备日志；②设备运行状态的监控，设备正常运行时，其运行参数是在一定的范围，如偏离了正常的参数范围就有可能给产品质量带来风险。

3. 设备的技术档案管理　设备技术档案是指生产设备从规划、设计、制造、安装、调试、使用、维修、改造、更新直至报废等全过程中有保存价值的图纸、文字说明、凭证、记录、声像等文件资料。设备技术档案可以分成：①综合性管理资料，如主要有各种设备明细表，各类计划、合同、各种规程及工时、资金、材料等定额文件；②综合性技术资料，主要有全厂设备平面布置图，电力、动力、水管等网图，其他隐蔽工程及施工图；③设备档案资料，主要有设备的各种图纸、使用说明书、各种规范及规程、论证资料、登记卡片及各种记录。

4. 设备的资产管理　设备资产管理是企业管理的经济手段，将有限的资金合理的投入分配，主要内容有：①建立设备资产台账，进行登记、清查、核对；②监督设备资产的维护和修理；③监督和考核固定资产的利用效果；④处理多余的和闲置的生产设备。

5. 设备的维修管理　设备维修管理又称设备维修工程或设备的后期管理，是指对设备维护和设备检修工作的管理。

（1）设备维护　是指“保持”设备正常技术状态和运行能力所进行的工作。其内容是定期对设备进行检查、清洁、润滑、紧固、调整或更换零部件等工作。

（2）设备检修　是指“恢复”设备各部分规定的技术状态和运行能力所进行的工作。其内容是对设备进行诊断、鉴定、拆卸、更换、修复、装配、磨合、试验、涂装等工作。

（3）设备维修工程　主要内容是研究如何掌握设备技术状态和故障机制，并根据故障机制加强设备的维护，控制故障的发生，选择适宜的维修方式和维修类别，编制维修计划和制订相关制度，组织检查、鉴定及修理工作。同时做好维修费用的资金核算工作。

（二）设备标准操作规程

标准操作规程（standard operating procedure，SOP）是指经批准用以指示操作的通用性文件或管理办法。它具体指导人们如何完成一项特定的工作。企业中的每项操作、每个岗位和部门都应制定SOP。

SOP的内容有：规程题目；规程编号；制定人及制定日期；审核人及审核日期；批准人及批准日期；颁发部门；分发部门；生效日期；正文。

根据我国GMP的规定，制药设备的SOP有如下几种。

1. 设备操作规程　设备操作规程也是某设备的使用规程或其操作程序；其正文内容有：目的、范围、责任者、程序及注意事项。

2. 设备维护保养规程

（1）设备维护保养类型　①预防性维护保养，包括常规清洗、微调、润滑、检验、校正和更换零件，减少设备发生故障的频率；②矫正性维护保养，包括补救意想不到的故障，并为确定维修操作提供资料。

（2）设备维护保养规程的主要内容　①设备维护保养必须按岗位实行包机负责制，做到每台设备、每块仪表、每个阀门、每条管线都有专人维护保养。②传动设备启用前，必须认真检查紧固螺栓是否齐全牢靠，转动体上无异物，并确认能转动；检查安全装置是否完整、灵敏好用。设备运转时，要仔细观察，做好记录，发现异常及时处理。停机后或下班前做好清理、清扫等项工作，并将设备状况与接班人员交接清楚。③经常巡视，精心维护，运用“听、摸、擦、看、比”对设备进行检查，及时排除故障，保持设备完好性。④严格执行操作指标，严禁超温、超压、超速、超负荷运行。操作人员有及时处理和反映设备缺陷的责任，有对危及安全可能造成严重损失的设备停止使用的权利，但必须迅速向有关人员报告。⑤做好设备的防腐、防冻、保温（冷）和堵漏工作。岗位上所有阀门管件换垫片、管子的公称直径为50mm及以下的阀门管件的更换、检修、岗位设备管道的保温、油漆、防冻等工作由操作人员负责（大面积的由设备员统一负责）。⑥搞好环境及设备（包括备用设备和在岗的停用设备）的卫生；做到沟见底、轴见光、设备见本色、门窗玻璃净。物料、工器具放置整齐，做到文明生产。⑦认真填写设备运行记录和问题记录，掌握设备故障规律及其预防、判断和紧急处理措施，确保安全生产。⑧设备润滑要严格执行“设备润滑管理规定”，尤其是要定期清洗润滑系统及工具；对自动注油的润滑点，要经常检查滤网、油压、油位、油质、注油量，及时处理不正常现象。

3. 设备清洁规程　主要内容一般包括：清洁方法、程序、间隔时间，使用的清洁剂或消毒剂，清洁工具的清洁方法和存放地点。设备清洁规程的具体内容应包括：①清洁方法及程序。②使用清洁剂的名称、成分、浓度及配制方法等。③清洁周期：一般要求同一设

备连续加工同一无菌产品时，每批之间要清洗灭菌；同一设备加工同一非灭菌产品时，至少每周或每生产三批后进行全面的清洗。④关键设备的清洗验证方法。⑤清洗过程及清洗后检查的有关数据要记录并存档。⑥无菌设备的清洗，特别是直接接触药品的部位和部件必须灭菌，并标明灭菌日期，必要时进行微生物学的验证。灭菌的设备应在3天内使用。

4. 设备检修规程 主要内容一般包括：①检修间隔期（大、中、小修间隔期）；②检修内容；③检修前的准备（技术准备、物质准备、安全技术准备、制定检修方案、编制检修计划、费用计划、明确责任人员）；④检修方案（设备拆卸程序和方法、主要部件检修工艺）；⑤检修质量标准；⑥试车与验收。

5. 设备状态标志规程 状态标志系用于指明原辅料、产品、容器或机器之状态的标志。根据我国GMP的规定，需制定设备状态标志规程，其内容如下。

（1）所有使用的设备要有统一的编号，并将编号标在设备主体上，每一台设备要指定专人管理，责任到人。

（2）每台设备都要挂状态标识牌，牌上要有明显的企业标识，一般有以下几种：①完好［绿色］：设备完好，可以使用；②运行中［绿色］：正在进行生产操作的设备，应标明加工物料的品名、批号、数量、生产日期、操作人等；③维修中［深黄色］：正在修理中的设备，应标明维修的起始时间和维修负责人、批准人等；④已清洁［白底绿字］：已清洗洁净的设备，随时可用，应标明清洁的日期、有效期、操作人等；⑤待清洁［白底黑字］：尚未进行清洁的设备，应用明显符号显示，以免误用；⑥停用［红色］：因各种原因暂时不用的设备，如长期不用，应移出生产区；⑦待维修［浅黄色］：设备出现故障，尚未列入维修计划。

（3）各种管路管线除按规定涂色外，应标明介质及流向箭头。

（4）无菌设备应标明灭菌时间和使用日期，超过使用期限的，应重新灭菌后再使用。

（5）当设备状态改变时，要及时换牌，以防发生使用错误。

（6）所有标识牌应挂在显眼不易脱落的指定位置。

工作任务

请到制药企业片剂生产车间参观，并填写表1-4。

表1-4 参观片剂生产车间后需填写的内容

工序名称	洁净区类别 （A级、B级、C级、D级）	设备名称及型号
粉碎过筛		
配料		
制粒		
干燥		
整粒		
总混		
压片		
包衣		
内包装		

任务评价

一、选择题

（一）单项选择题

1. 按照国家、行业标准，按照制药设备的基本属性，可将制药设备分为（　　）

A. 8大类　　B. 9大类　　C. 10大类　　D. 7大类

2. 高风险操作区属于（　　）

A. D级　　B. C级　　C. B级　　D. A级

3. 空气洁净度A级，浮游菌cfu/m^3允许数是（　　）

A. ≥1　　B. ≤1　　C. ＜1　　D. ＞1

4. 以下哪项不属于制剂机械（　　）

A. 片剂机械　　B. 丸剂机械　　C. 饮片机械　　D. 胶囊机械

5. 按照国家、行业标准，字母S表示（　　）

A. 原料药设备及机械　　B. 制剂机械

C. 制药用水设备　　D. 药物检测设备

6. 2010年版《药品生产质量管理规范》空气净化过程要求，A、B、C级洁净度，采用（　　）级过滤系统。

A. 初效、中效、高效三级过滤　　B. 中效、高效二级过滤

C. 初效、高效二级过滤　　D. 初效、中效、亚高效三级过滤

7. 经批准用以指示操作的通用性文件或管理办法称为（　　）

A. GMP　　B. SOP　　C. GCP　　D. QA

8. 以下哪项不属于标准操作规程的内容（　　）

A. 规程题目　　B. 正文

C. 审核人及审核日期　　D. 修改日期

9. 以下关于设备状态标识的描述正确的是（　　）

A. 运行中为绿色　　B. 完好为蓝色

C. 待清洁为紫色　　D. 停用为黄色

10. 生产结束后，尚未对设备进行清洁时，设备的状态标识应为（　　）

A. 完好 停用　　B. 完好 待清洁

C. 停用 待清洁　　D. 完好 待维修

（二）多项选择题

1. 2010年版《药品生产质量管理规范》中将空气洁净度级别分为（　　）级别。

A. D级　　B. C级　　C. B级　　D. A级　　E. F级

2. 空调过滤器应包括（　　）

A. 初效过滤器　　B. 中效过滤器　　C. 高效过滤器

D. 亚高效过滤器　　E. 超高效过滤器

3. 2010年版GMP的规定，制药设备操作规程正文内容包括（　　）

A. 目的　　B. 范围　　C. 责任者　　D. 程序　　E. 注意事项

4. 以下属于GMP对设备管理要求的是（　　）

A. 操作有规程　　B. 运行有监控　　C. 过程有记录

D. 事后有总结　　E. 事前有检查

5. 以下属于制药机械及设备的有（　　）

A. 原料药机械及设备　　B. 制剂机械及设备　　C. 饮片机械

D. 药物检测设备　　E. 制药辅助设备

6. 以下设备中属于制剂机械及设备的是（　　）

A. 散剂机械　　B. 颗粒剂机械　　C. 片剂机械

D. 软胶囊剂机械　　E. 塑料袋输液剂机械

7. 制药机械产品型号代号通常由五位组成，即 Ⅰ Ⅱ Ⅲ Ⅳ Ⅴ型+设备名称，以下关于代号含义的解释正确的是（　　）

A. Ⅰ为制药机械分类名称代号，按国家标准分为8类，如制剂机械为Z

B. Ⅱ为产品型式代号，以机器工作原理、用途及结构型式分类

C. Ⅲ为产品功能及特征代号，用有代表性汉字的第一个拼音字母表示

D. Ⅳ为主要参数，如规格、包装尺寸、容积、生产能力

E. Ⅴ为改进设计顺序号，用A、B、C等表示

8. 以下属于GMP规定的制药设备应具备的SOP有（　　）

A. 设备操作规程　　B. 设备维护保养规程　　C. 设备清洁规程

D. 设备检修规程　　E. 设备报废管理规程

9. 下列关于设备状态标识的使用管理描述正确的有（　　）

A. 生产结束后设备应悬挂“待检修”标识

B. 当设备因某些原因不能继续使用时应悬挂“停用”标识

C. 完成设备清洁后应悬挂绿色“已清洁”标识

D. 生产过程中应悬挂红色“运行中”标识

E. 设备维修过程中为醒目提示，应悬挂红色“维修中”标识

10. 下列制药设备分类与其代号正确的是（　　）

A. 制剂机械代号为J　　B. 原料药设备及机械代号为L

C. 药用粉碎机械代号为F　　D. 饮片机械代号P

E. 制药辅助设备为代号F

二、简答题

1. 某设备的型号为NJP-800型，请解释其含义。

2. 请解释制药设备上各类状态标识牌的含义。

3. 简述制药设备的分类有哪些。

（郝晶晶）

项目二　散剂的生产

知识目标

通过阿奇霉素散、冰硼散的生产任务，了解粉体的相关知识，熟悉固体原辅料处理的基本操作相关知识，掌握散剂的概念及制备工艺，熟悉散剂的质量检查标准和相关设备的结构及工作原理。

技能目标

通过完成本项目任务，熟练掌握散剂的生产过程、各岗位操作及清洁规程、设备维护及保养规程，学会粉碎机、过筛设备及混合机等设备的操作、清洁和日常维护及保养，学会正确填写生产记录。

任务3　阿奇霉素散的生产

扫码“学一学”

任务资讯

一、粉体

（一）粉体的概述

粉体是指无数个固体粒子集合体的总称。粒子是粉体运动的最小单元。通常说的“粉末”“粉粒”或“粒子”都属于粉体的范畴，习惯上将小于100μm的粒子叫“粉”，大于100μm的粒子叫“粒”。

在医药产品中固体制剂占70%～80%，含有固体的药物剂型有散剂、颗粒剂、胶囊剂、片剂、粉针、混悬剂等；涉及的单元操作有粉碎、分级、混合、制粒、干燥、压片等。多数固体制剂在制备过程中根据不同需要进行粒子加工以改善粉体性质，从而满足产品质量和粉体操作的需求。

（二）粉体的性质

粉体的基本性质包括：粒子径与粒度分布、比表面积、密度与空隙率、流动性与充填性、吸湿性与润湿性、黏附性与凝聚性、粉体的压缩成形性等。

1. 粒子径与粒度分布

（1）粒子径　粒子的大小是决定粉体其他性质的最基本性质。由于组成粉体的各粒子形态不规则，各方向长度不同，不能像规则粒子以特征长度表示其大小。对于一个不规则粒子，粒子径的测定方法不同，测定值不同，其物理意义也不同。

（2）粒度分布　多数粉体是由粒径不等的粒子群组成，存在粒度分布。粒度分布常用

频率分布和累积分布表示。

频率分布表示各个粒径相对应的粒子占全粒子群中的百分含量；累积分布表示小于（或大于）某粒径的粒子占全粒子群中所含百分数。用筛分法测定累积分布时，小于某筛孔直径的累积分布叫筛下分布；大于某筛孔直径的累积分布叫筛上分布。

2. 粒子的比表面积 粒子的比表面积的表示方法根据计算基准不同可分为体积比表面积和重量比表面积。体积比表面积是单位体积粉体的表面积，重量比表面积是单位重量粉体的表面积。

比表面积是表征粉体中粒子粗细的一种量度，也是表示固体吸附能力的重要参数。比表面积不仅对粉体性质，而且对制剂性质和药理性质都有重要意义。

3. 密度与空隙率

（1）粉体密度的定义 粉体密度为单位体积粉体的质量。由于颗粒内部含有的空隙以及颗粒堆积时颗粒间的空隙等，给粉体体积的测定带来麻烦。粉体密度根据体积的含义不同具有不同的定义。如：①真密度（true density，ρ_t）是粉体质量除以不包括颗粒内外空隙的体积（真体积 V_t）求得的密度，即 $\rho_t=W/V_t$；②颗粒密度（granule density，ρ_g）是粉体质量除以包括封闭细孔在内的颗粒体积 V_g 所求得密度，也叫表观颗粒密度，即 $\rho_g=W/V_g$；③松密度（bulk density，ρ_b）是粉体质量除以该粉体所占容器的体积 V 求得的密度，亦称堆密度，即 $\rho_b=W/V$；一般情况下 $\rho_t \geqslant \rho_g > \rho_b$。

（2）粉体的空隙率 粉体的空隙率是粉体层中空隙所占有的比率。由于颗粒内、颗粒间都有空隙，相应地将空隙率分为颗粒内空隙率、颗粒间空隙率、总空隙率等。颗粒的充填体积（V）为粉体的真体积（V_t）、颗粒内部空隙体积（$V_{内}$）、颗粒间空隙体积（$V_{间}$）之和，即 $V=V_t+V_{内}+V_{间}$。因此，颗粒内空隙率 $\varepsilon_{内}=V_{内}/(V_t+V_{内})$；颗粒间空隙率 $\varepsilon_{间}=V_{间}/V$；总空隙率 $\varepsilon_{总}=(V_{内}+V_{间})/V$。

4. 流动性与充填性

（1）粉体的流动性 粉体的流动性与粒子的形状、大小、表面状态、密度、空隙率、内摩擦力、黏附力、范德华力、静电力等因素有关。粉体的流动性对散剂、颗粒剂、胶囊剂、片剂等制剂的重量（或装量）差异影响较大，是保证制剂质量的重要因素。常用的粉体流动性评价方法有休止角、流出速度和压缩度等。①休止角是粉体堆积层的自由斜面与水平面形成的最大角，是粒子在粉体堆积层的自由斜面上滑动时所受重力和粒子间摩擦力达到平衡状态，是检验粉体流动性好坏的最简便的方法。常用的测定方法有注入法、排出法、倾斜角法等。休止角不仅可以直接测定，而且可以通过测定粉体层的高度和圆盘半径后计算而得，即 $\tan\theta$ = 高度/半径。休止角越小，摩擦力越小，流动性越好，一般认为 $\theta \leqslant 40°$ 时可以满足生产流动性的需要。②流出速度是将物料加入漏斗中测定全部物料流出所需的时间来描述。流出速度越大，粉体的流动性越好。③压缩度是将一定量的粉体轻轻装入量筒后测量最初松体积；采用轻敲法使粉体处于最紧状态，测量最终的体积；计算最松密度 ρ_0 与最紧密度 ρ_f。压缩度是衡量粉体流动性的重要指标，其大小反映粉体的凝聚性、松散状态。压缩度20%以下时流动性较好，压缩度增大时流动性下降，当压缩度值达到40%～50%时粉体很难从容器中自动流出。

（2）粉体的充填性 充填性是粉体的基本性质，在散剂、片剂、胶囊剂的装填过程中

具有重要意义。为了改善粉体的充填性，常添加助流剂。

助流剂的粒径较小，一般约40μm，与粉体混合时附着在粒子表面，减弱了粒子间的黏附从而增强流动性，增大了充填密度。助流剂的添加量约在0.05%~0.1%（*W/W*）范围内较为适宜，过量加入有时反而减弱流动性。

5. 吸湿性与润湿性

（1）吸湿性　吸湿是在固体表面吸附水分的现象。药物粉末置于湿度较大的空气中时容易发生不同程度的吸湿现象，以致使粉末固结、润湿、液化、流动性下降等，甚至促进化学反应而降低药物的稳定性。①水溶性药物粉末在相对湿度较低的环境中一般不吸湿，但当相对湿度提高到某一定值时，吸湿量急剧增加，此时的相对湿度称临界相对湿度（critical relative humidity，CRH）。CRH是水溶性药物的固有特征，是药物吸湿性大小的衡量指标。CRH越小则越易吸湿，反之，则不易吸湿。药物制剂处方多数为两种或两种以上的药物或辅料的混合物，水溶性药物混合物的CRH值比其中任何一种药物的CRH值都低，更易于吸湿；②水不溶性药物的吸湿性在相对湿度变化时，缓慢发生变化，没有临界点。由于平衡水分吸附在固体表面，相当于水分的等温吸附曲线。水不溶性药物混合物的吸湿性具有加和性。

（2）润湿性　润湿是固体界面由固-气界面变为固-液界面的现象。粉体的润湿性对片剂、颗粒剂等固体制剂的崩解性、溶解性等具有影响。

6. 黏附性与凝聚性　黏附性是指不同分子间产生的引力，如粉体中粒子与器壁间的粘着；凝聚性是指同分子间产生的引力，如粒子与粒子间发生的粘连。一般情况下，粒子径越小的粉体越易发生黏附与凝聚，因而影响流动性、充填性。

7. 粉体的压缩成形性　压缩性是指粉体在压力下减少体积的能力；成形性表示物料紧密结合形成一定形状的能力。对于药物粉末压缩性和成形性是紧密联系在一起，通常把粉体的压缩性和成形性简称为压缩成形性。片剂的制备过程就是将药物粉末或颗粒压缩成具有一定形状和大小的坚固聚集体的过程。

（三）粉体性质对制剂工艺的影响

1. 对混合的影响　固体制剂常由多种成分混合而成，为了保证制剂中药物含量的均匀性，需对各个成分进行粉碎、过筛使成一定粒度的粉末之后进行混合。从粉体性质的角度考虑，影响混合均匀度的因素有：粒子的大小、各组分间粒径差与密度差、粒子形态和表面状态、静电性和表面能等因素。

2. 对分剂量的影响　散剂、颗粒剂、片剂、胶囊剂等固体制剂在生产中自动分剂量一般采用容积法，因此固体物料的流动性、充填性对分剂量的准确性产生重要影响。

3. 对压缩成形性的影响　在片剂压缩成形过程中，由于粉体性质方面的原因可能导致黏冲、色斑、麻点及裂片等现象。例如物料中细粉太多，压缩时空气不能排出，在解除压力后空气体积易发生膨胀而致裂片。

二、散剂概述

（一）散剂的概念

散剂系指药物或与适宜的辅料经粉碎、筛分及均匀混合制成的干燥粉末状制剂，可供内服和外用。散剂为传统的剂型之一，除作为药物制剂直接应用于临床外，粉碎了的药物也是制备其他剂型如片剂、丸剂、胶囊剂等的原料。

（二）散剂的特点

西药散剂临床应用已日趋减少，中药散剂迄今仍为常用剂型之一。

散剂的主要优点有：

（1）制法简单，运输、携带方便，生产成本较低。

（2）便于分剂量和服用，剂量容易控制，尤其适合小儿服用。

（3）与其他固体制剂相比，比表面积大，药物易分散、起效快。

（4）对溃疡病、外伤流血等可起到保护黏膜、吸收分泌物、促进凝血和愈合的作用。

散剂的主要缺点有：由于散剂中药物的表面积大，可能会进一步加剧药物制剂的刺激性、不稳定性（如吸湿、氧化）等，所以刺激性较强、易吸湿、遇光和热不稳定的药物一般不宜制成散剂；剂量较大的散剂不如片剂、丸剂等容易服用。

（三）散剂的分类

1. 按用途分类 可分为内服散剂和外用散剂。内服散剂可直接吞服，亦可用水或其他液体冲服或调服；外用散剂主要用于皮肤、口腔、咽喉、眼、腔道等处。润滑皮肤、治疗皮肤或黏膜创伤用的散剂亦称为撒布散剂。

2. 按剂量分类 可分为分剂量散剂和不分剂量散剂。分剂量散剂系将散剂按一次服用量单独包装，由患者按医嘱分包服用；不分剂量散剂系以多次应用的总剂量形式发出，由患者按医嘱分取剂量使用。

3. 按组成分类 可分为单散剂和复方散剂。单散剂系由一种药物组成，而复方散剂系由两种或两种以上药物组成。

此外，按散剂成分的不同性质尚可分为剧毒药散剂、浸膏散剂、泡腾散剂等。

（四）散剂的质量要求

散剂在生产与贮藏期间应符合下列有关规定。

（1）供制散剂的成分均应粉碎成细粉。除另有规定外，口服散剂应为细粉；局部用散剂应为最细粉。

（2）散剂应干燥、疏松、混合均匀、色泽一致。制备含有毒性药或药物剂量小的散剂时，应采用配研法混匀并过筛。

（3）散剂中可含有或不含辅料，根据需要可加入矫味剂、芳香剂和着色剂等。

（4）散剂可单剂量包装也可多剂量包（分）装，多剂量包装者应附分剂量的用具。

除另有规定外，散剂应密闭贮存，含挥发性药物或易吸潮药物的散剂应密封贮存。

三、散剂的制备

散剂的生产过程中应采取有效措施防止交叉污染，口服散剂生产环境的空气洁净度要求达到D级，外用散剂中表皮用药的生产环境要求达到D级，深部组织创伤和大面积体表创面用散剂应在清洁避菌的条件下制备，生产环境的空气洁净度要求达到C级。散剂生产工艺流程见图2-1。

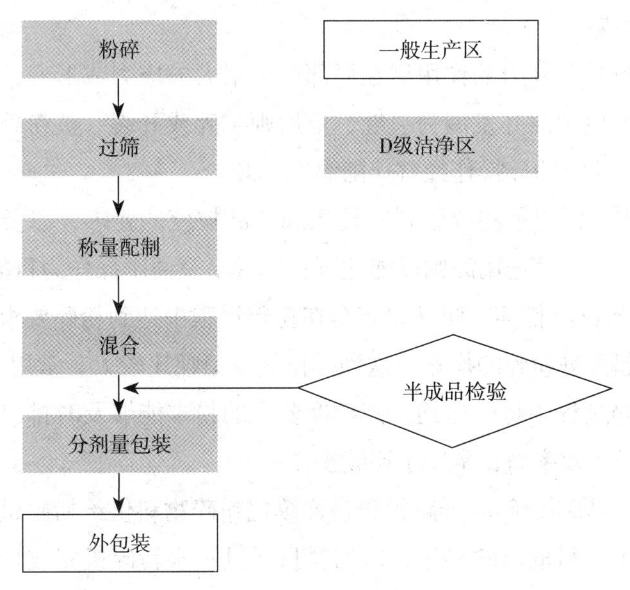

图2-1　散剂生产工艺流程图

（一）粉碎和过筛

1.粉碎

（1）粉碎的目的　药剂学中的粉碎，主要是指借机械力将大块固体物料破碎成适宜程度的颗粒或粉末的操作过程。粉碎的主要目的在于减少粒径，增加比表面积。

粉碎操作对制剂过程有一系列的意义：①便于制备多种剂型，如散剂、颗粒剂、丸剂、片剂、浸出制剂等；②有利于制剂中各成分混合均匀；③增加药物的表面积，促进药物的溶解与吸收，提高药物的溶出速度和生物利用度；④有助于加速药材中有效成分的溶出。但粉碎过程同时也可能会带来一些不良作用，如黏附与凝聚性的增大、堆密度的减少、粉末表面上吸附的空气对润湿性的影响，粉尘污染、爆炸、晶型转变及热分解等。

通常把粉碎前物料的平均直径（Φ）与粉碎后物料的平均直径（Φ_1）的比值称为粉碎度（n）。

$$n=\frac{\Phi}{\Phi_1}$$

由此可见，粉碎度与粉碎后颗粒的平均直径成反比，即粉碎度越大，颗粒越小。粉碎度的大小取决于药物本身的性质、剂型及临床上的使用要求。如内服散剂中不溶或难溶性药物用于治疗胃溃疡时，必须将药物制成细粉，以利于充分发挥药物的保护和治疗作用；而易溶于胃肠液的药物则不必粉碎成细粉；浸出中药材时过细的粉末易形成糊状物而达不到浸出效果；用于眼黏膜的外用散剂需要制成极细粉，以减轻刺激性。所以，固体药物的粉碎应根据需要选用适当的粉碎度。

（2）粉碎的机制　粉碎过程主要是依靠外加机械力的作用破坏物质分子间的内聚力来实现的。粉碎过程中常用的外加力有剪切力、研磨力、冲击力、挤压力、压缩力、弯曲力等。被粉碎物料的性质、粉碎程度不同，所需施加的外力也不同。研磨、冲击作用对脆性物料有效；剪切力对纤维状物料更有效；粗碎以冲击力和挤压力为主，细碎以剪切力和研磨力为主；要求粉碎产物能自由流动时，使用研磨法较好。实际上多数粉碎过程是上述几

种力综合作用的结果。

被粉碎的物料受到外力的作用后在局部产生很大的应力或形变，当应力超过物料本身的分子间力即可产生裂隙并发展为裂缝，最后则破碎或开裂。被粉碎物料迅速恢复变形时以热能释放能量，所以粉碎操作经常伴随温度上升。

（3）粉碎方式　根据被粉碎物料的性质和产品粒度的要求，以及结合粉碎设备等条件采用不同的粉碎方式，其选用原则以能达到粉碎效果及便于操作为目的。

1）闭塞粉碎与自由粉碎　闭塞粉碎是在粉碎过程中达到粉碎要求的粉末不能及时排出而继续和粗粒一起重复粉碎的操作。这种操作能量消耗比较大，常用于小规模的间歇操作。自由粉碎是在粉碎过程中将已达到粉碎粒度要求的粉末能够及时排出而不影响粗粒继续粉碎的操作。这种操作效率高，常用于连续操作。

2）开路粉碎与循环粉碎　开路粉碎是连续把粉碎物料供给粉碎机的同时不断地从粉碎机中把已粉碎的细物料取出的操作，即物料只通过一次粉碎机完成粉碎的操作。该法操作简单，粒度分布宽，适合于粗碎或粒度要求不高的粉碎。循环粉碎是经粉碎机粉碎的物料通过筛子或分级设备使粗颗粒重新返回到粉碎机反复粉碎的操作。本法操作的动力消耗相对低，粒度分布窄，适合于粒度要求比较高的粉碎。

3）混合粉碎与单独粉碎　混合粉碎是指两种或两种以上物料一起同时粉碎的操作方法。混合粉碎可避免黏性物料或热塑性物料在单独粉碎时黏壁和物料间的聚结现象，可将粉碎与混合操作同时进行。混合粉碎后的药物粉末，由于其各种药物组成比例被确定，所以在使用方面会受到一定程度的限制。单独粉碎是指将一种药物单独进行粉碎的操作方法。此法可按粉碎物料的性质选取较为合适的粉碎设备，避免了粉碎时因物料损耗不同而引起含量不准确的现象。

4）干法粉碎与湿法粉碎　干法粉碎是指使物料处于干燥状态下进行粉碎的操作方法。在药物制剂生产中大多采用干法粉碎。湿法粉碎是指在药物中加入适量的水或其它液体进行研磨粉碎的方法。由于液体对物料有一定渗透力和劈裂作用降低了颗粒间的聚结，有利于粉碎，降低能量消耗。湿法粉碎可避免操作时粉尘飞扬，减轻某些有毒药物或刺激性药物对人体的危害。湿法粉碎常见的方法有加液研磨法和水飞法等。加液研磨法是指药物中加入少量液体进行研磨粉碎的方法。液体用量以能湿润药物成糊状为宜。此法粉碎度高，避免粉尘飞扬，减轻毒性或刺激性药物对人体的危害，减少贵重药物的损耗，如樟脑、冰片、薄荷脑、牛黄等加入少量挥发性液体（如乙醇等）研磨粉碎。水飞法是指药物与水共置乳钵或球磨机中研磨，使细粉飘浮于液面或混悬于水中，倾出此混悬液，余下的药物再加水反复研磨，至全部药物研磨完毕，将所得混悬液合并，静置沉降，倾去上清液，将湿粉干燥即得极细粉。此法适用于矿物药、动物贝壳的粉碎，如朱砂、炉甘石、滑石、雄黄等。

5）低温粉碎　低温粉碎是指将药物或粉碎机进行冷却的粉碎方法。低温粉碎利用物料在低温时脆性增加、韧性与延伸性降低的性质，故可提高粉碎效果。对于高温时不稳定的药物、极细粉的粉碎常需低温粉碎。

2.过筛

（1）过筛的目的　过筛是指粉碎后的物料借助筛网将粗粉与细粉进行分离的操作。这种网孔工具称为药筛。物料粉碎后所得粉末的粒度是不均匀的，过筛的目的主要是将粉碎后的物料按粒度大小加以分等，以获得较均匀的粉末，适应医疗和制备制剂的需要。此外，多种物料一起过筛还兼有混合的作用。过筛对制剂生产的顺利进行以及药品质量都有重要的意义，如散剂、颗粒剂等制剂药典都有规定的粒度要求。

（2）药筛及粉末的分等

1）药筛的分等　药筛按制作方法不同分为编织筛和冲制筛两种。药筛的性能、标准主要决定于筛网。冲制筛又称模压筛，系在金属板上冲压出圆形的筛孔而制成，此筛坚固耐用，筛孔不易变形，多用作粉碎机上的筛板。编织筛是以金属丝（不锈钢丝、铜丝、铁丝等）或非金属丝（尼龙丝、绢丝等）编织而成，用尼龙丝制成的筛网具有一定的弹性，比较耐用，且对一般药物较稳定，在制剂生产中应用较多，但使用时筛线易移位致筛孔变形，导致分离效果下降。

药筛的分等有两种方法，一种是以筛孔内径大小（μm）为依据，共规定了九种筛号，一号筛的筛孔内径最大，依次减小，九号筛的筛孔内径最小；另一种是以每英寸（2.54 cm）长度上所含筛孔的数目来标识，即用“目”标识，例如每英寸有100个孔的筛称为100目筛，筛目数越大，筛孔内径越小，见表2-1。

表2-1　《中国药典》药筛分等

筛号	筛孔内径（平均值）	目号
一号筛	2000μm ± 70μm	10目
二号筛	850μm ± 29μm	24目
三号筛	355μm ± 13μm	50目
四号筛	250μm ± 9.9μm	65目
五号筛	180μm ± 7.6μm	80目
六号筛	150μm ± 6.6μm	100目
七号筛	125μm ± 5.8μm	120目
八号筛	90μm ± 4.6μm	150目
九号筛	75μm ± 4.1μm	200目

2）粉末的分等　药物粉末的分等是按通过相应规格的药筛而定的。《中国药典》规定了六种粉末等级，见表2-2。

表2-2　《中国药典》粉末等级标准

等级	分等标准
最粗粉	指能全部通过一号筛，但混有能通过三号筛不超过20%的粉末
粗粉	指能全部通过二号筛，但混有能通过四号筛不超过40%的粉末
中粉	指能全部通过四号筛，但混有能通过五号筛不超过60%的粉末
细粉	指能全部通过五号筛，并含能通过六号筛不少于95%的粉末
最细粉	指能全部通过六号筛，并含能通过七号筛不少于95%的粉末
极细粉	指能全部通过八号筛，并含能通过九号筛不少于95%的粉末

（二）称量配制

称量操作是制剂工作的基本操作技术之一。称量操作是指根据生产指令，按照处方量对原辅料进行双人称量、核对，以保证所投物料准确无误的过程。常用的衡器是各种秤。

称量操作的准确性，对于保证药品质量和疗效具有重要影响。

（三）混合

混合系指把两种以上组分的物质混合均匀的操作。其中包括固-固、固-液、液-液等组分的混合，混合的物质不同、目的不同，所采用的操作方法也不同。

1. 混合的目的 混合的目的在于使处方组成成分均匀地混合，色泽一致，以保证剂量准确，用药安全。混合是制剂生产的基本操作，几乎所有的制剂生产都涉及混合操作。

2. 混合方法 混合方法主要有搅拌混合、研磨混合和过筛混合三种。

（1）搅拌混合 系指将各物料置于适当大小容器中搅匀以达到物料均匀的操作。常作为初步混合，大量生产中常使用混合机混合。

（2）研磨混合 系指将各组分物料置于乳钵中共同研磨以达到混合操作的目的，该技术适用于小量尤其是结晶性药物的混合，不适于引湿性及爆炸性物质混合。

（3）过筛混合 系指将各组分物料先初步混合在一起，再一次或几次通过适宜的药筛使之混合均匀的操作。由于较细、较重的粉末先通过筛网，故在过筛后仍须加以其他适当的方法混合。

3. 混合的原则

（1）各组分的比例量 若两种物理状态粉末粒度相近似的等量药物混合时较容易混匀。若药物的组分比例量相差悬殊时则不易混匀，应采用“等量递加法”，也称“配研法”，即将量大的物料先取出部分，与量小物料约等量混合均匀，如此倍量增加量大的物料，直至全部混匀为止。

（2）各组分的密度 混合物料中各组分的密度对混合的均匀性有较大的影响，应将堆密度低的先放入混合机内，再加堆密度大的物料适当混匀。这样可以避免轻组分浮于上部、重组分沉于底部不易混匀。

（3）各组分的吸附性与带电性 有的粉末对混合的器具有吸附性，可被混合器壁吸附造成较大的损耗，故应先取少部分量大的辅料于混合机内先行混合再加量小的药物混匀；混合摩擦而带电的粉末常阻碍均匀混合，可加入少量表面活性剂克服，也可加入润滑剂做抗静电剂。

（4）混合的时间 混合的时间要适中，时间过短，不易混匀，时间过长，影响效率。

4. 混合的影响因素 在混合机内多种固体物料进行混合时往往伴随着离析现象，离析是与粒子混合相反的过程，影响混合效果，也可使已混合好的物料重新分层，降低混合程度。因为在实际的混合操作中影响混合速度及混合度的因素很多，使混合过程更为错综复杂，很难用单因素一个一个考察。总的来说可分为物料因素、设备因素、操作因素。

（1）物料粉体性质的影响 物料的粉体性质，如粒度分布、粒子形态及表面状态、粒子密度及堆密度、含水量、流动性（休止角、内部摩擦系数等）、黏附性、凝集性等都会影响混合过程。特别是粒子径、粒子形态、密度等在各个成分间存在显著差异时，混合过程中或混合后容易发生离析现象而无法均匀混合。一般情况下，小粒径、大密度的颗粒易于在大颗粒的缝隙中往下流动而影响均匀混合，但当粒径小于30μm时粒子密度的大小将不会成为导致分离的因素；当粒径小于5μm的粉末和较大粒径的颗粒混合时粉末附着在大颗粒

表面成为包衣状态，不会发生分离而且形成规则的均匀混合；当混合物料中含有少量水分可有效地防止离析。一般来说，粒径的影响最大，密度的影响在流态化操作中比粒径更显著。各成分的混合比也是非常重要的因素，混合比越大，混合度越小。

（2）设备类型的影响　混合机的形状及尺寸、内部插入物（挡板，强制搅拌等）、材质及表面情况等也是影响混合的因素。应根据物料的性质选择适宜的混合设备。

（3）操作条件的影响　物料的充填量、装料方式、混合比、混合机的转动速度及混合时间等也影响物料的混合效果。

（四）分剂量包装

分剂量包装是根据质量标准要求，经检验合格后，按剂量要求分装及包装的过程。

散剂的分散度大，其吸湿性和风化是影响散剂质量的重要因素。为了保证散剂的稳定性，必须根据药物的性质，尤其是吸湿性强弱不同，选用适宜的包装材料。

四、称量、粉碎、过筛及混合设备

（一）称量设备

称量设备在各个领域中应用广泛，测定物体质量的衡器常见的有杆秤、台秤、案秤、弹簧秤等。衡器可以分为机械式和电子式，电子衡器是国家强制检定的计量器具。

秤的种类有很多，如桌面秤，指量程在30kg以下的电子秤；又如台秤，指量程在30～300kg以内的电子秤；地磅，指量程在300kg以上的电子秤等。

1. 架盘天平　又称上皿天平，最大称量可达5000g，常用500g、1000g两种，见图2-2。

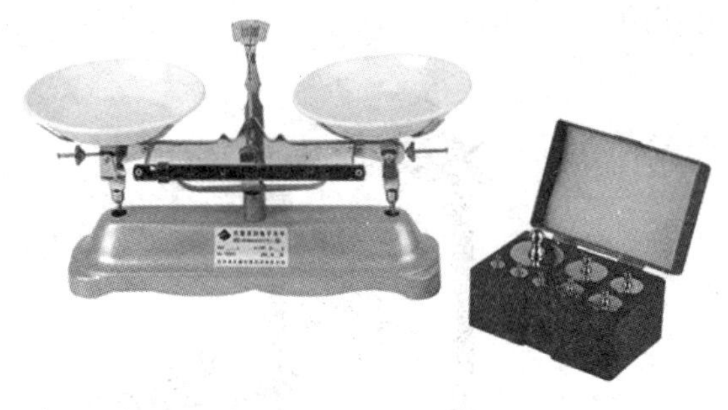

图2-2　上皿天平

2. 扭力天平　扭力天平最大称量一般为100g，分度值可达0.01g，见图2-3。

3. 电子天平　采用电磁式称量传感器，是一种操作方便、读数清晰、称量速度快，稳定性、可靠性高的精密衡量仪器，见图2-4。天平采用微机控制，具有去皮、校准、自动故障检测、计数、百分比等功能，广泛适用于科研机构、院校、企业生产等部门。

图2-3　扭力天平

图2-4　电子天平

4. 台秤 承重装置为矩形台面，是通常在地面上使用的小型衡器。按结构原理可分为机械台秤和电子台秤两类。

（1）机械台秤 利用不等臂杠杆原理工作。由承重装置、读数装置、基层杠杆和秤体等部分组成，见图2-5。读数装置包括增砣、砣挂、计量杠杆等。基层杠杆由长杠杆和短杠杆并列连接。称量时力的传递系统是：在承重板上放置被称物时的4个分力作用在长、短杠杆的重点刀上，由长杠杆的力点刀和连接钩将力传到计量杠杆重点刀上。通过手动加、减增砣和移动游砣，使计量杠杆达到平衡，即可得出被称物质重量称量值。机械台秤结构简单，计量较准确，只要有一个平整坚实的秤架或地面就能放置使用。中国台秤产品的型号由TGT 3个汉语拼音字母和一组阿拉伯数字组成，其中字母T、G、T分别标识台秤、杠杆结构、增砣式，阿拉伯数字标识最大称量（kg）。

（2）电子台秤 利用非电量电测原理的小型电子衡器。由称量台面、秤体、称量传感器、称量显示器和稳压电源等部分组成（图2-6）。称量时，被测物重量通过称量传感器转换为电信号，再由运算放大器放大并经单片微处理机处理后，以数码形式显示出称量值。电子台秤可放置在坚硬地面上或安装在基坑内使用。具有自重轻、移动方便、功能多、显示器和秤体用电缆连接、使用时可按需要放置等特点。除称量、去皮重、累计重等功能外，还可以与执行机构联机、设定上下限以控制快慢加料，可作小包装配料秤或定量秤使用。

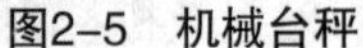

图2-5 机械台秤

图2-6 电子台秤

5. 称量注意事项

（1）按药物的轻重和称量的允许误差，正确选用秤。

（2）称量前必须对天平进行校正，称量完毕应注意天平的还原。平时还应保持天平的清洁和干燥。

（二）粉碎设备

粉碎的设备类型很多，根据对粉碎产物的粒度要求和其他目的选择适宜的粉碎设备。

1. 锤击式粉碎机 由可高速旋转的旋转轴、轴上的T形锤头、机壳上的衬板、筛网、加料口、螺旋加料器等组成，如图2-7所示。

该设备是一种以撞击为主的粉碎设备，当物料从加料斗进入到粉碎室时，由高速

旋转的锤头的冲击和剪切作用以及被抛向衬板的撞击等作用将物料粉碎，细料通过筛板出料，粗料继续被粉碎。粉碎粒度可由锤头的形状、大小、转速以及筛网的目数来调节。

锤击式粉碎机适用于大多数物料的粉碎，但不适用于高硬度物料及黏性物料的粉碎。该机结构简单，操作方便，维修容易，粉碎成品粒度较均匀，且对原料要求不高，适用于生产不同规格的原料。缺点是部件易磨损，产热量较大。

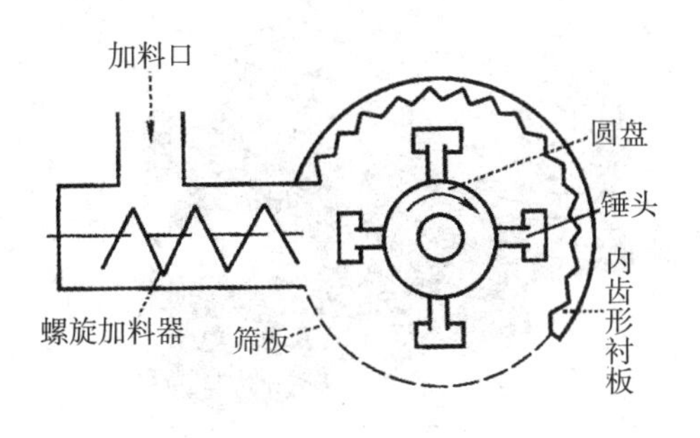

a. 锤击式粉碎机结构示意图

b. 锤击式粉碎机实物图

图2-7　锤击式粉碎机

2. 万能粉碎机　由机座、电机、加料斗、粉碎室、钢齿、环状筛板、抖动装置、出粉口等组成，如图2-8所示。钢齿分为固定齿盘与活动齿盘，两者以不等径同心圆排列，对物料起粉碎作用。

扫码“看一看”

物料从加料斗进入粉碎室，活动齿盘高速旋转产生的离心力使物料由中心部位被甩向室壁。物料在活动齿盘与固定齿盘之间受钢齿的冲击、剪切、磨擦及物料间的撞击作用而被粉碎，最后物料到达转盘外壁环状空间，细粉经环形筛板由底部出料，粗粉在机内重复粉碎。粉碎程度与盘上固定的冲击柱的排列方式有关。

该设备在粉碎过程中会产生大量粉尘，故设备一般都配有粉料收集和捕尘装置。

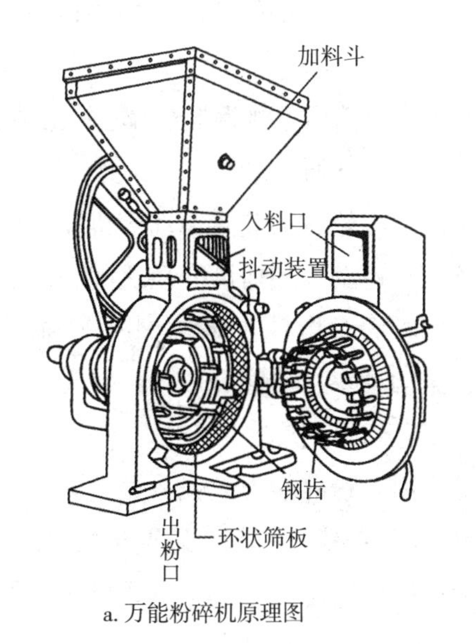

a. 万能粉碎机原理图

b. 万能粉碎机实物图

图2-8　万能粉碎机

3. 球磨机　球磨机是一种传统的粉碎设备，适用于中药细料药的加工。球磨机由水平

放置的圆筒和内装有一定数量的钢、瓷或玻璃圆球所组成，见图2-9所示。当圆筒转动时带动内装球上升，球上升到一定高度后由于重力作用下落，靠球的上下运动使物料受到冲击力和研磨力而达到粉碎的目的。该法粉碎效率较低，粉碎时间较长，但由于密闭操作，适合于贵重物料的粉碎、无菌粉碎、干法粉碎、湿法粉碎、间歇粉碎，必要时可充入惰性气体。

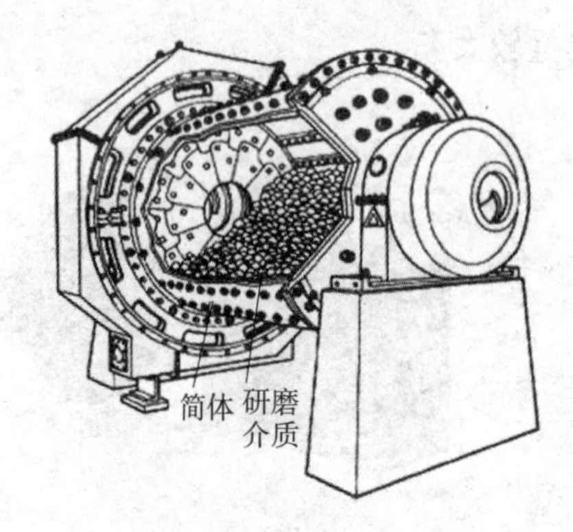

a. 球磨机结构示意图

b. 球磨机实物图

图2-9 球磨机

球磨机内球的运动情况，如图2-10所示。粉碎效果与圆筒的转速、球与物料的装量、球的大小与重量等有关。圆筒转速过小时，球随罐体上升至一定高度后往下滑落，这时物料的粉碎主要靠研磨作用，效果较差。转速过大时，球与物料靠离心力作用随罐体旋转，失去物料与球体的相对运动。当转速适宜时，大部分球随罐体上升至一定高度，并在重力与惯性力作用沿抛物线抛落，此时物料的粉碎主要靠冲击和研磨的联合作用，粉碎效果最好。可见圆筒的转速对药物的粉碎影响较大。该机的最适转速为临界转速的60%~80%。

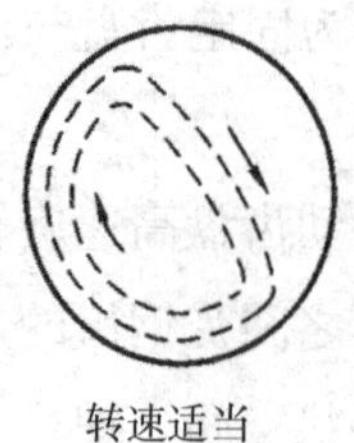

转速适当 转速过慢

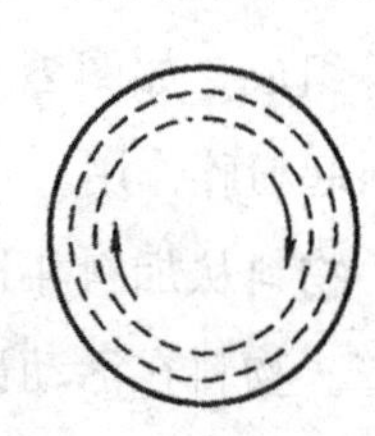

转速过快

图2-10 球磨机研磨介质运动状态

4. 振动磨 目前常用的超微粉碎设备。振动磨由磨机筒体、激振器（偏心轮）、支承弹簧、挠性轴套、研磨介质及驱动电机等部件组成，如图2-11所示。

物料与研磨介质一同装入弹簧支承的磨筒内，由偏心轮激振装置驱动磨机筒体作圆周运动，通过研磨介质本身的高频振动、自转运动及旋转运动，使研磨介质之间、研磨介质与筒体内壁之间产生强烈的冲击、摩擦、剪切等作用力而对物料进行均匀粉碎。振动磨操作主要技术参数及影响因素有：振动强度、振幅、振动频率、研磨介质形状、大小、填充率及研磨筒体尺寸等。研磨介质有球形、柱形和棒形等多种形状。

振动磨对于纤维状、高韧性、高硬度物料均可适用，粉碎能力较强；振动磨既可干法粉碎，也可湿法粉碎；封闭式结构可通入惰性气体用于易燃、易爆、易氧化物料的粉碎；可通过调节磨机筒体外壁夹套冷却水的温度和流量控制粉碎温度。其缺点是机械部件强度及加工要求高，振动噪音大。

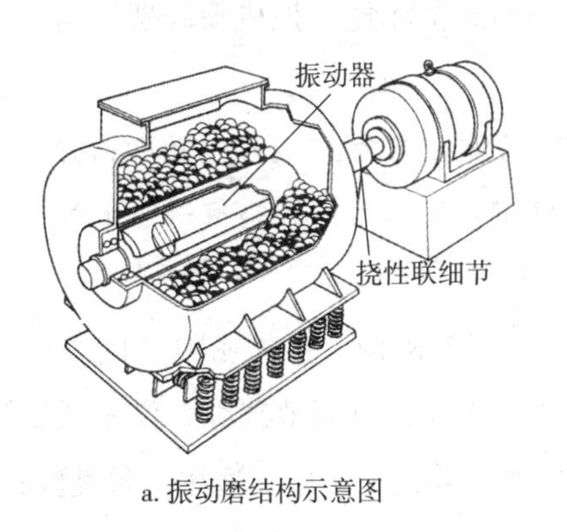

a. 振动磨结构示意图

b. 振动磨实物图

图2-11　振动磨

5. 气流式粉碎机　又称为流体能量磨，系利用高速气体（压缩空气、高压过热蒸汽或惰性气体）使药料颗粒之间以及颗粒与器壁之间碰撞而产生强烈的粉碎作用，现介绍两种典型的气流式粉碎机，见图2-12。

（1）圆盘型气流式粉碎机　该机的动力来源于高速高压气流。高速高压气流使物料颗粒之间及颗粒与室壁之间碰撞而被粉碎。该机由喷嘴、空气室、粉碎室、分级涡、进料口、出料口等构成。空气室内壁装有数个喷嘴，高压空气由喷嘴以超音速喷入粉碎室，物料由加料口经空气引射入粉碎室，被经喷嘴喷出的高速气流所吸引并加速到50～300m/s，由于物料颗粒间的碰撞及受到高速气流的剪切作用而粉碎。被粉碎粒子到达靠近内管的分级涡处，较粗粒子再次被气流吸引继续被粉碎，空气夹带细粉通过分级涡由内管出料。

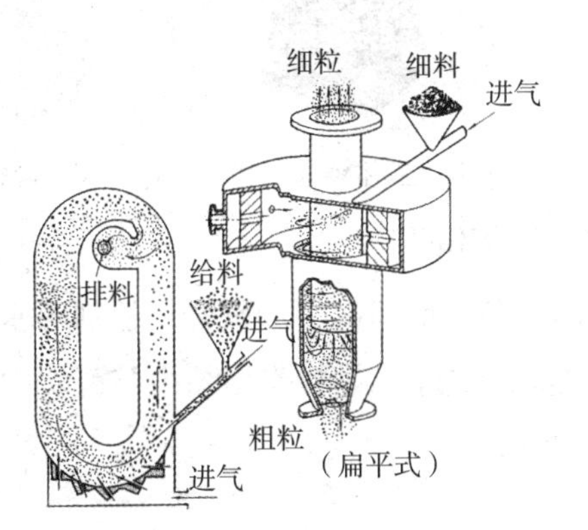

a. 气流式粉碎机工作原理图

b. 圆盘型气流式粉碎机实物图

图2-12　气流式粉碎机

（2）轮型气流式粉碎机　该机无活动部件，似空心轮胎，为典型的气流式粉碎机结构。高压气流自底部喷嘴引入，此时高压气流在下部膨胀变为音速或超音速气流在机内高压循环，待粉碎物料自加料斗经送料器进入机内高速气流中，物料在粉碎室互相碰撞摩擦而被粉碎，并随气流上升到分级器，微粉由气流带出进入收集袋中。粉碎室顶部的离心力使大而重的颗粒分层向下返回粉碎室，重新被粉碎为细小颗粒。

轮型气流式粉碎机的粉碎动力来自高压空气，高压空气从喷嘴喷出时产生冷却效应，使温度下降，在粉碎过程中温度几乎不升高，故抗生素、酶等热敏性物料和低熔点物料粉碎选择气流粉碎机较为适宜。由于设备简单，易于对机器及压缩空气进行无菌处理，故无

菌粉末的粉碎适宜采用气流粉碎机。但与其他粉碎机相比，该机粉碎费用高，只有在粒度要求非常细的情况下才选用。

气流粉碎机的粉碎有以下特点：①可进行粒度要求为3～20μm超微粉碎；②适用于热敏性物料和低熔点物料粉碎；③设备简单、易于对机器及压缩空气进行无菌处理，可适用于无菌粉末的粉碎；④粉碎费用高。

6. 胶体磨 胶体磨由壳体、转子、定子、调节机构、机械密封、电机等组成，如图2-13a所示。胶体磨利用高速旋转的定子与转子之间的可调节狭隙，使物料受到强大的剪切、摩擦及高频振动等作用，有效地粉碎、分散、乳化、均质，适用于各类乳状液的均质、乳化、粉碎，常用于混悬剂与乳剂等分散系的粉碎。

胶体磨分为立式、卧式两种，如图2-13b、c所示。卧式胶体磨液体自水平的轴向进入，通过转子和定子之间的间隙被乳化，在叶轮的作用下，自出口排出。立式胶体磨液料自料斗的上口进入胶体磨，在转子和定子间隙通过时被乳化，乳化后的液体在离心盘的作用下自出口排出。

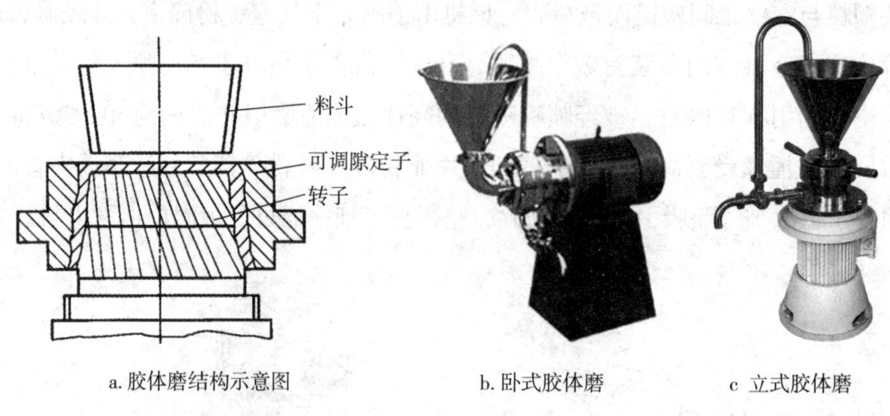

a. 胶体磨结构示意图　b. 卧式胶体磨　c 立式胶体磨

图2-13　胶体磨

7. 滚压粉碎机 滚压粉碎常用于半固体分散系的粉碎，如软膏、栓剂等基质中物料的粉碎等。使物料通过两个相对旋转的压轮之间的缝隙，物料受压缩力与剪切力的作用而被粉碎，提高两个压轮的转速差可获得较高的剪切力。

（三）过筛设备

常用的过筛设备依据物料运动方式分为：旋振筛、旋转筛和摇动筛。

扫码“看一看”

1. 旋振筛 旋振筛由筛网、振荡室、联轴器、电机组成，振荡室内有偏心重锤、橡胶软件、主轴、轴承等组成，如图2-14所示。

旋振筛中偏心重锤经电机驱动传送到主轴中心线，产生离心力，使物料强制改变在筛内形成轨道漩涡，重锤调节器的振幅大小可根据不同物料和筛网进行调节。筛网的振荡使物料强度改变并在筛内形成轨道漩涡，粗料由上部排出口排出，筛分的细料由下部排出口排出。

旋振筛具有分离效率高，处理能力大，维修费用低，占地面积小，重量轻等优点，被广泛应用。

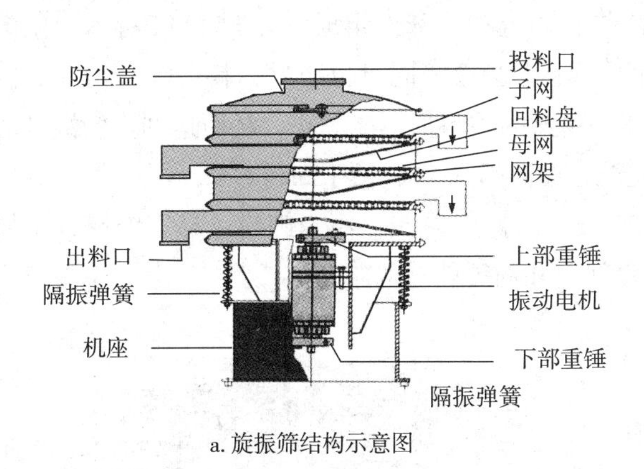

a. 旋振筛结构示意图

b. 旋振筛实物图

图2-14　旋振筛

2. 旋转筛　由机座、机壳、进出料推进装置、电动机等组成，如图2-15所示。物料由料斗经螺旋输送杆进入筛箱，分流叶片不断翻动，形成了物料在筛箱内不断的更新推进，细料即在筛网中落下，粗料继续向前在粗料口中排出。

旋转筛对纤维多、黏度大、湿度高、有静电、易结块等物料均可进行过筛。旋转筛操作方便，适应性广，筛网更换容易，对中药材细粉筛分效果更好。

3. 摇动筛　由药筛和摇动装置两部分组成。摇动装置由摇杆、连杆和偏心轮构成，如图2-16所示。摇动筛筛分利用偏心轮及连杆使药筛发生往复运动进行筛分。药筛的最细号放在底下，放在接受器上，最粗号放在顶上，然后把物料放入最上部的筛上，盖上盖，固定在摇动台上，启动电动机进行摇动和振荡数分钟，即可完成对物料的分等。

摇动筛属于慢速筛分机，其处理量和筛分效率都较低，常用于粒度分布的测定，多用于小量生产，也适用于筛毒性、刺激性或质轻的药粉，避免细粉飞扬。

图2-15　旋转筛实物图

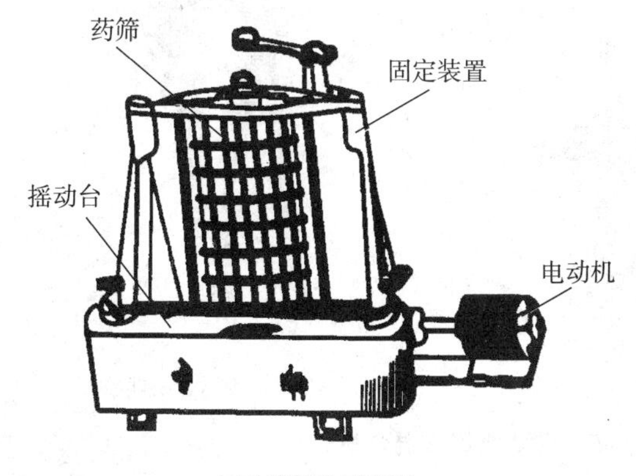

a. 摇动筛结构示意图

b. 摇动筛实物图

图2-16　摇动筛

（四）混合设备

常用的混合设备可分为湿混设备和干混设备。湿混设备主要有槽型混合机、锥型双螺旋混合机等；干混设备包括各种形状的旋转型混合机和二维（或三维）运动混合机等。

1. 槽型混合机 主要由混合槽、搅拌桨、固定轴等部件组成，如图2-17所示。主电机通过减速器带动搅拌桨旋转时，使物料不停上下翻滚，同时也通过物料向混合槽左右两侧产生一定角度的推挤力，使得混合槽内任一角落的物料都不能静止，从而达到均匀混合的目的。副电机可使混合槽绕水平轴转动，使混合槽倾斜105°，便于卸料。

槽型混合机搅拌效率较低，混合时间较长，但操作简便，便于卸料，易于维修，本机除可用以混合粉料外，亦适用于颗粒剂、片剂、丸剂等软材的制备。

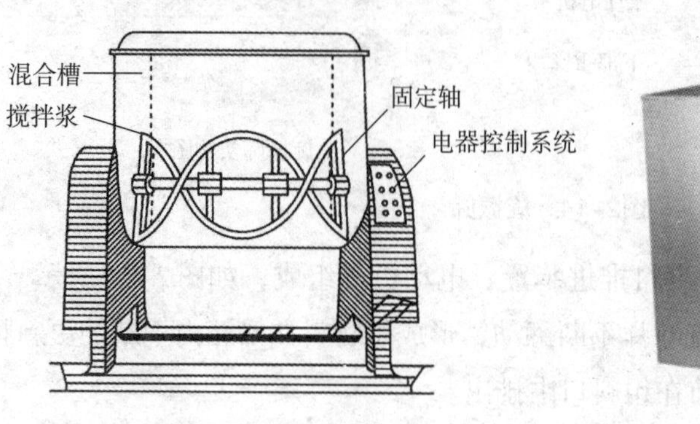

a. 槽型混合机结构示意图

b. 槽型混合机实物图

图2-17 槽型混合机

2. 锥型双螺旋混合机 主要由锥型容器、螺旋杆、转臂、传动系统等组成，如图2-18所示。容器内安装有螺旋推进器，螺旋推进器的轴线与容器锥体的母线平行，混合时左右两个螺旋推进器既自转又绕锥型容器中心轴摆动旋转，在混合过程中物料在推进器的作用下自底部上升，又在公转的作用下在全容器内产生旋涡和上下的循环运动，使物料以双循环方式迅速混合，其充填量约30%。

扫码"看一看"

此种混合机混合速度快，混合效率高，对混合物料适应性广，适用于混合润湿、黏性的固体物料，对热敏性物料不会产生过热，对颗粒物料不会压碎和磨碎，对比重悬殊和粒度不同的物料混合不会产生分屑离析现象，锥型筒体适用于对混合物料无残留的高要求。

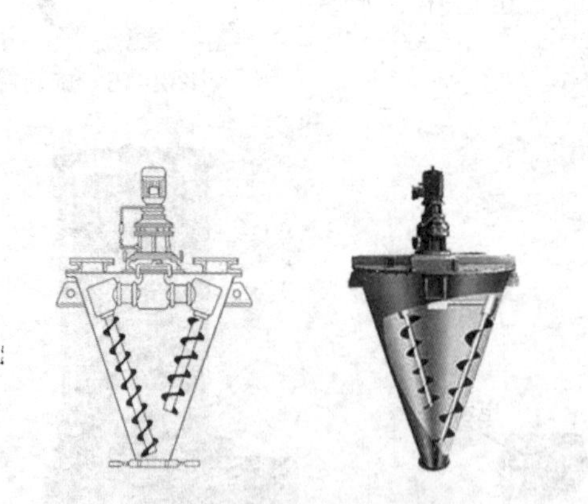
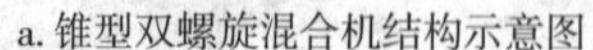
a. 锥型双螺旋混合机结构示意图

b. 锥型双螺旋混合机实物图

图2-18 锥型双螺旋混合机

3. 旋转型混合机 是靠容器本身的旋转作用带动物料上下运动而使物料混合的设备，其形式多样，适合于密度相近的粉末混合。

（1）水平圆筒型混合机 筒体在轴向旋转时带动物料向上运动，并在重力作用下往下滑落的反复运动中进行混合。操作中最适宜转速为临界转速的70%～90%，最适宜充填量或容积比（物料容积/混合机全容积）约为30%。该混合机的混合度较低，但结构简单、成本低。

（2）V型混合机　主要由水平旋转轴、支架和V型圆桶、驱动系统等组成，V型圆桶交叉角为80° 或81°，装在水平轴上，支架支撑驱动系统由机座、电机、传动皮带、蜗轮蜗杆、容器等组成，如图2-19所示。

电机通过传动带带动蜗轮蜗杆使V型混合桶绕水平轴转动，物料在V型混合桶内旋转时，被反复分开和聚合，通过不断循环、对流混合等，使物料在较短的时间内达到均匀混合。操作中最适宜转速可取临界转速的30% ～40%，最适宜充填量为30%。V型混合机以对流混合为主，混合速度快，应用非常广泛。

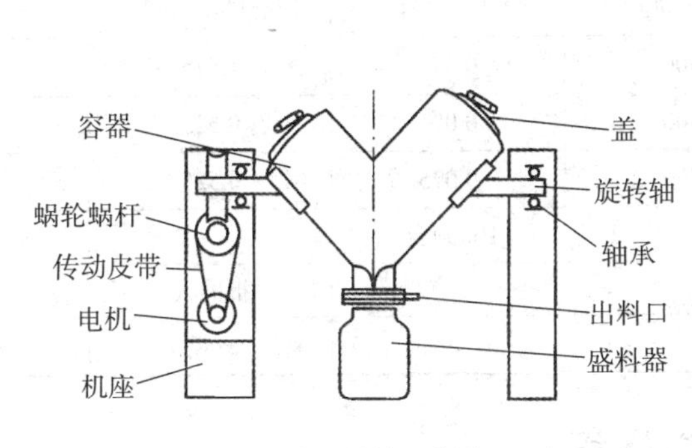

a. V型混合机结构示意图

b. V型混合机实物图

图2-19　V型混合机

（3）双锥型混合机　系在短圆筒两端各与一个锥型圆筒结合而成，旋转轴与容器中心线垂直。混合机内的物料的运动状态与混合效果类似于V型混合机。

4. 三维运动混合机　主要由机座、传动系统、电机控制系统、多向运动机构和混合容器组成，如图2-20所示。混合容器为两端呈锥形的圆桶，在旋转混合时，混合桶可作三维空间多方向摆动和转动，使桶中物料交叉流动与扩散，混合中无死角，混合均匀度高，适合于干燥粉末或颗粒的混合，是目前各种混合机中的一种较理想的设备。

（五）包装设备

全自动制袋包装机是目前常用的包装设备，如图2-21所示。该包装机能完成夹袋，计量和传送等工作。它由双螺旋给料，在线实时称重及除尘装置等组成，可与给袋机、热封口机、缝包机等组成整套全自动大包流水线。

图2-20　三维运动混合机实物图

图2-21　全自动制袋包装机实物图

工作任务

按表2-3发布生产指令。

表2-3 阿奇霉素散的生产指令

文件编号：				生产车间：		
产品名称	阿奇霉素散		规格	0.15g	理论产量	10000袋
产品批号			生产日期		有效期至	
序号	原辅料名称	处方量（g）	消耗定额			备注
			投料量（kg）	损耗量（kg）	领料量（kg）	
1	阿奇霉素	150	1.500	0.075	1.575	
2	淀粉	50	0.500	0.025	0.525	
3	糊精	50	0.500	0.025	0.525	
制成		1000袋		10000袋		
起草人		审核人			批准人	
日期		日期			日期	

任务分析

一、处方分析

处方中阿奇霉素为主药，淀粉和糊精均为填充剂，用于增加散剂体积，利于分剂量。本制剂为内服散剂，主要用于敏感菌感染所致的多种炎症。

二、工艺分析

按照散剂的生产过程，将工作任务细分为5个子工作任务，即任务3-1粉碎，任务3-2过筛，任务3-3称量配制，任务3-4混合，任务3-5分剂量包装，见图2-22。

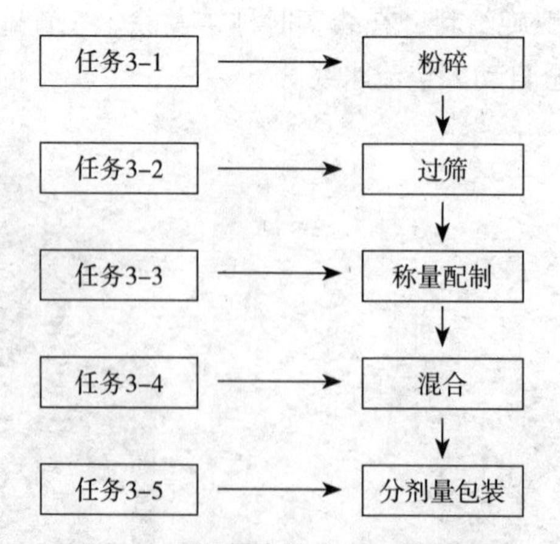

图2-22 阿司霉素散生产工艺分解图

三、质量标准分析

（一）性状

本品为干燥粉末；气芳香。

（二）鉴别

（1）取本品细粉适量，加乙醇制成每1ml中含阿奇霉素5mg的溶液，滤过，取续滤液作为供试品溶液；取阿奇霉素对照品适量，加无水乙醇溶解并稀释制成每1ml中约含5mg的溶液，作为对照品溶液；照薄层色谱法（《中国药典》四部通则0502）试验，吸取上述溶液各分别点于同一硅胶G薄层板上，以乙酸乙酯－正己烷－二乙胺（10：10：2）为展开剂，展开，晾干，喷以显色剂（取钼酸钠2.5g、硫酸铈1g，加10%硫酸溶液溶解并稀释至100ml），置105° C加热数分钟。供试品溶液所显主斑点的位置和颜色应与对照品溶液主斑点的位置和颜色相同。

（2）取本品细粉适量，加乙醇制成每1ml中含阿奇霉素5mg的溶液，滤过，取续滤液作为供试品溶液。在含量测定项下记录的色谱图中，供试品溶液主峰的保留时间应与对照品溶液主峰的保留时间一致。

（三）检查

（1）碱度　取本品适量，加甲醇（每10mg阿奇霉素加甲醇2.5ml）使溶解，加水制成每1ml中含阿奇霉素2mg的溶液，摇匀，10分钟后依法测定（《中国药典》四部通则0631），pH应为9.0~11.0。

（2）有关物质　取本品细粉适量，加稀释液[磷酸二氢铵溶液（称取磷酸二氢铵1.73g，加水溶解并稀释至1000ml，用氨试液调节pH值至10.0 ± 0.05）－甲醇－乙腈（7：7：6）]使阿奇霉素溶解并稀释制成每1ml中含阿奇霉素10mg的溶液，滤过，取续滤液作为供试品溶液；照阿奇霉素项下的方法测定，杂质B 峰面积不得大于对照溶液主峰面积的4倍（2.0%），杂质H与杂质Q按校正后的峰面积计算（分别乘以校正因子0.1、0. 4）不得大于对照溶液主峰面积的2倍（1.0%），其他单个杂质峰面积不校正后的峰面积计算不得大于对照溶液主峰面积的8倍（4.0%）。

（3）水分　取本品适量，照水分测定法（《中国药典》四部通则0832第一法1）测定，含水分不得过2.0%。

（4）其他　其他检查项目，应符合散剂项下有关的各项规定（《中国药典》四部通则0115）。

（四）含量测定

取装量差异项下的内容物，混合均匀，精密称取适量（约相当于阿奇霉素0.1g），加乙腈溶解并定量稀释制成每1ml中约含阿奇霉素1mg的溶液，滤过，取续滤液作为供试品溶液，照阿奇霉素项下的方法测定，即得。本品含阿奇霉素（$C_{38}H_{72}N_2O_{12}$）应为标示量的90.0% ~110.0%。

（五）贮存

密封，在干燥处保存。

任务计划

按照散剂生产岗位要求，将学生分成若干个班组，由组长带领本组成员认真学习各岗位职责，对工作任务进行讨论，并进行人员分工，对每位员工应完成的工作任务内容、完

成时限和工作要求等做出计划（表2-4）。

表2-4　生产计划表

工作车间：		制剂名称：	规格：	
工作岗位	人员及分工	工作内容	工作要求	完成时限

·任务实施·

任务3-1　粉碎

一、任务描述

将处方中的阿奇霉素用SF-250型万能粉碎机粉碎备用。

二、岗位职责

1. 严格执行《粉碎岗位操作法》《粉碎设备操作规程》。

2. 负责粉碎所用设备的安全使用及日常保养，避免发生生产事故。

3. 严格执行生产命令，保证粉碎所用的药材名称、数量、规格、质量等无误，粉碎质量达到标准要求。

4. 自觉执行工艺纪律，确保本岗位不发生混药、错药或对药品造成污染，发现偏差及时汇报。

5. 如实填写各种生产记录，对所填写的原始记录无误负责。

6. 做好本岗位的清场工作。

三、岗位操作法

（一）生产前准备

1. 核对《清场合格证》并确定在有效期内，取下“已清场”状态牌，挂上“生产中”状态牌。

2. 检查粉碎机、容器及工具是否洁净、干燥，检查齿盘螺栓无松动。

3. 检查排风除尘系统是否正常。

4. 按《SF-25型万能粉碎机操作规程》进行试运行，如不正常，自己又不能排除，则通知机修人员来排除。

5. 对所需粉碎的物料，在暂存室领用时要认真复核物料卡上的内容与生产指令是否相符；检查物料中无金属等异物混入，否则不得领用。

（二）操作

1. 开机并调节分级电机转速或进风量，使粉碎细度达到工艺要求。

2. 机器运转正常后，均匀加入待粉碎物料，粉碎完成后须在粉碎机内物料全部排出后方可停机。

3. 粉碎好的物料用塑料袋作内包装，填写好物料卡贴在塑料袋上，交给下一道工序。

4. 操作完工后填写生产记录、批记录。

（三）清场

1. 按《清场管理制度》《容器具清洁管理制度》《清洁操作规程》做好清场工作。

2. 为了保证清场工作质量，清场时应遵循先上后下，先内后外，一道工序完成后方可进行下道工序作业。

3. 清场后，填写清场记录，经QA检查合格后挂《清场合格证》。

四、操作规程

（一）开机前准备

1. 核对《清场合格证》并确定在有效期内，取下"已清场"状态标识牌，挂上本批次产品的生产状态标识牌。

2. 正确组装粉碎机

（1）安装动齿盘：打开机室门，将钎子安装于主轴钎槽内，调整角度使动齿盘上的中心凹槽与钎子对准，将动齿盘安装于主轴上，用大螺母扳手旋紧主轴备帽。

（2）安装筛网架：将筛网架一侧的定位孔对准机体后面的定位销，使筛网架安装在动齿盘外测。

扫码"看一看"

（3）关闭机室门，旋紧螺母，用扳手锁紧机室门

（4）将下料挡板安装于进料口，旋紧固定螺母。

（5）安装接粉布袋：打开物料收集箱，将接粉布袋装于下料口处，系紧布袋口，关闭物料收集箱。

（6）安装除尘布袋：打开除尘箱，将除尘布袋安装于布袋除尘器上，系紧布袋口，关闭除尘箱

（7）安装粉尘补集袋：将布袋装于吸尘风机箱后部粉尘出口处，系紧布袋口。

3. 对所需粉碎的物料，在暂存室领用时要认真复核物料卡上的内容与生产指令是否相符。检查物料中无金属等异物混入，否则不得领用。

（二）开机运行

1. 更换状态标识：将"已清洁"标识更换为"运行"。

2. 开机试运行：扳合控制配电箱电源开关，旋出急停按钮，按动风机启动按钮，确认风机工作正常，按动主机启动按钮，确认主机运转正常，关闭风机、主机。

3. 开机运行：准备好待粉碎的物料，按动风机启动按扭，待风机运行平稳后，按动主机启动按钮，主机启动运行，空载运行约2分钟，观察主机、吸尘风机空载运行稳定后方可投料。

4. 将待粉碎物料投入料斗，调整进料闸门大小，使物料按设定速度定量送进粉碎室内，保持适当的供料进给量。

（三）停机

1. 待粉碎机内物料全部排出后停机，将接料袋取下，填好物料卡贴在接料袋上，交给下一岗位。

2. 操作完成后将“运行”标识更换为“待清洁”，并及时填写生产记录。

（四）操作注意事项

1. 认真做好开机前的各种检查，确认一切正常后方可开机。

2. 粉碎机必须空载启动，待空机运转正常后方可上料粉碎。

3. 待粉碎物料应均匀地加入粉碎室内，避免侧向加入或堆满加料，以免过载引起排料不均匀和不应有的机件损伤。

4. 正常工作情况下，轴承温度不应超过30℃，最高温度不得超过70℃。超过上述温度时，应立即停车，查明原因并加以排除后，方可启动电机。

5. 在加工热敏性物料时，使用20～30min后应停机检查出料筛网孔是否堵塞，粉碎室内温度是否过高，并停机冷却一段时间再开机。

6. 粉碎时，如因粉碎室内物料阻塞而造成机器异常，应立即停机，将物料排出后，方可再次启动。

7. 本粉碎机要求加入物料的粒度小于或等于1mm，对某些较软或质地疏松的物料的粒度可适当大些，但不能超过5mm，料内不准带金属物体。

8. 捕集袋工作中要勤抖动。

9. 粉碎时出现任何异常声音或情况应立即点击急停按钮停止操作，检查排除问题后再重新开启粉碎机。

10. 机器在检查、检修及清洁时必须处于断电状态。

五、清洁规程

1. 关闭电源，按下急停按键。

2. 清除机器内外各部位残留物料。

3. 拆下捕集袋清除粉尘，清洗捕集袋。

4. 用干布擦拭设备外的粉尘，然后用抹布蘸饮用水依次擦拭至无异物，清洁时，手臂够不着的地方可用毛刷清洁。

5. 将紧固螺丝打开，拆下筛板及动齿盘并清洁干净，顽固性污垢用清洁剂擦拭，再用饮用水冲洗至无污水，最后用纯化水冲洗。

6. 用毛刷或干抹布将粉碎室内的齿形沟槽以及齿上物料积滞粉尘擦净，然后用饮用水、纯化水分别冲洗、擦拭，晾干。

7. 用消毒剂彻底消毒设备。与药品接触的表面用75%的乙醇消毒，不直接接触的外表面用0.1%的新洁尔灭溶液或75%的乙醇消毒。遇不易清洗的顽渍可用热水或95%的乙醇清洁与药品接触部分的清洁用具，应与设备外表面的用具分开。

8. 清场后，填写清场记录，经QA检查合格后挂《清场合格证》。

六、维护保养规程

1. 经常检查润滑油杯内的油量是否足够。

2. 设备外表及内部应洁净无污物聚集。

3. 齿盘的固定和转动齿是否磨损严重，如严重需调整安装使用另一侧，如两侧磨损严重需换齿。

4. 每季度检查一次电动机轴承，上下皮带轮是否在同一平面内，皮带的松紧程度以及磨损情况，要及时调整更换。

七、生产记录

请将生产情况详细记录于表2-5、表2-6。

表2-5　粉碎批生产记录

产品名称	规格	批号	温度	相对湿度
生产日期				

生产前检查

序号	操作指令及工艺参数	工前检查及操作记录		检查结果	
1	确认是否穿戴好工作服、鞋、帽等进入本岗位	□是	□否	□合格	□不合格
2	确认无前批(前次)生产遗留物和文件、记录	□无	□有	□合格	□不合格
3	场地、设备、工器具是否清洁并在有效期内	□是	□否	□合格	□不合格
4	检查设备是否完好，是否清洁	□是	□否	□合格	□不合格
5	是否换上生产品种状态标识牌	□是	□否	□合格	□不合格
检查时间	年　月　日　时　分至　时　分	检查人		QA	

物料记录

物料名称	批号	检验单号	领入数量	使用数量	剩余数量	残损数量

续表

称量人		复核人		QA	

操作过程

操作指令及工艺参数	操作记录	操作人	复核人
1. 核对物料：批号，数量正确，外观质量无异常 2. 开机前检查： 检查清洁状况，安装物料接收袋、粉尘捕集袋，开机空运转，正常后更换运行标识牌 3. 粉碎 开打粉机碎电源使机器运转，加入物料粉碎，保证筛出物料符合要求。粉碎一小时停机检查休机10分钟，保证机器不发烫，无异声 4. 粉碎完毕做好标记称重送过筛岗位	1. 结果：批号、数量______ 外观质量：______ 2. 结果：清洁______ 空运转：______ 3. 设备编号：______ 筛网目数：______ __日__时__分 开始粉碎 __日__时__分 停机 4. 粉碎后物料重量：______kg 残损量：______kg		

$$\text{物料平衡} = \frac{\text{粉碎后重量}+\text{残损量}}{\text{粉碎前重量}} \times 100\% = \underline{\qquad\qquad} \times 100\% =$$

物料平衡限度为99.0%~100.0%

生产管理员：　　　　　　QA检查员：

表2-6　粉碎岗位清场记录

品名	规格	批号	清场日期	有效期
			年 月 日	至 年 月 日

基本要求	
	1. 地面无积粉、无污斑、无积液；设备外表面见本色，无油污、无残迹、无异物
	2. 工器具清洁后整齐摆放在指定位置；需要消毒灭菌的清洗后立即灭菌，标明灭菌日期
	3. 无上批物料遗留物
	4. 设备内表面清洁干净
	5. 将与下批生产无关的文件清理出生产现场
	6. 生产垃圾及生产废物收集到指定的位置

清场项目	项目	合格（√）	不合格（×）	清场人	复核人
	地面清洁干净，设备外表面擦拭干净				
	设备内表面清洗干净，无上批物料遗留物				
	物料存放在指定位置				
	与下批生产无关的文件清理出生产现场				
	生产垃圾及生产废物收集到指定的位置				
	工器具、洁具擦拭或清洗干净，整齐摆放在指定位置，需要消毒灭菌的清洗后立即消毒灭菌，标明灭菌日期				
	更换状态识牌				
备注					

负责人：　　　　　　QA：

任务3-2　过筛

一、任务描述

将处方中粉碎好的阿奇霉素用SXZ-515型旋振筛过100目筛备用。

二、岗位职责

1. 严格执行《过筛岗位操作法》《过筛设备操作规程》。

2. 负责过筛所用设备的安全使用及日常保养，避免发生生产事故。

3. 严格执行生产指令，保证过筛所用的药材名称、数量、规格、质量无误，达到标准。

4. 自觉执行工艺纪律，确保本岗位不发生混药、错药或对药品造成污染，发现偏差及时汇报。

5. 如实填写各种生产记录，对所填写的原始记录、盛装单无误负责。

6. 搞好本岗位的清场工作。

三、岗位操作法

（一）生产前的准备

1. 根据药材的性质及过筛要求选用适当的设备，按设备操作规程进行操作。

2. 根据产品工艺要求选用筛子，并仔细检查是否有破损。

3. 按《SXZ-515型旋振筛操作规程》将筛网安装好，试机，听其声音是否正常，如有尖叫声，则迅速停机检查；若不能排除，则请机修人员来检查。

（二）操作

1. 筛分过程中应随时检查，发现有玻璃屑、金属、黑杂点或变色应停机，向班组长或技术员汇报，妥善处理。

2. 操作完毕，将筛分好的药粉装入有塑料袋的洁净的盛装容器内，容器内、外贴上标签，注明物料品名、规格、批号、数量、日期和操作者的姓名等，交中间站或下一工序。

3. 将生产所剩的尾料收集，注明状态，交中间站，并填写好记录。

4. 有异常情况，应及时报告技术人员进行处理。

（三）清场

1. 操作完成后填写生产记录，按清场程序和设备清洁规程清理工作现场、工具、容器具、设备，填写清场记录，并请质量检查员检查，合格后发给清场合格证。

2. 撤掉运行状态标识，挂清场合格标识。

3. 每批药品的每一生产阶段完成后必须由生产操作人员清场。及时填写批生产记录、设备运行记录、交接班记录等。关好水、电、气开关及门，按进入程序的相反程序退出。

四、操作规程

（一）开机前准备

1. 核对《清场合格证》并确定在有效期内，取下“已清场”状态标识牌，挂上本批次产品的生产状态标识牌。

2. 根据产品工艺要求选择筛网，并仔细检查筛网是否有破损。

3. 正确安装旋振筛

扫码“看一看”

（1）将下出料盘安装于旋振筛底部，将防震胶垫置于下出料盘上。

（2）将网架平面朝下放于防震胶垫上，将100目筛网安装好。

（3）套上中筛框，将中出料口与下出料口分开。

（4）装好回料盘，将防震胶垫置于回料盘上。

（5）将网架平面朝下放于防震胶垫上，将80目筛网安装好。

（6）将防尘盖好，同时将上出料口与中出料口分开。

（7）调节螺母固定锁紧带。

（8）将三个出料口分别装好物料接收袋。

4. 对待过筛的物料，在暂存室领用时要认真复核物料卡上的内容与生产指令是否相符。检查物料中无金属等异物混入，否则不得领用。

（二）开机运行

1. 更换标识牌：将“已清洁”标识更换为“运行”。

2. 开机试运行：打开电源开关，观察设备运行是否平稳，正常，准备投料。

3. 将准备好的物料分次从投料口投入，运转时给料要均匀，使物料均布于筛面。

（三）停机

1. 操作完毕，将筛分好的药粉装入有塑料袋的清洁盛装容器内，容器内、外贴上物料标签，注明品名、规格、批号、数量、日期、操作人等，交中间站或下一岗位。

2. 将所产所剩的尾料收集，注明状态，交中间站，并填好记录。

3. 将“运行”标识牌更换为“待清洁”。

五、清洁规程

1. 关闭电源。

2. 松开卡箍，将上盖加料口、筛网等分别拆下，移至指定清洁区，用毛刷或吸尘器除去粉粒，用设备洁净布浸饮用水反复擦洗至无异物后，再用设备洁净布浸透纯化水清洗，按清洁规程要求进行清洁。

3. 取下出料口布袋，将直接接触药物的不可拆卸部分及出料口等处用毛刷或吸尘器除去粉粒，用饮用水反复擦洗至无异物后，再用纯化水擦洗，按清洁规程要求进行清洁。

4. 用设备洁净布浸透饮用水，将设备外表面擦洗至无异物，再用纯化水擦洗。

5. 用消毒剂消毒设备，于洁净自然风下干燥。

6. 清场后，填写清场记录，经QA检查合格后挂《清场合格证》。

六、维护保养规程

1. 每日使用后，检查各部件是否完整可用；各处螺栓是否紧固牢靠；主轴、连轴器、电动机等处轴承的润滑是否到达机器的保养周期。

2. 每日日保结束后，按本机《设备清洁规程》进行清洁。

3. 当本机运行时间未达润滑周期时，每日使用后无须对各润滑点加油。

4. 填写设备日保记录，经QA人员检查合格，悬挂清洁合格标识和设备完好标识。

七、生产记录

请将生产情况详细记录于表2-7、表2-8中。

表 2-7　过筛批生产记录

产品名称	规格	批号	生产日期	温度	相对湿度

生产前检查

序号	操作指令及工艺参数	工前检查及操作记录		检查结果	
1	确认是否穿戴好工作服、鞋、帽等进入本岗位	□是	□否	□合格	□不合格
2	确认无前批（前次）生产遗留物和文件、记录	□无	□有	□合格	□不合格
3	场地、设备、工器具是否清洁并在有效期内	□是	□否	□合格	□不合格
4	检查设备是否完好，是否清洁	□是	□否	□合格	□不合格
5	是否换上生产品种状态标识牌	□是	□否	□合格	□不合格
检查时间	年　月　日　时　分至　时　分	检查人		QA	

物料记录

物料名称	待过筛物料重量	过筛后合格品重量	过筛后不合格品数量		残损量
称量人		复核人		QA	

操作过程

操作指令及工艺参数	操作记录	操作人	复核人
1. 核对物料：批号，数量正确，外观质量无异常 2. 开机前检查： 检查清洁状况，安装筛网，物料接收袋，开机空运转，正常后更换运行标识牌	1. 结果：批号、数量 ________ 外观质量：________ 2. 结果：清洁 ________ 空运转：________		
3. 过筛 开打筛分机电源使机器运转，加入物料，保证筛出物料符合要求	3. 设备编号：________ 筛网目数：________ ___ 日 __ 时___分 开始筛分 ___ 日 __ 时___分 停机		
4. 过筛完毕做好标记称重送混合岗位	4. 过筛后合格物料重量：____ kg 过筛后不合格物料重量：____ kg 损耗量：________ kg		

$$物料平衡\%=\frac{过筛后合格品重量+过筛后不合格品重量+残损量}{过筛前重量}\times 100\%=\frac{\qquad}{\qquad}\times 100\%=$$

物料平衡限度为99.0%~100.0%

生产管理员：　　　　　　　QA检查员：

表 2-8　过筛岗位清场记录

<table>
<tr><td>品名</td><td>规格</td><td colspan="2">批号</td><td colspan="2">清场日期</td><td colspan="2">有效期</td></tr>
<tr><td></td><td></td><td colspan="2"></td><td colspan="2">年　月　日</td><td colspan="2">至　年　月　日</td></tr>
<tr><td rowspan="6">基本要求</td><td colspan="7">1. 地面无积粉、无污斑、无积液；设备外表面见本色，无油污、无残迹、无异物</td></tr>
<tr><td colspan="7">2. 工器具清洁后整齐摆放在指定位置；需要消毒灭菌的清洗后立即灭菌，标明灭菌日期</td></tr>
<tr><td colspan="7">3. 无上批物料遗留物</td></tr>
<tr><td colspan="7">4. 设备内表面清洁干净</td></tr>
<tr><td colspan="7">5. 将与下批生产无关的文件清理出生产现场</td></tr>
<tr><td colspan="7">6. 生产垃圾及生产废物收集到指定的位置</td></tr>
<tr><td rowspan="8">清场项目</td><td colspan="2">项目</td><td>合格（√）</td><td colspan="2">不合格（×）</td><td>清场人</td><td>复核人</td></tr>
<tr><td colspan="2">地面清洁干净，设备外表面擦拭干净</td><td></td><td colspan="2"></td><td rowspan="7"></td><td rowspan="7"></td></tr>
<tr><td colspan="2">设备内表面清洗干净，无上批物料遗留物</td><td></td><td colspan="2"></td></tr>
<tr><td colspan="2">物料存放在指定位置</td><td></td><td colspan="2"></td></tr>
<tr><td colspan="2">与下批生产无关的文件清理出生产现场</td><td></td><td colspan="2"></td></tr>
<tr><td colspan="2">生产垃圾及生产废物收集到指定的位置</td><td></td><td colspan="2"></td></tr>
<tr><td colspan="2">工器具、洁具擦拭或清洗干净，整齐摆放在指定位置，需要消毒灭菌的清洗后立即消毒灭菌，标明灭菌日期</td><td></td><td colspan="2"></td></tr>
<tr><td colspan="2">更换状态标识牌</td><td></td><td colspan="2"></td></tr>
<tr><td>备注</td><td colspan="7"></td></tr>
</table>

负责人：　　　　　　　　　　　　　QA：

任务3-3　称量配制

一、任务描述

按照生产指令，使用电子秤称量淀粉、糊精及过筛后的阿奇霉素，备用。

二、岗位职责

1. 严格执行《配料岗位操作法》《称量操作规程》。

2. 负责配料所用设备的安全使用及日常保养，避免发生生产事故。

3. 严格执行生产命令，保证配料所用的药材名称、数量、规格、质量的准确无误。

4. 自觉执行工艺纪律，确保本岗位物料不发生混药、错药等现象。

5. 如实填写各种生产记录，对所填写的原始记录负责。

6. 搞好本岗位的清场工作。

三、岗位操作法

（一）生产前的准备

1. 检查操作间、设备及容器的清洁状态，检查清场合格证，核对其有效期，取下标识牌，按生产部门标识管理规定进行标识管理。

2. 按生产指令填写工作状态卡，挂生产标识牌于指定位置。

（二）操作

1. 根据生产指令，领取已处理原辅料，并进行二人称量、核对、签名。

2. 配料桶编号，挂牌标明品名、规格、批号、批量、配制时间、配制人、总重、皮重、净重等内容。

3. 配料时戴口罩和手套。

4. 按投料计算结果进行称量配料操作。二人核对，逐项进行称量并记录。

5. 配料时将各种处理好的原辅料按顺序排好，依照品种称量的量程选择称量器具，并按称量器具使用操作规程进行称量。

6. 每称完一种原辅料，将称量记录详细填入配料记录。

7. 配料完毕后再进行仔细核对检查。确认正确后，二人核查签字。

8. 配料完毕，填写记录。

（三）清场

1. 操作完毕，取下生产标识牌，挂清场牌，依据清场标准操作程序、称量器具清洁标准操作程序、D级清洁区清洁标准操作程序进行清洁、清场。

2. 清场后，填写清场记录，报质监员，检查合格后，发清场合格证，挂已清场标识牌。

四、操作规程

（一）开机前准备

1. 将电子秤置于稳固平坦之桌面或地面使用，避免放置于温度变化过大或空气流动剧烈之场所。

2. 使用独立电源插座以免其他电器干扰，调整电子秤的调整脚，使秤平稳且水平仪内气泡居圆圈中央。

（二）开机运行

1. 按“开/关”键仪表进行99999-00000自动回零后，便进入称量状态。

2. 在使用的过程中，空称、零点不为零时，即可按“置零”键。仪表数字自动回零，置零范围 ±2%。

3. 将所需称量的物体放在称台上，待仪表上的数值稳定便是此次称量的毛重数据。

4. 当称同一物体或同一批数量的物体时可采用按“累计”键把单次重量进行储存，在称完之后再按“累计重示”键可显示出此次所称物体的毛重；如想随时察看累计重量，按“累计重示”键，则显示已累计次数及累计重量值，保持2秒钟后，返回称量状态；如想长时间察看，则按“累计重示”键不放；如清除累计可同时按“扣重”和“累计重示”键，

即可清除累计结果，此时累计指示符号熄灭，中途开、关机后，累计结果丢失。

5. 被称物体需要去皮时，将物体置于秤台上，待显示稳定后，按“去皮”键，即完成去皮重程序，此时仪表显示净重为“0”。

（三）停机

1. 称量完毕后按“开/关”键便进入关机状态。

2. 清洁完毕，挂上“已清洁”状态牌。

五、清洁规程

1. 首先关掉电源，将丝光毛巾用饮用水润湿、拧干后，仔细擦拭电子秤各部位。

2. 将丝光毛巾漂洗干净、拧干后，将上述部位再擦拭至干净。

3. 检查电子秤是否正常及清洁。

4. 清洁标准：肉眼检查，电子秤应光洁明亮，无可见异物或污迹。

5. 清场后，填写清场记录，经QA检查合格后挂《清场合格证》。

六、维护保养规程

1. 每一次的维护和故障排除都要做好相关记录。

2. 设备上的检测精度要定期校验（每年校验一次），确保显示正确。

3. 电子秤不能工作和储存在有腐蚀气体的有害环境中。

4. 电子秤不能工作在有振动的运输车中。

5. 电子秤在运输、使用中避免雨水冲淋、抛扔、碰撞。

6. 清洁电子秤时不能使用有机化学液体擦洗。

7. 每次称量完成后，要将电子秤擦拭干净，拔掉电源，放回原位。

七、生产记录

请将生产情况记录于表2-9、表2-10中。

表2-9 配料批生产记录

产品名称		规格		批号	温度	相对湿度	
生产日期							
生产前检查							
序号	操作指令及工艺参数	工前检查及操作记录			检查结果		
1	确认是否穿戴好工作服、鞋、帽等进入本岗位	□是	□否		□合格	□不合格	
2	确认无前批（前次）生产遗留物和文件、记录	□无	□有		□合格	□不合格	
3	场地、设备、工器具是否清洁并在有效期内	□是	□否		□合格	□不合格	
4	检查设备是否完好，是否清洁	□是	□否		□合格	□不合格	
5	是否换上生产品种状态标识牌	□是	□否		□合格	□不合格	
检查时间	年 月 日 时 分至 时 分	检查人			QA		

续表

物料记录						
物料名称	批号	检验单号	领用量	实投量	残损量	剩余量
称量人		复核人		QA		

操作过程			
操作指令及工艺参数	操作记录	操作人	复核人
1. 核对物料：批号，数量正确，外观质量无异常 2. 开机前检查： 检查设备状态，确认在校验有效期内，对电子秤进行调平 3. 称量 将盛装物料用的塑料袋置于电子秤上并进行去皮，按照生产指令的要求分别称取相应物料。每称完一种贴好物料标签，表明品名、规格、批号、生产日期、操作人等 4. 称量结束关闭电子秤并复位，剩余物料扎好物料袋口，送回指定位置	1. 结果：批号、数量________ 外观质量________ 2. 设备编号________ 清洁状态________ 是否在有效期内：□是　□否 是否调平：□是　□否 3. 称量操作时间： 时　分～　时　分 4. 淀粉________kg 糊精________kg 阿奇霉素________kg		

$$物料平衡 = \frac{处理后物料总量+残损量+剩余总量}{处理前总量} \times 100\% = \frac{\qquad}{\qquad} \times 100\% =$$

物料平衡限度为 99.0%~100.0%

生产管理员：　　　　　　QA检查员：

表 2-10　配料岗位清场记录

品 名	规 格	批 号	清场日期	有 效 期
			年　月　日	至　年　月　日

基本要求	1. 地面无积粉、无污斑、无积液；设备外表面见本色，无油污、无残迹、无异物				
	2. 工器具清洁后整齐摆放在指定位置；需要消毒灭菌的清洗后立即灭菌，标明灭菌日期				
	3. 无上批物料遗留物				
	4. 设备内表面清洁干净				
	5. 将与下批生产无关的文件清理出生产现场				
	6. 生产垃圾及生产废物收集到指定的位置				
清场项目	项目	合格（√）	不合格（×）	清场人	复核人
	地面清洁干净，设备外表面擦拭干净				
	设备内表面清洗干净，无上批物料遗留物				
	物料存放在指定位置				
	与下批生产无关的文件清理出生产现场				
	生产垃圾及生产废物收集到指定的位置				
	工器具、洁具擦拭或清洗干净，整齐摆放在指定位置，需要消毒灭菌的清洗后立即消毒灭菌，标明灭菌日期				
	更换状态标识				
备注					

负责人：　　　　　　QA：

任务3-4　混合

一、任务描述

将阿奇霉素、淀粉、糊精共同置入SH-50型三维运动混合机中混合均匀。

二、岗位职责

1. 严格执行《混合岗位操作法》和《混合设备操作规程》。

2. 负责混合所用设备的安全使用及日常保养，避免发生生产事故。

3. 严格执行生产指令，保证混合所用的物料名称、数量、规格、质量无误、混合质量达到标准要求。

4. 自觉执行工艺纪律，确保本岗位不发生混药、错药或对药品造成污染。发现偏差及时汇报。

5. 如实填写各种生产记录，对所填写的原始记录、盛装单无误负责。

6. 做好本岗位的清场工作。

三、岗位操作法

（一）生产前的准备

1. 操作人员按操作人员进入洁净区标准程序进行更衣，进入操作间。

2. 检查工作场所、设备、工具、容器具是否具有清场合格标识，并核对其有效期，否则，按清场程序进行清场。并请QA检查员检查合格、发放生产许可证后，将清场合格证附于本批生产记录内，进入下一操作。

3. 根据混合要求选用适当的设备，并检查设备是否具有“完好”标识卡及“已清场”标识。检查设备是否正常，若有一般故障自己排除，自己不能排除的则通知维修人员，正常后方可运行。

4. 对计量器具进行检查，正常后进行下一步操作。

5. 根据生产指令填写领料单，向中间站领取待混合药物，摆放在设备旁。并核对所需混合药物的品名、批号、规格、数量、质量无误后，进行下一操作。

6. 必要时按《SH-50型三维运动混合机清洁规程》对设备及所需容器、工具进行消毒。

7. 挂本次运行状态标识，进入操作状态。

（二）操作

1. 将待混合的药粉按等量递增法置于混合筒中，依据产品工艺规程按其标准操作程序进行混合。

2. 将混合均匀的药粉置洁净容器中，密封，标明品名、批号、剂型、数量、容器编号、操作人、日期等，放于物料储存室。

3. 混合物料请验，对混合的物料进行质量确认，看颜色是否均匀，有无团块、杂点等情况。

4. 将生产所剩的尾料收集，标明状态，交中间站，并填写好记录。

5. 有异常情况，应及时报告技术人员进行处理。

（三）清场

1. 按清场程序和设备清洁规程清理工作现场、工具、容器具、设备，合格后挂上清场合格标识。

2. 超出有效期时，要按清洁程序清理现场。

四、操作规程

扫码“看一看”

（一）开机前准备

1. 核对《清场合格证》并确定在有效期内，取下“已清场”状态标识牌，挂上本批次产品的生产状态标识牌。

2. 检查混合桶进料口顶盖、出料口底盖是否盖好，卡箍是否锁紧。

3. 开机前，检查调速旋钮是否指在零位，如不是则归位后再开机。

（二）开机运行

1. 更换标识牌：将“已清洁”标识更换为“运行”。

2. 开机试运行：旋出急停按钮，打开主机启动开关，点击面板上“Run”键，调节调速旋钮从“0”开始逐渐增大，观察混合桶运转情况，正常后，点击控制面板“Stop”键，停止试运行，调速旋钮回归零位，关闭主机启动开关，按下急停按钮。

3. 打开混合桶盖，将待混合物料装入混合桶，盖好桶盖，锁紧卡箍。

4. 据生产指令的要求，设定混合时间，打开定时开关。

5. 确定调速旋钮调到零点，旋出急停按钮，打开主机启动开关，点击面板上“Run”键，调节调速旋钮，启动电机旋转，慢慢调节调速按钮，使混合桶开始转动，直至达到所需转速。

（三）关机

1. 混合时间结束后，关闭定时快关，再次点击“Run”键，利用较低速度将混合筒转至初始位置。

2. 打开出料口，将物料放出，置于洁净的盛装容器中，贴上标签，注明品名、规格、批号、生产日期、操作人等，转移至中间站或下一岗位。

3. 将“运行”标识更换为“待清洁”。

4. 混合物料请验，填写请验单，对混合物料进行质量确认，看颜色是否均匀，有无团块、杂质等情况。

（四）操作注意事项

1. 必须严格按规定进行操作。

2. 设备的密封胶垫若损坏、漏粉时应及时更换。

3. 定期检查所有外露螺栓、螺母，并拧紧。

4. 检查机器润滑油是否充足、外观完好。

5. 混合机使用中如发现机器震动异常或发出不正常怪声，应立即停车检查。排除问题后再重新开启混合机。

6. 开机前务必检查并确保混合筒活动范围内不得有人及任何物品，以免造成误伤。

7. 机器在检查、检修及清洁时必须处于断电状态。

五、清洁规程

1. 用抹布分别蘸取饮用水及纯化水，对混合筒内外表面进行擦拭。用干抹布擦干后，用75%乙醇擦拭进行消毒。

2. 根据清洁规程要求使用适当的清洗剂。

3. 清场后，填写清场记录，经QA检查合格后挂《清场合格证》。

六、维护保养规程

1. 检查电器系统中各元件和控制回路的绝缘电阻及接零的可靠性，以确保用电安全。

2. 加料、清洗时应防止损坏加料口及桶内抛光镜面，以防止密封不严或物料黏积。

3. 定期检查各运动部位紧固件是否松动，若有松动，应立即拧紧，必要时进行调整或更换，以保证连接的牢固性。

4. 保持设备表面清洁，周围无杂物，清洗混合槽时不要将水溅到控制系统上。

5. 各轴承部位润滑脂每年清洗更换一次。

七、生产记录

请将生产情况记录于表2-11、表2-12中。

表2-11　混合批生产记录

产品名称	规格	批号	生产日期	温度	相对湿度

生产前检查

序号	操作指令及工艺参数	工前检查及操作记录		检查结果	
1	确认是否穿戴好工作服、鞋、帽等进入本岗位	□是	□否	□合格	□不合格
2	确认无前批(前次)生产遗留物和文件、记录	□无	□有	□合格	□不合格
3	场地、设备、工器具是否清洁并在有效期内	□是	□否	□合格	□不合格
4	检查设备是否完好，是否清洁	□是	□否	□合格	□不合格
5	是否换上生产品种状态标识牌	□是	□否	□合格	□不合格
检查时间	年　月　日　时　分至　时　分	检查人		QA	

物料记录

物料名称	物料重量	混合后总重	取样量	残损量
称量人	复核人		QA	

续表

<table>
<tr><th colspan="4">操作过程</th></tr>
<tr><th>操作指令及工艺参数</th><th>操作记录</th><th>操作人</th><th>复核人</th></tr>
<tr><td>1. 核对物料：批号，数量正确，外观质量无异常
2. 开机前检查：
检查清洁状况，开机空运转，正常后更换运行标识牌
3. 混合
将待混合的物料放入混合机，设定混合时间为 15 分钟，打开混合机电源，逐步调整转速为（20），打开计时开关开始混合，完毕后将转速调为 0，关机，从出料口倒出物料
4. 混合完毕做好标记称重</td><td>1. 结果：批号、数量________________
外观质量：________________
2. 结果：清洁状态________________
空运转________________

3. 设备编号：________________
日　时　分 开始混合
日　时　分 停机

4. 混合后物料重量：______kg
取样量：______kg
残损量：______kg</td><td></td><td></td></tr>
<tr><td colspan="4">物料平衡 $=\dfrac{\text{混合后物料重量+取样量+残损量}}{\text{混合前各物料重量}}\times 100\%=$ ____________ $\times 100\%=$</td></tr>
<tr><td colspan="4">物料平衡限度为 99.0%~100.0%</td></tr>
</table>

生产管理员：　　　　　　　　QA 检查员：

表 2-12　混合岗位清场记录

<table>
<tr><th>品 名</th><th>规 格</th><th colspan="2">批 号</th><th colspan="2">清场日期</th><th>有 效 期</th></tr>
<tr><td></td><td></td><td colspan="2"></td><td colspan="2">年　月　日</td><td>至　年　月　日</td></tr>
<tr><td rowspan="6">基本要求</td><td colspan="6">1. 地面无积粉、无污斑、无积液；设备外表面见本色，无油污、无残迹、无异物</td></tr>
<tr><td colspan="6">2. 工器具清洁后整齐摆放在指定位置；需要消毒灭菌的清洗后立即灭菌，标明灭菌日期</td></tr>
<tr><td colspan="6">3. 无上批物料遗留物</td></tr>
<tr><td colspan="6">4. 设备内表面清洁干净</td></tr>
<tr><td colspan="6">5. 将与下批生产无关的文件清理出生产现场</td></tr>
<tr><td colspan="6">6. 生产垃圾及生产废物收集到指定的位置</td></tr>
<tr><td rowspan="8">清场项目</td><td colspan="2">项目</td><td>合格（√）</td><td>不合格（×）</td><td>清场人</td><td>复核人</td></tr>
<tr><td colspan="2">地面清洁干净，设备外表面擦拭干净</td><td></td><td></td><td rowspan="7"></td><td rowspan="7"></td></tr>
<tr><td colspan="2">设备内表面清洗干净，无上批物料遗留物</td><td></td><td></td></tr>
<tr><td colspan="2">物料存放在指定位置</td><td></td><td></td></tr>
<tr><td colspan="2">与下批生产无关的文件清理出生产现场</td><td></td><td></td></tr>
<tr><td colspan="2">生产垃圾及生产废物收集到指定的位置</td><td></td><td></td></tr>
<tr><td colspan="2">工器具、洁具擦拭或清洗干净，整齐摆放在指定位置，需要消毒灭菌的清洗后立即消毒灭菌，标明灭菌日期</td><td></td><td></td></tr>
<tr><td colspan="2">更换状态标识牌</td><td></td><td></td></tr>
<tr><td>备注</td><td colspan="6"></td></tr>
</table>

负责人：　　　　　　　　　　　QA：

任务3–5 分剂量包装

一、任务描述

将混合均匀的阿奇霉素散，按每袋装量为0.25g，使用全自动制袋包装机进行分剂量包装。

二、岗位职责

1. 操作人员上岗前按规定着装，做好操作前的一切准备工作。

2. 严格执行《散剂分装岗位操作法》《散剂分剂量包装设备操作规程》，保证岗位不发生差错和污染，发现问题及时上报。

3. 根据生产指令按规定程序领取合格半成品，核对所分剂量物料的品名、规格、产品批号、数量、物理外观、检验合格证等，应准确无误，分剂量产品应均匀，符合要求。

4. 严格按工艺规程及分剂量标准操作程序进行分装。

5. 生产完毕，按规定进行物料移交，并认真填写工序记录及生产记录。

6. 生产过程中注意设备保养，经常检查设备运转情况，操作时发现故障及时排除，自己不能排除的通知维修人员维修好后方可使用。

7. 工作结束或更换品种时，严格按本岗位清场SOP进行清场，经QA检查合格后，挂标识牌。

8. 工作期间严禁串岗、离岗，自觉执行工艺纪律，确保本岗位不发生混药、错药或对药品造成污染。发现偏差及时汇报。

三、岗位操作法

（一）生产前的准备

1. 操作人员按操作人员进入洁净区标准更衣程序进行更衣，进入操作间。

2. 检查工作场所、设备、工具、容器具是否具有清场合格标识，并核对其有效期，否则，按清场程序进行清场。并请QA检查员检查合格后，将清场合格证附于本批生产记录内，进入下一操作。

3. 根据分装要求选用适当的设备，并检查设备是否具有“完好”标识卡及“已清洁”标识。检查设备是否正常，若有一般故障自己排除，自己不能排除的则通知维修人员，正常后方可运行。

4. 对计量器具进行检查，正常后进行下一步操作。

5. 根据生产指令向中间站领取待分装药物，摆放在设备旁。并核对所需分装药物的品名、批号、规格、数量、质量无误后，进行下一操作。

6. 对设备及所需容器、工具进行消毒。

7. 挂本次运行状态标识，进入操作状态。

（二）操作

1. 接通电源开关，电源指示灯亮。

2. 反馈电子秤的重量窗口显示“0000”，否则按“置零”键。

3. 重量、脉冲设定。

4. 下料控制器面板操作。

5. 设定自动下料时的时间间隔。

6. 设定下料的速度。

7. 按一下“清料/停止”按键，充填指示灯亮，包装机开始连续下料。

8. 以上准备工作完成后，先空放几次料，使螺旋充实，接着用包装容器装料。

9. 分装过程中，要按规定检查装量差异、外观质量、气密性等，发现问题，及时处理。

10. 将分装完后的中间产品统计数量，交中间站按程序办理交接，做好交接记录。中间站管理员填写请检单，送质量部请验。

（三）清场

1. 按清场程序和设备清洁规程清理工作现场、工具、容器具、设备，并请质量检查员检查，合格后发给清场合格证。

2. 撤掉运行状态标识，挂清场合格标识。

3. 连续生产同一品种需暂停要将设备清理干净。

4. 每批药品的每一生产阶段完成后必须由生产操作人员清场，并填写清场记录。

四、操作规程

（一）开机前准备

1. 检查电气控制柜上的各个插头是否正确插好。

2. 调整电子秤四个调整座的高度，观察电子秤左下角的水平仪，使水平仪气泡居中，调整时要确保秤盘上无杂物。

3. 打开电源开关，几秒钟之后，步进电机扭矩建立。

4. 反馈电子秤的重量窗口显示“0000”，否则按“置零”键，左下角出现零位标识“▼”。

5. 电气柜窗口自检扫描从“0000”至“9999”之后左边脉冲窗口显示自动给料的间隔袋数，接着切换显示初始脉冲值2000，右边计数窗口显示累积计数值。

6. 重量、脉冲设定：将包装容器放在反馈电子秤上按“置零”键，电子秤的重量窗口显示“0000”，显示稳定后先按“P（去皮）”键，再输入包装的标准重量，然后按“H（清除）”键，如：3000g电子秤设定重量100g，应输入“0100”后按“H”键；300g或600g电子秤设定重量100g，应输入“1000”后，按“H”键；电子秤中间窗口显示标准重量，右边脉冲窗口显示下料脉冲“2000”，设定即完成。

7. 下料控制器面板操作

（1）“时间/▲”按键：此键设定自动下料时的时间间隔，按一下该键，脉冲窗口显示时间间隔数，按“▲”或“▼”进行修改，设定所需值后，按“袋数/确定”键，脉冲窗口重新显示脉冲数，时间间隔数存入单片机，设置完成。

（2）“速度/▼”按键：该键设定下料的速度，按一下该键，脉冲窗口显示速度数，按“▲”或“▼”进行修改，设定所需值，按“袋数/确定”键，速度数存入单片机，脉冲窗口重新显示脉冲数，设置完成。

（3）清料/停止按键：按一下该键，充填指示灯亮，包装机开始连续下料；再按一下该键，充填指示灯灭，包装机停止下料。

（4）给料/停止按键：当主机料斗中物料没有达到上料位的情况下，按一下该键，给料指示灯亮，给料系统工作；再次按一下该键，给料指示灯灭，给料系统停止工作。

（5）手动/自动按键：按一下该键，包装机自动间隔充填；充填结束时，再次按一下该键，包装机回到手动状态。

（6）袋数/确定按键：该键设置启动给料系统所需的预置袋数，按一下该键，电控柜脉冲窗口显示预置袋数，按“▲”或“▼”进行修改，到所需值，再次按一下该键，脉冲窗口重新显示脉冲数，预置袋数存入单片机，设置完成。此功能应用于带自动供料的设备中。

（二）开机运行

（1）准备工作完成后，先空放几次料，使螺旋充实，接着用包装容器装料。

（2）下料完成后，将已充填容器放在电子秤上进行校验，如果超差，蜂鸣器会报警，电子秤会自动修正下一袋的重量，经过几次调整，计量稳定。计量稳定后，不必每袋都校验，每隔5～10袋校验一次即可。

（3）工作时料斗中的料位应控制在一定范围内，如果超出此范围，计量会受到不同程度的影响。如采用人工加料，通常应保证物料在料斗高度的1/2与4/5之间，并且料位变化不宜过大。在每次加料后连续校验，让电子秤自动修正误差直至合格。如采用自动给料，与包装机配套的自动给料装置可以将料斗中的物料料位控制在这个范围内。

（三）关机

1. 包装结束后，关闭电源开关。

2. 将“运行”标识更换为“待清洁”。

（四）操作注意事项

（1）设备安装无需打地脚，但一定要放置平稳，不能有晃动现象。

（2）机器附近不能有强磁场和强振动源。

（3）必须有良好的接地。

（4）电子秤最大承载不可超过最大量程，以免损坏电子秤。

（5）每次工作完毕，请将主机和电子秤上的粉尘清扫干净。电气柜及电子秤内的粉尘应有专职（业）人员定期清扫。

（6）工作车间要干燥，不能有水汽和腐蚀性气体。

（7）机头部分为全密封结构，为避免粉尘进入，请将标牌固定好。

（8）进入料斗中的物料要纯净，杜绝铁质及其他杂物进入料斗，以免损坏螺旋。

（9）接料时，包装容器的底部不要顶在出料口处，应随着物料的充填逐渐下移，以免

影响计量精度。

（10）工作一段时间后，可能会有粉尘飘浮在光电头上，导致光电开关灵敏度降低，所以要定期擦拭光电头。

（11）机器移动时，严禁用手扳、推料杯。

（12）工作当中如有异常声音，要立即停机查找原因，排除故障后再使用。

（13）每次下料，步进电机会发出响声，这是由于电机线圈依次通电产生的高频振荡所发出，属正常现象。

（14）若步进电机发生堵转，必须马上停机，待查明原因并排除故障后方可继续使用，严禁步进电机长时间堵转。

（15）定期拆下料斗，清除里面杂质。

（16）步进电机驱动部分为步进电机提供电源，内置有功率器件，其散热器装有轴流风机进行散热，若风机损坏，则报警提示更换，不可继续作业，并更换相同规格的风机，否则起不到保护作用（另外电源电压过低也会报警）。

（17）该机长期不使用（2个月以上），应放在干燥通风的地方，以免电气元件受损，避免与化学腐蚀剂接触。

（18）每次工作完毕，应在步进电机处于停止状态，方可切断电源，否则本机不记忆。

五、清洁规程

1. 拆下料斗及附属部件移至清洗间，用干抹布或刷子擦去表面粉尘；用饮用水清洗干净后（较难清洗时可将拆下部件用热纯化水浸泡后再清洗），用纯化水淋洗，然后用洁净的干毛巾擦拭干净。将部件晾干，临用前用75%乙醇湿润的布擦拭。

2. 用抹布擦设备外表面，使整个设备无物料残迹，并保持干燥。

3. 内外表面清洗用清洁工具及清洗剂分开使用。

4. 目检，不得有可见的残留药物或痕迹。

5. 取回拆下部件并按程序安装好。

6. 清场后，填写清场记录，经QA检查合格后挂《清场合格证》。

六、维护保养规程

1. 将主机和电子秤上的粉尘清扫干净。电气柜及电子秤内的粉尘应有专职（业）人员定期清扫。

2. 定时检查机器各紧固部位是否有松动、脱接现象。

3. 检查设备的完好性，部件、配件是否缺失，安全防护装置是否完善、安全、灵活、准确、可靠。检查传动系统各操作手柄、电器开关位置是否正确无松动，操作灵活可靠。清洁设备各部位，使设备内外干净，从而使本设备能够长周期正常、安全的运行。

4. 该机长期不使用（2个月以上），应放在干燥通风的地方，以免电气元件受损，避免

与化学腐蚀剂接触。

5. 每隔一月应在各紧固部位涂润滑油，减速器油第一次要在50日左右更换，以后每隔2000h更换一次新油，给油量要到油标的中心。

七、生产记录

请将生产情况记录于表2-13、表2-14。

表2-13 分装批生产记录

产品名称	规格	批号	温度	相对湿度
生产日期				

生产前检查

序号	操作指令及工艺参数	工前检查及操作记录		检查结果	
1	确认是否穿戴好工作服、鞋、帽等进入本岗位	□是	□否	□合格	□不合格
2	确认无前批（前次）生产遗留物和文件、记录	□无	□有	□合格	□不合格
3	场地、设备、工器具是否清洁并在有效期内	□是	□否	□合格	□不合格
4	检查设备是否完好，是否清洁	□是	□否	□合格	□不合格
5	是否换上生产品种状态标识牌	□是	□否	□合格	□不合格
检查时间	年 月 日 时 分至 时 分	检查人		QA	

物料记录

	材料名称	批号	领用量	实用量	结余量	损耗量
内包材料（kg）						

	领用数量	实用量	结余量	耗损量
阿奇霉素散（kg）				
称量人		复核人	QA	

操作过程

操作指令及工艺参数	操作记录	操作人	复核人
执行散剂分装标准操作程序，并定时对包装状况进行检查	设备编号 时间 装量 时间 装量		
平均装量		包装质量	
包装合格品数（袋）		检查人	
包装材料销毁			

续表

包材名称	批号	销毁数量	销毁人	
			销毁日期	
			监销人	
			监销日期	
物料平衡 $= \dfrac{\text{合格品数量+残损量+剩余量+取样量}}{\text{领用量}} \times 100\% = \dfrac{\qquad}{} \times 100\% =$				
物料平衡限度为 99.0%~100.0%				
收率 $= \dfrac{\text{合格品数}}{\text{理论产量}} \times 100\% = \dfrac{\qquad}{} \times 100\% =$				
收率限度为 85.0%~115.0%				

生产管理员：　　　　　　　　QA检查员：

表 2–14　分装岗位清场记录

品名	规格	批号	清场日期	有效期	
			年　月　日	至　年　月　日	
基本要求	1. 地面无积粉、无污斑、无积液；设备外表面见本色，无油污、无残迹、无异物				
	2. 工器具清洁后整齐摆放在指定位置；需要消毒灭菌的清洗后立即灭菌，标明灭菌日期				
	3. 无上批物料遗留物				
	4. 设备内表面清洁干净				
	5. 将与下批生产无关的文件清理出生产现场				
	6. 生产垃圾及生产废物收集到指定的位置				
清场项目	项目	合格（√）	不合格（×）	清场人	复核人
	地面清洁干净，设备外表面擦拭干净				
	设备内表面清洗干净，无上批物料遗留物				
	物料存放在指定位置				
	与下批生产无关的文件清理出生产现场				
	生产垃圾及生产废物收集到指定的位置				
	工器具、洁具擦拭或清洗干净，整齐摆放在指定位置，需要消毒灭菌的清洗后立即消毒灭菌，标明灭菌日期				
	更换状态标识牌				
备注					

负责人：　　　　　　　　　　QA：

任务评价

一、技能评价

阿奇霉素散生产的技能评价见表2–15。

表2–15　阿奇霉素散生产的技能评价

<table>
<tr><th colspan="2" rowspan="2">评价项目</th><th rowspan="2">评价细则</th><th colspan="2">评价结果</th></tr>
<tr><th>班组评价</th><th>教师评价</th></tr>
<tr><td rowspan="8">实训操作</td><td rowspan="4">粉碎操作（10分）</td><td>1. 开启设备前能够检查设备（2分）</td><td></td><td></td></tr>
<tr><td>2. 能够按照操作规程正确操作设备（4分）</td><td></td><td></td></tr>
<tr><td>3. 能注意设备的使用过程中各项安全注意事项（2分）</td><td></td><td></td></tr>
<tr><td>4. 操作结束将设备复位，并对设备进行常规维护保养（2分）</td><td></td><td></td></tr>
<tr><td rowspan="4">过筛操作（10分）</td><td>1. 开启设备前能够检查设备（2分）</td><td></td><td></td></tr>
<tr><td>2. 能够按照操作规程正确操作设备（4分）</td><td></td><td></td></tr>
<tr><td>3. 能注意设备的使用过程中各项安全注意事项（2分）</td><td></td><td></td></tr>
<tr><td>4. 操作结束将设备复位，并对设备进行常规维护保养（2分）</td><td></td><td></td></tr>
<tr><td rowspan="8">实训操作</td><td rowspan="4">混合操作（10分）</td><td>1. 开启设备前能够检查设备（2分）</td><td></td><td></td></tr>
<tr><td>2. 能够按照操作规程正确操作设备（4分）</td><td></td><td></td></tr>
<tr><td>3. 能注意设备的使用过程中各项安全注意事项（2分）</td><td></td><td></td></tr>
<tr><td>4. 操作结束将设备复位，并对设备进行常规维护保养（2分）</td><td></td><td></td></tr>
<tr><td rowspan="4">分剂量包装操作（10分）</td><td>1. 开启设备前能够检查设备（2分）</td><td></td><td></td></tr>
<tr><td>2. 能够按照操作规程正确操作设备（4分）</td><td></td><td></td></tr>
<tr><td>3. 能注意设备的使用过程中各项安全注意事项（2分）</td><td></td><td></td></tr>
<tr><td>4. 操作结束将设备复位，并对设备进行常规维护保养（2分）</td><td></td><td></td></tr>
</table>

续表

<table>
<tr><th colspan="2" rowspan="2">评价项目</th><th rowspan="2">评价细则</th><th colspan="2">评价结果</th></tr>
<tr><th>班组评价</th><th>教师评价</th></tr>
<tr><td rowspan="4">实训操作</td><td rowspan="2">产品质量（15分）</td><td>1. 性状、水分、细度符合要求（8分）</td><td></td><td></td></tr>
<tr><td>2. 收率、物料平衡符合要求（7分）</td><td></td><td></td></tr>
<tr><td rowspan="2">清场（15分）</td><td>1. 能够选择适宜的方法对设备、工具、容器、环境等进行清洗和消毒（8分）</td><td></td><td></td></tr>
<tr><td>2. 清场结果符合要求（7分）</td><td></td><td></td></tr>
<tr><td rowspan="4">实训记录</td><td rowspan="2">完整性（15分）</td><td>1. 能完整记录操作参数（8分）</td><td></td><td></td></tr>
<tr><td>2. 能完整记录操作过程（7分）</td><td></td><td></td></tr>
<tr><td rowspan="2">正确性（15分）</td><td>1. 记录数据准确无误，无错填现象（8分）</td><td></td><td></td></tr>
<tr><td>2. 无涂改，记录表整洁、清晰（7分）</td><td></td><td></td></tr>
</table>

二、知识评价

（一）选择题

1. 单项选择题

（1）粉体的流动性可由下列哪个指标衡量（　　）

A. 休止角　　B. 接触角　　C. CRH　　D. 孔隙率

（2）CRH为评价散剂下列哪项性质的指标（　　）

A. 流动性　　B. 吸湿性　　C. 黏着性　　D. 风化性

（3）以下适合于热敏感性药物的粉碎设备为（　　）

A. 万能粉碎机　　B. 球磨机　　C. 气流粉碎机　　D. 胶体磨

（4）六一散属于哪种剂型（　　）

A. 散剂　　B. 颗粒剂　　C. 搽剂　　D. 粉剂

（5）我国工业标准筛号常用目表示，目系指（　　）

A. 每厘米长度上筛孔数目　　B. 每平方厘米面积上筛孔的数目

C. 每英寸长度上筛孔数目　　D. 每平方英寸长度上筛孔数目

（6）当处方中各组分的比例量相差悬殊时，混合时宜用（　　）

A. 过筛混合　　B. 湿法混合

C. 等量递加法　　D. 直接搅拌法

（7）粉体流动性可能会对以下哪项产生影响（　　）

A. 散剂的外观　　B. 散剂的含水量

C. 散剂的装量差异　　D. 散剂的粒度

(8)下列设备中，单位时间内混合效率最高，效果最好的是(　　)

A. V型混合机　　B. 槽型混合机

C. 双螺旋锥型混合机　　D. 三维运动混合机

(9)《中国药典》规定，内服散剂应为(　　)

A. 中粉　　B. 细粉　　C. 最细粉　　D. 极细粉

(10)《中国药典》中规定，工业标准筛五号筛应为多少目(　　)

A. 65　　B. 80　　C. 100　　D. 120

2. 多项选择题

(1)粉体学研究的内容包括(　　)

A. 表面性质　　B. 力学性质　　C. 电学性质

D. 微生物学性质　　E. 以上都对

(2)影响物料流动性的因素有(　　)

A. 物料的粒径大小　　B. 物料的表面状态　　C. 物料粒子的形状

D. 物料的溶解性能　　E. 物料的化学结构

(3)表示物料流动性的方法有(　　)

A. 休止角　　B. 接触角　　C. 流出速度

D. 临界相对湿度　　E. 压缩度

(4)粉体的性质包括(　　)

A. 粒子径与分布　　B. 比表面积　　C. 空隙率与密度

D. 吸湿性　　E. 流动性

(5)在散剂的制备过程中，目前常用的混合方法有(　　)

A. 搅拌混合　　B. 过筛混合　　C. 研磨混合

D. 对流混合　　E. 扩散混合

(6)散剂的主要检查项目是(　　)

A. 吸湿性　　B. 粒度　　C. 外观均匀度

D. 装量差异　　E. 干燥失重

(7)以下操作需要在D级洁净区进行的是(　　)

A. 原辅料的外清　　B. 粉碎　　C. 混合

D. 内包装　　E. 外包装

(8)以下属于散剂特点的是(　　)

A. 制法简单，运输携带方便　　B. 比表面积大，易分散、吸收

C. 便于分剂量，适合儿童服用　　D. 稳定性较其他固体制剂更好

E. 外用有保护、收敛作用

(9)散剂按组成可分为(　　)

A. 单散剂　　B. 内服散剂　　C. 分剂量散剂

D. 不分剂量散剂　　E. 复方散剂

(10)以下设备属于常用筛分设备的有(　　)

A. 旋振筛　　B. 旋转筛　　C. 摇动筛

D. 三维运动混合筛　　E. 流能磨

（二）简答题

1. 粉碎的基本原理和目的是什么？

2. 简述混合的原则及混合的影响因素。

3. 简述散剂的特点。

4. 简述散剂的生产工艺流程。

（三）案例分析题

某药厂粉碎车间的操作工人在用齿式粉碎机粉碎中药浸膏，结果浸膏黏结并堵塞筛网，使粉碎无法进行。请问这是为什么？应如何预防？

任务4 冰硼散的生产

扫码"学一学"

任务资讯

扫码"看一看"

一、散剂的质量检查

1. 粒度 除另有规定外，局部用散剂照下述方法检查，粒度应符合规定。

取供试品10g，精密称定，置七号筛。照粒度和粒度分布测定法（《中国药典》，单筛分法）检查，精密称定通过筛网的粉末重量，应不低于95%。用于烧伤或严重创伤的外用中药散剂照粒度测定法（《中国药典》，单筛分法）测定，除另有规定外，通过六号筛的粉末重量，不得少于95%。

2. 外观均匀度 取供试品适量，置光滑纸上，平铺约5cm^2，将其表面压平，在亮处观察，应色泽均匀，无花纹与色斑。

3. 干燥失重 除另有规定外，取供试品照干燥失重测定法（附录Ⅷ L）测定，在105℃干燥至恒重，减失重量不得过2.0%。

中药散剂照水分测定法（《中国药典》）测定，除另有规定外，不得过9.0%。

4. 装量差异 单剂量包装的散剂，照下述方法检查，应符合规定。

取散剂10包（瓶），除去包装，分别精密称定每包（瓶）内容物的重量，求出内容物的装量与平均装量，每包（瓶）装量与平均装量相比较（凡无含量测定的散剂，每包装量应与标示装量相比较），超出装量差异限度的散剂不得多于2包（瓶），并不得有1包（瓶）超出装量差异限度的1倍（表2-16）。

表2-16 单剂量包装散剂装量差异限度

标示装量	装量差异限度（中药、化学药）
0.1g及0.1g以下	± 15%
0.1g以上至0.5g	± 10%
0.5g以上至1.5g	± 8%
1.5g以上至6g	± 7%
6g以上	± 5%

5. 装量 多剂量包装的散剂，照最低装量检查法(《中国药典》)检查，应符合规定。

6. 无菌 用于烧伤或创伤的局部用散剂，照无菌检查法(《中国药典》)检查，应符合规定。

7. 微生物限度 除另有规定外，照微生物限度检查法(《中国药典》)检查，应符合规定。

二、散剂的包装与贮存

(一)包装

由于散剂的表面积较大，容易吸湿、风化及挥发，若包装不当而吸湿，则极易发生潮解、结块、变色、分解、霉变等现象，严重影响散剂的质量及患者用药的安全性。故散剂在包装与贮存中主要应解决好防潮问题，包装时应选择适宜的包装材料和包装方法。

1.包装材料 主要有塑料薄膜袋、铝塑复合膜袋、玻璃瓶(管)、塑料瓶(管)等。其中铝塑复合膜袋防气、防湿性能较好，硬度较大，密封性、避光性好，目前应用广泛。

2.包装方法 分剂量散剂一般用袋包装，包装后需严密热封。不分剂量散剂多用瓶(管)包装，应将药物填满压紧，避免在运输过程中因组分密度不同而分层，以致破坏了散剂的均匀性。

散剂用于烧伤治疗如为非无菌制剂的应在标签上标明“非无菌制剂”，产品说明书中应注明“本品为非无菌制剂”，同时在适应证下应明确“用于程度较轻的烧伤”(Ⅰ°或浅Ⅱ°)，注意事项下规定“应遵医嘱使用”。

(二)贮存

散剂应密闭贮存，含挥发性原料药物或易吸潮原料药物的散剂应密封贮存。生物制品应采用防潮材料包装。散剂应避免重压、撞击，以防包装破裂，造成漏粉。

工作任务

冰硼散的生产指令见表2-17。

表2-17 冰硼散的生产指令

文件编号：			生产车间：			
产品名称	冰硼散		规格	1.5g	理论产量	10000袋
产品批号			生产日期		有效期至	
序号	原辅料名称	处方量(g)	消耗定额			备注
			投料量(kg)	损耗量(kg)	领料量(kg)	
1	冰片	68	0.680	0.034	0.714	
2	硼砂(炒)	675	6.750	0.338	7.088	
3	朱砂	82	0.820	0.041	0.861	
4	玄明粉	675	6.750	0.338	7.088	
制成		1000袋	10000袋			
起草人		审核人			批准人	
日期		日期			日期	

任务分析

一、处方分析

冰硼散由冰片、朱砂、玄明粉、硼砂组成，为常用的中成药，具有清热解毒、消肿止痛等作用，常用于咽喉、牙银肿痛、口舌生疮等症。

二、工艺分析

按照散剂的生产过程，将工作任务细分为5个子工作任务，即任务4-1粉碎；任务4-2过筛；任务4-3称量配制；任务4-4混合，任务4-5分剂量包装（图2-23）。

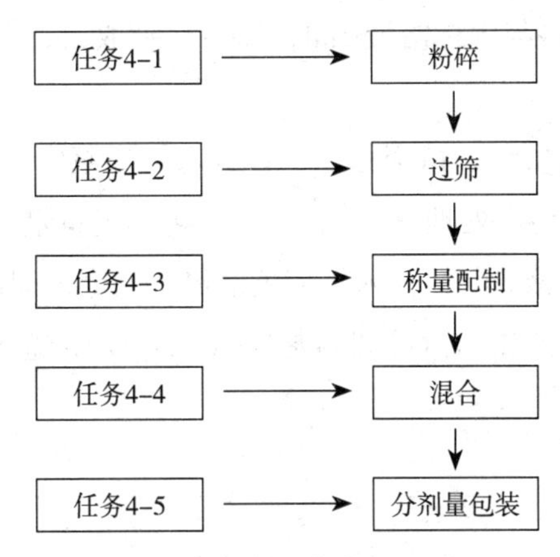

图2-23　冰硼散生产工艺分解图

三、质量标准分析

（一）性状

本品为粉红色的粉末；气芳香，味辛凉。

（二）鉴别

（1）取本品1g，加水6ml，振摇，加盐酸使成酸性后，滤过，分取滤液3ml，点于姜黄试纸上使润湿，即显橙红色，放置干燥，颜色变深，置氨蒸气中熏，变为绿黑色。

（2）取［鉴别］（1）项的剩余滤液，加氯化钡试液1～2滴，即生成白色沉淀；分离后，沉淀在盐酸中不溶解。

（3）取本品1g，置试管中，加水10ml，用力振摇，在试管底部很快出现朱红色的沉淀，分取少量沉淀用盐酸湿润，在光洁的铜片上摩擦，铜片表面即显银白色光泽，加热烘烤后银白色即消失。

（4）照［含量测定］冰片项下的方法试验，供试品色谱中应呈现与对照品色谱峰保留时间相同的色谱峰。

（三）检查

应符合散剂项下有关的各项规定（《中国药典》）。

（四）含量测定

1. 朱砂　取本品约3g，精密称定，置锥形瓶中，加硫酸10ml与硝酸钾1.5g，加热使朱

砂溶解，放冷，加水50ml，并加1%高锰酸钾溶液至显粉红色，再滴加2%硫酸亚铁溶液至红色消失后，加硫酸铁铵指示液2ml，用硫氰酸铵滴定液（0.1mol/L）滴定。每1ml硫氰酸铵滴定液（0.1mol/L）相当于11.63mg的硫化汞（HgS）。

本品每1g含朱砂以硫化汞（HgS）计，应为40～60mg。

2. 冰片 照气相色谱法（《中国药典》）测定。

（1）色谱条件与系统适用性试验 聚乙二醇20000（PEG-20M）毛细管柱（柱长为30m，内径为0.25mm，膜厚度为0.25μm）；柱温为程序升温，初始温度为100℃，以每分钟10℃的速率升至200℃；分流进样。理论板数按龙脑峰计算，应不低于5000。

（2）校正因子测定 取正十四烷适量，精密称定，加无水乙醇制成每1ml含8mg的溶液，作为内标溶液。另取龙脑对照品、异龙脑对照品各约10mg，精密称定，置具塞锥形瓶中，精密加入无水乙醇25ml与内标溶液2ml，摇匀，吸取2μl，注入气相色谱仪，分别计算校正因子。

（3）测定法 取本品约0.5g，精密称定，置具塞锥形瓶中，精密加入无水乙醇25ml与内标溶液2ml，称定重量，超声处理20min，放冷，再称定重量，用无水乙醇补足减失的重量，摇匀，滤过，吸取续滤液2μl，注入气相色谱仪，测定，即得。

本品每1g含冰片以龙脑（$C_{10}H_{18}O$）和异龙脑（$C_{10}H_{18}O$）的总量计，不得少于30mg。

（五）贮藏

密封。

任务计划

按照散剂生产岗位要求，将学生分成若干个班组，由组长带领本组成员认真学习各岗位职责，对工作任务进行讨论，并进行人员分工，对每位员工应完成的工作任务内容、完成时限和工作要求等做出计划（表2-18）。

表2-18 生产计划表

工作车间：		制剂名称：		规格：
工作岗位	人员及分工	工作内容	工作要求	完成时限

任务实施

任务4-1 粉碎

将处方中的硼砂、冰片、玄明粉分别用SF-250型万能粉碎机粉碎备用。具体岗位职

责、操作规程、操作过程等参见“项目二　散剂的生产”，任务3-1。

任务4-2　过筛

将处方中粉碎好的物料分别用SXZ-515型旋振筛过100目筛备用。具体岗位职责、操作规程、操作过程等参见“项目二　散剂的生产”，任务3-2。

任务4-3　称量配制

按照生产指令，使用电子秤称量冰片0.680kg，硼砂（炒）6.750kg，朱砂0.820kg，玄明粉6.750kg备用。具体岗位职责、操作规程、操作过程等参见“项目二　散剂的生产”，任务3-3。

任务4-4　混合

一、任务描述

将4种物料按等量递加法置入VH-50型V型混合机中混合均匀。取冰片和朱砂与等量的硼砂和玄明粉，同时置于V型混合机中混合均匀，再加入同混合物等量的物料混合均匀，如此倍量增加直至加完全部硼砂和玄明粉为止。

二、岗位职责

1. 严格执行《混合岗位操作法》和《混合设备操作规程》。

2. 负责混合所用设备的安全使用及日常保养，避免发生生产事故。

3. 严格执行生产指令，保证混合所用的物料名称、数量、规格、无误、混合质量达到标准要求。

4. 自觉执行工艺纪律，确保本岗位不发生混药、错药或对药品造成污染。发现偏差及时汇报。

5. 如实填写各种生产记录，对所填写的原始记录、盛装单无误负责。

6. 做好本岗位的清场工作。

三、岗位操作法

（一）生产前的准备

1. 操作人员按操作人员进入洁净区标准程序进行更衣，进入操作间。

2. 检查工作场所、设备、工具、容器具是否具有清场合格标识，并核对其有效期，否则，按清场程序进行清场。并请QA检查员检查合格、发放生产许可证后，将清场合格证附于本批生产记录内，进入下一操作。

3. 根据混合要求选用适当的设备，并检查设备是否具有“完好”标识卡及“已清场”标识。检查设备是否正常，若有一般故障自己排除，自己不能排除的则通知维修人员，正常后方可运行。

4. 对计量器具进行检查，正常后进行下一步操作。

5. 根据生产指令填写领料单，向中间站领取待混合药物，摆放在设备旁。并核对所需混合药物的品名、批号、规格、数量无误后，进行下一操作。

6. 必要时按《V型混合机清洁规程》对设备及所需容器、工具进行消毒。

7. 挂本次生产状态标识，进入操作状态。

（二）操作

1. 将待混合的药粉按等量递增法置于混合容器中，依据产品工艺规程按其标准操作程序进行混合。

2. 混合结束后将混合筒转回初始位置，停机。将混合均匀的药粉置洁净容器中，密封，标明品名、批号、规格、数量、容器编号、操作人、日期等，放于物料储存室。

3. 混合物料请验，对混合的物料进行质量确认，看颜色是否均匀，有无团块、杂点等情况。

4. 将生产所剩的尾料收集，标明状态，交中间站，并填写好记录。

5. 有异常情况，应及时报告技术人员进行处理。

（三）清场

1. 按清场程序和设备清洁规程清理工作现场、工具、容器具、设备，合格后挂上清场合格标识。

2. 超出有效期时，要按清洁程序清理现场。

四、操作规程

（一）开机前准备

1. 检查V型混合机全部连接件的紧固程度，减速器内的润滑油油量是否达到要求，电器设备是否完好。

2. 接通电源，进行空运转试车，未发现不正常的响声、轴承温度过高及自磨等不良现象方可投入生产。

（二）开机运行

1. 关闭出料阀，打开进料盖。

2. 依次投入待混合物料。关闭进料盖，扣好扣袢。

3. 按工艺要求设置混合时间。

4. 开启启动按钮，进行物料混合。

（三）停机

1. 预设时间到，机器自动停止，点动微调旋钮，使筒体垂直，出料口朝下，扳动出料口阀门手柄，打开出料阀门，使已混合物料排入预先准备好的物料筒内。

2. 按清洁规程进行清洁。

（四）操作注意事项

设备运转时，为防止意外发生，人与物必须处于V型混合机旋转空间以外。

五、清洁规程

1. 清洁工作需切断电源进行。

2. 将出料口阀板打开，用饮用水将料筒内壁冲洗，用湿抹布将料筒内壁上残留的药物擦干净至无物料残迹，然后用纯化水抹布擦拭至目视无不洁物，最后用干布擦干。

3. 用湿抹布将机器表面残留的粉尘或油污擦干净，然后用抹布擦拭至目视无不洁物，最后用干布擦干。

4. 用消毒剂彻底消毒设备。

5. 清场后，填写清场记录，经QA检查合格后挂《清场合格证》。

六、维护与保养规程

1. 出料机构应保持运动灵活，并应经常清除积尘。

2. 各轴承应定期更换润滑脂，润滑脂应选用钠基润滑脂。

3. 传动链条应刷适量机械油，并定期清洗链条。

4. 润滑油一般使用30～40号机械油。

5. 第一次加油应在500h，即应更换新油，以后在连续工作，每半年更换一次（8h工作制），如工作时间长，可适当缩短换油时间。

七、生产记录

请将生产情况记录于表2-19、表2-20中。

表2-19　混合批生产记录

产品名称	规格	批号	生产日期	温度	相对湿度

生产前检查

序号	操作指令及工艺参数	工前检查及操作记录	检查结果
1	确认是否穿戴好工作服、鞋、帽等进入本岗位	□是　□否	□合格　□不合格
2	确认无前批（前次）生产遗留物和文件、记录	□无　□有	□合格　□不合格
3	场地、设备、工器具是否清洁并在有效期内	□是　□否	□合格　□不合格
4	检查设备是否完好，是否清洁	□是　□否	□合格　□不合格
5	是否换上生产品种状态标识牌	□是　□否	□合格　□不合格

检查时间	年　月　日　时　分至　时　分	检查人		QA	

物料记录

物料名称	物料重量	混合后总重	取样量	残损量

称量人		复核人		QA	

续表

<table>
<tr><th colspan="4">操作过程</th></tr>
<tr><th>操作指令及工艺参数</th><th>操作记录</th><th>操作人</th><th>复核人</th></tr>
<tr><td>1. 核对物料：批号，数量正确，外观质量无异常
2. 开机前检查：
检查清洁状况，开机空运转，正常后更换运行标识牌
3. 混合
将待混合的物料放入混合机，设定混合时间为15分钟，打开混合机电源开始混合，完毕后将混合筒转回初始位置，关机，从出料口倒出物料
4. 混合完毕做好标记称重</td><td>1. 结果：批号、数量______
外观质量：______
2. 结果：清洁状态______
空运转______
3. 设备编号：______
日　时　分 开始混合
日　时　分 停机
4. 混合后物料重量：______kg
取样量：______kg
残损量：______kg</td><td></td><td></td></tr>
<tr><td colspan="4">$$物料平衡=\frac{混合后物料重量+取样量+残损量}{混合前各物料重量}\times 100\%=\frac{\qquad}{\qquad}\times 100\%=$$
物料平衡限度为99.0%~100.0%</td></tr>
</table>

生产管理员：　　　　QA检查员：

表 2-20　混合岗位清场记录

<table>
<tr><td>品名</td><td>规格</td><td>批号</td><td>清场日期</td><td colspan="3">有效期</td></tr>
<tr><td></td><td></td><td></td><td>年 月 日</td><td colspan="3">至 年 月 日</td></tr>
<tr><td rowspan="6">基本要求</td><td colspan="6">1. 地面无积粉、无污斑、无积液；设备外表面见本色，无油污、无残迹、无异物</td></tr>
<tr><td colspan="6">2. 工器具清洁后整齐摆放在指定位置；需要消毒灭菌的清洗后立即灭菌，标明灭菌日期</td></tr>
<tr><td colspan="6">3. 无上批物料遗留物</td></tr>
<tr><td colspan="6">4. 设备内表面清洁干净</td></tr>
<tr><td colspan="6">5. 将与下批生产无关的文件清理出生产现场</td></tr>
<tr><td colspan="6">6. 生产垃圾及生产废物收集到指定的位置</td></tr>
<tr><td rowspan="8">清场项目</td><td colspan="2">项目</td><td>合格（√）</td><td>不合格（×）</td><td>清场人</td><td>复核人</td></tr>
<tr><td colspan="2">地面清洁干净，设备外表面擦拭干净</td><td></td><td></td><td rowspan="7"></td><td rowspan="7"></td></tr>
<tr><td colspan="2">设备内表面清洗干净，无上批物料遗留物</td><td></td><td></td></tr>
<tr><td colspan="2">物料存放在指定位置</td><td></td><td></td></tr>
<tr><td colspan="2">与下批生产无关的文件清理出生产现场</td><td></td><td></td></tr>
<tr><td colspan="2">生产垃圾及生产废物收集到指定的位置</td><td></td><td></td></tr>
<tr><td colspan="2">工器具、洁具擦拭或清洗干净，整齐摆放在指定位置，需要消毒灭菌的清洗后立即消毒灭菌，标明灭菌日期</td><td></td><td></td></tr>
<tr><td colspan="2">更换状态标识</td><td></td><td></td></tr>
<tr><td>备注</td><td colspan="6"></td></tr>
</table>

负责人：　　　　QA：

任务4-5　内 包 装

将混合均匀的冰硼散剂按需要的剂量进行分装操作。具体岗位职责、操作规程、操作过程等参见“项目二 散剂的生产”，任务3-5。

任务评价

一、技能评价

冰硼散生产的技能评价见表2-21。

表2-21　冰硼散生产的技能评价

<table>
<tr><th colspan="2" rowspan="2">评价项目</th><th rowspan="2">评价细则</th><th colspan="2">评价结果</th></tr>
<tr><th>班组评价</th><th>教师评价</th></tr>
<tr><td rowspan="11">实训操作</td><td rowspan="4">粉碎操作（10分）</td><td>1. 开启设备前能够检查设备（2分）</td><td></td><td></td></tr>
<tr><td>2. 能够按照操作规程正确操作设备（4分）</td><td></td><td></td></tr>
<tr><td>3. 能注意设备的使用过程中各项安全注意事项（2分）</td><td></td><td></td></tr>
<tr><td>4. 操作结束将设备复位，并对设备进行常规维护保养（2分）</td><td></td><td></td></tr>
<tr><td rowspan="4">过筛操作（10分）</td><td>1. 开启设备前能够检查设备（2分）</td><td></td><td></td></tr>
<tr><td>2. 能够按照操作规程正确操作设备（4分）</td><td></td><td></td></tr>
<tr><td>3. 能注意设备的使用过程中各项安全注意事项（2分）</td><td></td><td></td></tr>
<tr><td>4. 操作结束将设备复位，并对设备进行常规维护保养（2分）</td><td></td><td></td></tr>
<tr><td rowspan="3">混合操作（10分）</td><td>1. 开启设备前能够检查设备（2分）</td><td></td><td></td></tr>
<tr><td>2. 能够按照操作规程正确操作设备（4分）</td><td></td><td></td></tr>
<tr><td>3. 能注意设备的使用过程中各项安全注意事项（2分）</td><td></td><td></td></tr>
<tr><td rowspan="9">实训操作</td><td>混合操作（10分）</td><td>4. 操作结束将设备复位，并对设备进行常规维护保养（2分）</td><td></td><td></td></tr>
<tr><td rowspan="4">分剂量包装操作（10分）</td><td>1. 开启设备前能够检查设备（2分）</td><td></td><td></td></tr>
<tr><td>2. 能够按照操作规程正确操作设备（4分）</td><td></td><td></td></tr>
<tr><td>3. 能注意设备的使用过程中各项安全注意事项（2分）</td><td></td><td></td></tr>
<tr><td>4. 操作结束将设备复位，并对设备进行常规维护保养（2分）</td><td></td><td></td></tr>
<tr><td rowspan="2">产品质量（15分）</td><td>1. 性状、水分、细度符合要求（8分）</td><td></td><td></td></tr>
<tr><td>2. 收率、物料平衡符合要求（7分）</td><td></td><td></td></tr>
<tr><td rowspan="2">清场（15分）</td><td>1. 能够选择适宜的方法对设备、工具、容器、环境等进行清洗和消毒（8分）</td><td></td><td></td></tr>
<tr><td>2. 清场结果符合要求（7分）</td><td></td><td></td></tr>
<tr><td rowspan="4">实训记录</td><td rowspan="2">完整性（15分）</td><td>1. 能完整记录操作参数（8分）</td><td></td><td></td></tr>
<tr><td>2. 能完整记录操作过程（7分）</td><td></td><td></td></tr>
<tr><td rowspan="2">完整性（15分）</td><td>1. 记录数据准确无误，无错填现象（8分）</td><td></td><td></td></tr>
<tr><td>2. 无涂改，记录表整洁、清晰（7分）</td><td></td><td></td></tr>
</table>

二、知识评价

（一）选择题

1. 单项选择题

（1）下列关于粉碎的叙述哪项是错误的（　　）

A. 干法粉碎就是使物料处于干燥状态下进行粉碎的操作

B. 湿法粉碎可以使能量消耗增加

C. 湿法粉碎是指药物中加入适当水或其他液体进行研磨粉碎的方法

D. 由于液体对物料有一定渗透性和劈裂作用有利于粉碎

（2）《中国药典》规定的粉末分等标准错误的是（　　）

A. 粗粉指能全部通过三号筛，但混有能通过四号筛不超过40%的粉末

B. 中粉指能全部通过四号筛，但混有能通过五号筛不超过60%的粉末

C. 细粉指能全部通过五号筛，并含能通过六号筛不少于95%的粉末

D. 最细粉指能全部通过六号筛，并含能通过七号筛不少于95%的粉末

（3）以下适合于贵重药物的粉碎设备为（　　）

A. 振动磨　　B. 球磨机　　C. 气流粉碎机

D. 胶体磨

（4）密度不同的药物在制备散剂时，采用何种混合方法最佳（　　）

A. 等量递加混合　　B. 多次过筛混合

C. 将轻者加在重者之上混合　　D. 将重者加在轻者之上混合

（5）对散剂特点的错误描述是（　　）

A. 表面积大、易分散、奏效快　　B. 便于小儿服用

C. 制备简单、剂量易控制

D. 外用覆盖面大，但不具保护、收敛作用

（6）散剂按用途可分为（　　）

A. 单散剂与复散剂　　B. 倍散与普通散剂

C. 内服散剂与外用散剂　　D. 分剂量散剂与不分剂量散剂

（7）当混合物料颜色相差较大时，为混合均匀，宜采用何种混合方法（　　）

A. 打底套色法　　B. 等量低加法

C. 直接混合　　D. 色深的加到色浅的之上

（8）不必单独粉碎的药物是（　　）

A. 氧化性药物　　B. 毒性药物

C. 性质相同的药物　　D. 贵重药物

（9）主要利用钢齿之间对物料的冲击、剪切、摩擦达到粉碎效果的设备是（　　）

A. 万能粉碎机　　B. 锤式粉碎机

C. 球磨机　　D. 胶体磨

（10）《中国药典》中规定，局部外用散剂应为（　　）

A. 中粉　　B. 细粉　　C. 最细粉　　D. 极细粉

2. 多项选择题

(1)影响混合效果的因素有(　　)

A. 各组分的比例　　B. 密度　　C. 含有色素组分

D. 含有液体或吸湿性成分　　E. 设备种类

(2)下列所述混合操作应掌握的原则，哪些是对的(　　)

A. 组分比例相似者直接混合

B. 组分比例差异较大者应采用等量递加法混合

C. 密度差异大的，混合时先加密度小的，再加密度大的

D. 色泽差异较大者，应采用套色法

E. 色泽差异较大者，应采用等量递加法

(3)常见的粉碎设备有(　　)

A. 锤击式粉碎机　　B. 万能粉碎机　　C. 流能磨

D. 振动磨　　E. 球磨机

(4)有关散剂特点叙述正确的是(　　)

A. 粉碎程度大，比表面积大、易于分散、起效快

B. 外用覆盖面积大，可以同时发挥保护和收敛等作用

C. 贮存、运输、携带比较方便

D. 制备工艺简单，剂量易于控制，便于婴幼儿服用

E. 粉碎程度大，比表面积大，较其他固体制剂更稳定

(5)下列哪些符合散剂制备方法的一般规律(　　)

A. 组分比例差异大者，采用等量递加混合法

B. 组分堆密度差异大时，堆密度小者先放入混合器中，再放入堆密度大者

C. 含低共熔组分时，应避免共熔

D. 剂量小的毒剧药，应制成倍散

E. 含液体组分，可用处方中其他组分或吸收剂吸收

(6)下列关于万能粉碎机的操作，叙述正确的是(　　)

A. 应先开机，待机器运行稳定后再加料

B. 开机时先开主机，再开风机

C. 物料应分次缓慢加入，防止物料在粉碎室内堆积产热

D. 关机时先关主机，再关风机

E. 开机前应装好接料袋及粉尘捕集袋

(7)以下关于旋振筛的操作，叙述正确的是(　　)

A. 应先开机，待机器运行稳定后再加料

B. 开机前应在各出料口处接好接料容器

C. 本机结构简单，生产前无需试运行

D. 最下层出料口处为合格成品

E. 未过筛的物料应重新进行过筛，直到全部通过，不能随意丢弃

(8)粉体密度的表示方法可以有( )

A. 真密度　　B. 松密度　　C. 颗粒密度

D. 相对密度　　E. 分散密度

(9)以下设备中，能够进行湿法粉碎的是( )

A. 万能粉碎机　　B. 球磨机　　C. 流能磨

D. 振动磨　　E. 胶体磨

(10)以下设备属于常用混合设备的有( )

A. 槽型混合机　　B. V型混合机　　C. 三维运动混合机

D. 二维运动混合机　　E. 双螺旋锥型混合机

(二)简答题

1.《中国药典》对药筛规定了多少种筛号？制备普通散剂使用的是几号筛？

2. 在粉碎完一种物料之后，如果接着要粉碎的物料与其理化性质相似，是否可以不清场？为什么？

3. 举例分析在散剂处方配制过程中，混合时可能遇到的问题及应采取的相应措施。

(三)案例分析题

某药厂采用三维运动混合机对多种物料进行混合时，出现混合不均匀的问题，试根据本章所学内容分析其原因，并找出解决的方法。

(潘学强)

项目三　颗粒剂的生产

知识目标

通过头孢拉定颗粒、维生素C颗粒的生产任务，掌握颗粒剂的概念、分类、常用辅料、制备工艺及质量检查方法，熟悉制粒设备的结构、原理，了解颗粒剂的特点。

技能目标

通过完成本项目任务，熟练掌握颗粒剂的生产过程、各岗位操作及清洁规程、设备维护及保养规程，学会高效搅拌制粒机、一步制粒机等设备的操作、清洁和日常维护及保养，学会正确填写生产记录。

任务5　头孢拉定颗粒的生产

·任务资讯·

扫码“学一学”

一、颗粒剂概述

（一）颗粒剂的概念

颗粒剂系指药物与适宜的辅料混合制成的具有一定粒度的干燥颗粒状制剂。制成的颗粒除作为药物制剂直接应用于临床外，也可以作为中间产品，用来压片或填充胶囊。

（二）颗粒剂的特点

颗粒剂与散剂相比，飞散性、附着性、聚集性、吸湿性等均小，且流动性好，有利于分剂量；服用方便，可以直接吞服，也可以冲入水中饮入，适当加入芳香剂、矫味剂、着色剂可制成色、香、味俱全的制剂；溶出和吸收速度较快，生物利用度较好（混悬或溶解在水中服用时，保持了液体制剂奏效快的特点）；必要时可以包衣或制成缓释制剂；应用和携带比较方便。

但颗粒剂由于粒子大小不一，在分剂量使用时不易准确，且几种密度不同、数量不同的颗粒相混合时容易发生分层现象。

（三）颗粒剂的分类

颗粒剂可分为可溶颗粒（通称为颗粒）、混悬颗粒、泡腾颗粒、肠溶颗粒、缓释颗粒和控释颗粒等，供口服用。

可溶颗粒剂要求其所用药物和辅料均应是可溶性的，绝大多数为水溶性颗粒剂。

混悬颗粒剂系指难溶性药物与适宜辅料混合制成的颗粒剂，故制粒前应将药物粉碎成细粉，以确保良好的混悬状态并充分发挥药效，但为保持速溶的性质，辅料仍以可溶性物质为宜。混悬性颗粒剂在临用前加水或其他适宜的溶剂振摇即可分散成混悬液。

泡腾性颗粒剂系指含有碳酸氢钠和有机酸，遇水可放出大量气体呈泡腾状的颗粒剂。临用前加水后产生的气体可使药物迅速溶解或分散于水中，便于药效发挥。泡腾性颗粒剂的泡腾剂常用枸橼酸、酒石酸与碳酸氢钠的混合物，一般不宜采用一种酸，因单用枸橼酸时黏性太大，制粒困难；而单用酒石酸时硬度不够，颗粒易碎，两种酸的比例可以变动，只要它们的总量达到充分中和碳酸氢钠即可，制备时还应控制水分，以免在服用前酸与碱即发生反应，放出二氧化碳，致使颗粒松散。

肠溶颗粒剂系指采用肠溶材料包裹颗粒或其他适宜方法制成的颗粒剂。肠溶颗粒耐胃酸而在肠液中释放活性成分，可防止药物在胃内分解失效，避免对胃的刺激或控制药物在肠道内定位释放。

缓释颗粒剂系指在规定的释放介质中缓慢地非恒速释放药物的颗粒剂。

控释颗粒剂系指在规定的释放介质中缓慢地恒速或接近于恒速释放药物的颗粒剂。

（四）颗粒剂的质量要求

1. 药物与辅料应均匀混合，凡属挥发性药物或遇热不稳定的药物在制备过程应注意控制适宜的温度条件，凡遇光不稳定的药物应遮光操作。

2. 颗粒剂应干燥，颗粒均匀，色泽一致，无吸潮、结块、潮解等现象。

3. 根据需要可加入适宜的矫味剂、芳香剂、着色剂、分散剂和防腐剂等添加剂。

4. 颗粒剂的溶出度、释放度、含量均匀度、微生物限度等应符合要求。必要时，包衣颗粒剂应检查残留溶剂。

5. 除另有规定外，颗粒剂应密封，置干燥处贮存，防止受潮。

6. 单剂量包装的颗粒剂在标签上要标明每个袋（瓶）中活性成分的名称及含量。多剂量包装的颗粒剂除应有确切的分剂量方法外，在标签上要标明颗粒中活性成分的名称和重量。

二、颗粒剂的制备

颗粒剂生产环境应符合D级控制区洁净度要求，配料、粉碎、筛分、制粒、整粒等操作间应当保持相对负压，防止粉尘扩散、避免交叉污染。其生产工艺见图3-1。

（一）粉碎、过筛、称量配制、混合

参见“项目二 散剂的生产”。

（二）制粒

制粒是把粉末聚结成具有一定形状与大小的颗粒的操作。此过程有改善物料的流动性、可压性，提高物料的混合均匀度，防止粉尘暴露等作用。制粒通常分为湿法制粒和干法制粒两种。

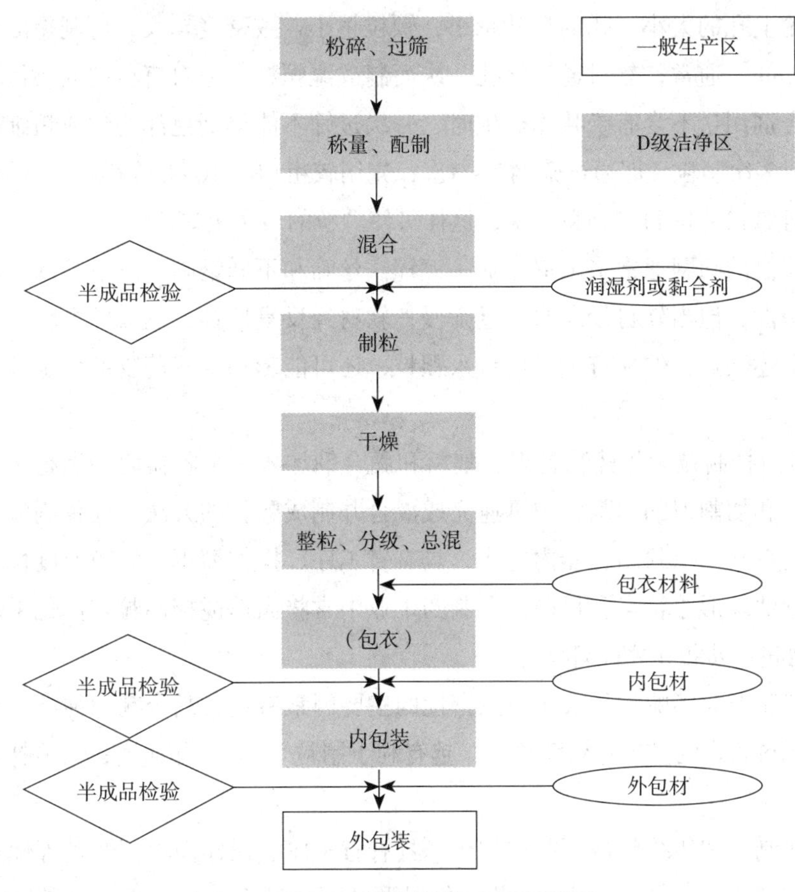

图3-1　颗粒剂生产工艺流程图

1. 湿法制粒　湿法制粒是在混合粉末（包含药物）中加入黏合剂，将粉体表面润湿，靠黏合剂的架桥作用或黏结作用使粉末聚结在一起而制备颗粒的方法。湿法制粒可分为挤压制粒、高速搅拌制粒、流化床制粒、喷雾制粒等。不同的制粒方法所得颗粒的形状、大小、强度、崩解性、压缩成型性也不同。

（1）挤压制粒　把药物粉末用适当的黏合剂制成软材后，用强制挤压的方式使其通过具有一定大小筛孔的孔板或筛网而制粒的方法。

制软材是挤压制粒的关键工序，系指在已混合均匀的粉末状物料中加入适宜的润湿剂或黏合剂，用手工或混合机混合均匀而制成软材。软材的干湿程度应适宜，生产中多凭经验掌握，以用手紧握能成团而不黏手，用手指轻压能裂开为度。润湿剂和黏合剂的用量以能制成适宜软材的最少量为原则。其用量与种类的选择与下列因素有关：①主药与辅料本身的性质，如当粉末细、质地疏松、干燥、在水中溶解度小以及黏性较差时，黏合剂的用量要多些，反之，用量应少些。②黏合剂本身的温度和混合时间的长短：黏合剂如淀粉浆温度高时，用量可酌情减少，温度低时，用量可适当增加。对热不稳定的药物，如乙酰水杨酸所用淀粉浆的温度不宜高于40℃。制软材混合时间越长，黏性越大，制成的颗粒亦较硬。由于影响黏合剂用量的因素较多，所以在生产时需根据具体品种调整。

有很多挤压制粒的方式可以用来制粒，如螺旋挤压式、旋转挤压式、摇摆挤压式等，其操作原理都是相同的，即软材在外力的作用下通过筛网或辊子。挤压制粒得到的颗粒形状以圆柱状、角状为主，经过继续加工可制成球状、不定形等。颗粒的大小取决于筛子的

孔径或挤压轮上孔的大小。孔的尺寸越小，颗粒越小，致密度越大，可制得的颗粒粒径范围为0.3～30mm。通常，软材通过筛孔一次而制成湿颗粒，但对有色的或黏性较强的以及润湿剂或黏合剂用量不当有条状物产生时，一次过筛不能得到色泽均匀或粗细松紧适宜的颗粒，可采用多次制粒。即通过筛网2～3次，先用较粗（8～10目）筛网，通过1～2次，再用较细的筛网如12～14目，制粒一次，这样可使颗粒的质量更好。

挤压制粒机的筛网通常采用尼龙筛、镀锌铁丝筛和不锈钢筛。尼龙筛网不影响药物的稳定性，有弹性，但当软材较黏时，过筛慢，软材经反复搅拌，制成的颗粒硬度较大。镀锌铁丝筛无上述缺点，但易有金属屑带入颗粒，还可能影响某些药物的稳定性，不锈钢筛网较好。

（2）高速搅拌制粒　将药物粉末、辅料和黏合剂加入一个容器内，靠高速旋转的搅拌器的搅拌作用和切割刀的切割作用迅速完成混合并制成颗粒的方法。此种制粒方法可使混合、捏合、制粒在同一封闭容器内完成，具有省工序、操作简单、制粒速度快、制得颗粒大小均匀，近似球形等特点。目前，在制药工业中常将高速搅拌制粒与流化干燥器结合在一起使用，可进一步提供密闭环境。

高速搅拌制粒时影响粒径大小与致密性的主要因素有：①黏合剂的种类、加入量、加入方式；②原料粉末的粒度（粒度越小，越有利于制粒）；③搅拌速度；④搅拌器的形状与角度、切割刀的位置等。

高速搅拌制粒和传统的挤压制粒相比，具有省工序、操作简单、快速等优点。在同一封闭容器内完成干混－湿混－制粒工艺，但湿颗粒不能进行干燥，不适合黏性大且不耐热物料。

（3）流化床制粒　使药物粉末在自下而上的气流作用下保持悬浮的流化状态，黏合剂向流化层喷入使药物粉末聚结成颗粒的方法。由于粉粒呈流态化在筛板上翻滚，如同沸腾状，故又称为流化制粒或沸腾制粒；又由于在一台设备内完成混合、制粒、干燥过程，又称一步制粒。

在流化床制粒中，物料粉末靠黏合剂的架桥作用相互聚结成粒。制粒时影响因素较多，除了黏合剂的选择，原料粒度的影响外，操作条件的影响也很大。如空气的速度影响物料的流化状态、粉粒的分散性、干燥的快慢；空气的温度影响物料表面的润湿与干燥；黏合剂的喷雾量影响粒径的大小（喷雾量增加粒径变大）；喷雾速度影响粉体粒子间的结合速度及粒径的均匀性；喷嘴的高度影响喷雾的均匀性和润湿程度等。流化床制粒与湿法制粒相比，具有工艺简化、设备简单、减少原料消耗、节约人力、减轻劳动强度、避免环境和药物污染，并可实现自动化等特点。此外，流化床制粒粒度均匀、松实适宜，故压出的片剂质量均匀、片重差异小、崩解迅速、释放度好。流化床制粒法的缺点是能量消耗较大，对密度相差悬殊的物料的制粒不太理想。

（4）喷雾制粒　将药物溶液或混悬液用雾化器喷雾于干燥室内的热气流中，使水分迅速蒸发以直接制成球状干燥细颗粒的方法。该法在数秒钟内即完成原料液的浓缩、干燥、制粒的过程，原料液含水量可达70%~80%以上。喷雾制粒进一步简化了操作。国外有不少供直接压片的辅料多用本法制成，例如喷雾干燥乳糖、可压性淀粉、含蔗糖及转化糖的“Sugar Tab”等等。喷雾干燥制粒技术的特点：①由液体原料直接干燥得到粉状固体颗粒；

②干燥速度快，物料的受热时间短，适合于热敏性物料的制粒；③所得颗粒多为中空球状，具有良好的溶解性、分散性和流动性；④设备费用高、能量消耗大、操作费用高，黏性大的料液易黏壁。

2. 干法制粒　干法制粒系指粉体的混合物通过加压而不需加热和溶剂的一种制粒法。当药物对湿热敏感不能以湿法制粒时，干法制粒比较适宜，如该法已用于乙酰水杨酸及其泡腾产品的制粒。基本工艺是将药物（必要时加入稀释剂等混匀）用适宜的设备压成块状或大片状，然后再粉碎成大小适宜的颗粒。干法制粒压片法可分为滚压法和大片法两种。

（1）滚压法　该法是将药物与辅料的混合物预先用特殊的压块设备如开启式炼胶机挤压2～3次，压成硬度适宜的薄片，再碾碎、整粒。两个滚筒上都有槽并作相对旋转运动，物料用推进器由饲粉器中连续地送入两滚筒之间，两滚筒间的距离可以调节。由于强力压缩时产生较多的热，最好有冷却装置。

用本法压块时，粉体中的空气易于排出，产量较高，常用于乙酰水杨酸等颗粒的制备，但压制的颗粒有时不均匀。目前国内已有滚压、碾碎、整粒的整体设备可供选用。

（2）大片法（又称重压法）　系将药物与辅料的混合物在较大压力的压片机上用较大的冲模预先加压，得到大片（片重5～20g），不计较其外形是否完整，然后经摇摆式制粒机制成适宜的颗粒。本法能使处方中的少量有效成分获得均匀分布，但由于压片机需用巨大压力，冲模等机械损耗率较大，细粉量多，目前很少使用。

（三）干燥

湿粒制成后，应尽可能迅速干燥，放置过久，湿粒易结块变形。为防止药物变质，干燥温度一般以50～60℃为宜。对热稳定的药物如磺胺嘧啶等，干燥温度可适当提高到80～100℃，以缩短干燥时间。一些含结晶水的药物，干燥温度不宜过高，时间不宜长，以免失去过多结晶水，使颗粒松脆。干燥时温度应逐渐升高，否则颗粒的表面干燥后结成一层硬膜而影响内部水分的蒸发。颗粒中如有淀粉或糖粉，突遇高温时能引起糊化或熔化，使颗粒坚硬而不易崩解。糖粉与酸（尤其是枸橼酸）共存时，遇稍高温度即黏结成块。

颗粒干燥常采用空气加热法（烘房）、真空干燥法及沸腾干燥法等。

（四）整粒、分级、总混

湿颗粒干燥后，由于颗粒间相互黏着凝集，故通常有一部分可能形成条状或板块状，必需通过解碎或整粒制成一定粒度的均匀颗粒。一般应按粒度规格的上限，过一号筛，把不能通过筛孔的部分进行解碎，然后再按照粒度分布情况，采用粒度规格的下限，过五号筛，进行分级，除去粉末部分。

处方中的挥发性成分或芳香剂等应均匀喷入干燥颗粒中密闭一定时间后再总混，以免挥发损失。

（五）包衣

某些药物为了达到矫味、矫臭、稳定、缓释、控释或肠溶等目的，也可对颗粒剂进行包衣，一般采用薄膜包衣。

（六）包装

颗粒剂的包装方法和贮存原则与散剂几无区别，值得强调的是必须注意均匀性，防止

发生分层。宜密封包装，保存于干燥处，防止受潮变质。

三、制粒设备

（一）湿法制粒设备

1. 挤压制粒设备

扫码“看一看”

（1）摇摆式颗粒机　摇摆式颗粒机（图3-2a、图3-2b）主要由底座、电机、传动装置、加料斗、筛网、滚轮等组成。制粒时将软材置于不锈钢制的料斗中，其下部装有六条绕轴往复转动的六角形棱柱，棱柱之下有筛网，筛网由固定器固定并紧靠棱柱，当棱柱作往复转动时软材解碎挤压过筛网而成湿颗粒。

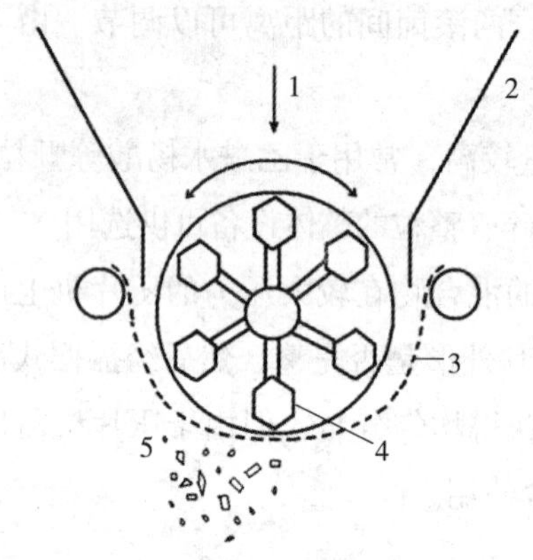

a. 摇摆式颗粒机原理图

b. 摇摆式颗粒机实物图

图3-2　摇摆式颗粒机

1.软材；2.加料斗；3.筛网；4.六角滚轮；5.颗粒

（2）螺旋挤出制粒机　螺旋挤出制粒机（图3-3a、图3-3b）分单螺杆和双螺杆两种，挤出形式有前出料和侧出料两种。主要有齿轮箱和动力系统、饲料斗、螺旋杆、冷却加热套管、制粒板等组成。制粒时将软材置于不锈钢饲料斗中，在螺杆输送、挤压作用下，从制粒板挤出，得到湿颗粒。

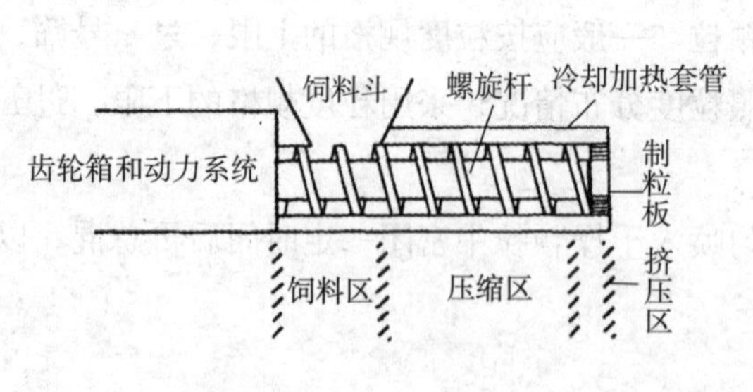

a. 螺旋挤出制粒机原理图

b. 螺旋挤出制粒机实物图

图3-3　螺旋挤出制粒机

2. 高速搅拌制粒机　高速搅拌制粒机（图3-4a、图3-4b）又称高效混合制粒机、高效湿法制粒机等。该设备有主机和电气箱组成，附机设备有高压水泵、隔膜泵、抽气机等。机身下部内装有搅拌电机、切割刀电机、同步带传动机构，主机上部有夹层锅，锅体内有

切割刀和搅拌桨，锅体下部左侧装有出料装置，锅盖上有液体黏合剂加料斗、抽气孔、喷枪、视窗，机身后部有加热蒸汽进口、冷却水进口、隔膜泵气源接口、清洁水进口、高压水泵电源接口。控制箱内有各种电气原件，控制箱外部有控制屏等。

扫码“看一看”

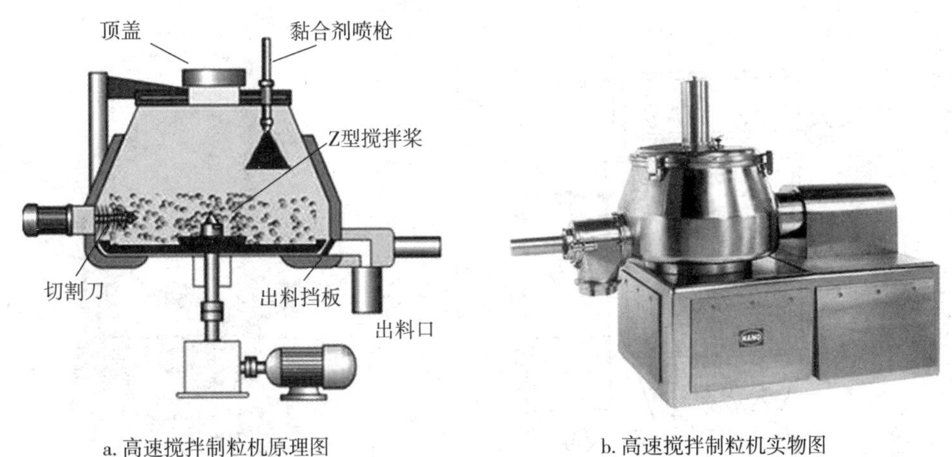

a. 高速搅拌制粒机原理图

b. 高速搅拌制粒机实物图

图3-4　高速搅拌制粒机

（1）主要部件及作用

1）夹层锅　包括锅体和锅盖，用于盛装物料，夹层通入加热蒸汽或冷却水用于对物料进行加热或冷却。物料的混合、捏合、制粒均在密闭的锅内完成。

2）切割刀（飞刀）　制粒时将团状或块状物料切割成大小均匀的颗粒。

3）搅拌桨　桨叶转动可对物料进行混合，制粒时将物料搅拌使其翻滚，当物料接触切割刀时可被切割制粒。

4）喷雾系统　包括隔膜泵和喷枪，隔膜泵由压缩空气提供动力，将液体黏合剂输送至喷枪雾化后，喷至制粒物料。

5）抽气系统　抽气机采用旋涡式气泵作动力拉吸气流，在物料进行加热操作时，可将锅内湿蒸汽及时排除，减小物料表面蒸汽压。抽气孔上装有过滤袋，可防止物料被抽走。

6）温度传感器　通至夹层内的温度传感器可感应夹层内加热介质的温度，通至锅内的温度传感器可感应锅内物料的温度。当温度高于或低于设置温度时，温度传感器给控制系统提供信号，使加热蒸汽开关启闭，从而保持锅内恒温。

7）轴封系统　包括轴封气和轴封水，在搅拌桨和飞刀轴与轴孔间有少量间隙，轴封气可将此间隙通高压洁净空气密封，防止药粉进入，在制粒完成后可开启轴封水进行清洁。

8）出料装置　出料门装在一只防旋转的气缸头上，当点击料门开时，气缸前腔得气，气动活塞后退，料门打开，物料在桨叶的推动下，从出料口排出。当点击料门关时，气缸后腔得气，气动活塞向前推进，关闭料门。在出料时，要打开清洁喷气嘴喷气喷射出料口，清洁出料口的粉粒，使料门顺利密闭。

（2）工作原理　制粒时将物料加入夹层锅，用搅拌桨叶搅拌物料干混后，加入黏合剂（直接由加料斗流入或由喷枪喷入），搅拌桨使物料在短时间内翻滚混和成软材，再由切割刀切割使其成颗粒，改变搅拌桨和切割刀的转速，可获得20～80目之间大小不同的颗粒。

扫码"看一看"

3.流化床制粒机　该设备以沸腾、流化的形式使混合、造粒、干燥在同一设备内一步完成，故可称作沸腾制粒机或一步制粒机（图3-5）。除用于制粒外，还可进行湿颗粒干燥，颗粒包衣等。

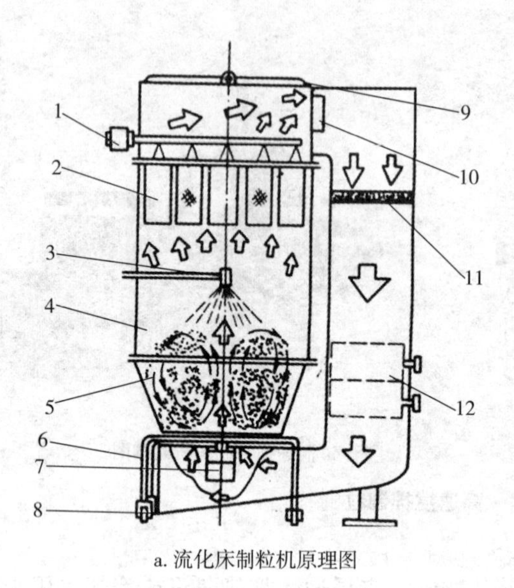

a. 流化床制粒机原理图

b. 流化床制粒机实物图

图3-5　流化床制粒机

1.清灰反冲装置；2.过滤袋；3.喷嘴；4.流化室；5.盛料器；6.台车；7.顶升气缸；8.排水口；9.安全盖（泄爆作用）；10.排气口；11.空气过滤器；12.加热器

（1）主要部件及作用

1）引风装置　包括引风主电机、引风道、左右风门。作用是使流化室内形成负压。制粒时可调节进风量以控制物料流化状态。

2）清灰装置　包括左右清灰和过滤袋，通过左右清灰（脉冲反吹装置）使布袋抖动，粉末留在袋外，空气穿过袋网，及时清除捕尘袋上的物料。布袋上方的"脉冲反吹装置"定时由压缩空气向布袋反向吹风，使细粉抖掉，保持气流畅通。

3）流化室　工作时物料在流化室内呈沸腾状态。流化室内装有静电消除装置，粉末产生的静电可及时消除。

4）喷雾装置　利用压缩空气将液体雾化，均匀的喷洒在沸腾的物料上。

5）流化床　流化床底面是一个布满小孔的不锈钢板，上面覆盖不锈钢丝制成的网布，称为分布板，目的是均匀分布气流，使物料呈现良好的沸腾状态。

6）顶升气缸　通过压缩空气将流化床及流化室顶起，使主塔密封。

7）进风装置　包括过滤和加热装置，将进入的空气进行过滤，加热。过滤器要定时清理或调换。

8）温度传感器　可感应进风和出风的温度，当温度达到设定值时，给PLC控制系统提供信号，通过电磁阀关闭加热，当温度低于设定值时，给PLC控制系统提供信号，通过电磁阀打开加热。

9）蠕动泵　将盛料桶内的液体黏合剂或包衣液输送至喷枪，使雾化。

（2）工作原理　引风机使流化室内部形成负压，外界空气通过进风口，经过过滤和加

热，由流化床底部的孔板进入塔体，将物料向上吹起，呈沸腾（流化）状。同时，用于制粒的浆液由蠕动泵输送，在压缩空气的作用下雾化成液滴，通过喷枪（顶喷、侧喷、底喷，见图3-6）喷至沸腾的物料上，使物料润湿，集结成颗粒。合理控制喷浆量的大小和喷浆时间，以及引风的大小、温度等参数，可以得到大小均匀的颗粒。制粒完成后，关闭喷浆，在热风的作用下可以将颗粒干燥，得到干颗粒。若需包衣，可以通过喷枪将包衣液喷至沸腾的颗粒上，使颗粒表面均匀的涂上包衣液，再干燥即可。

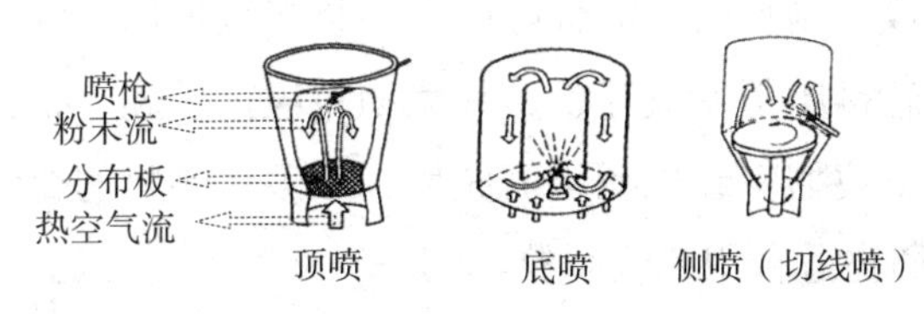

图3-6　流化制粒机喷雾形式

4.喷雾干燥制粒机　喷雾干燥制粒机（图3-7a、图3-7b）的制粒过程为：原料液由储槽进入雾化器喷成液滴分散于热气流中，空气经蒸汽加热器或电加热器进入干燥室与液滴接触，液滴中的水分迅速蒸发，液滴经干燥后形成固体细粒落于器底，干品可连续或间歇出料，废气由干燥室下方的出口流入旋风分离器，进一步分离出固体粉末，然后经风机和袋滤器后排出。

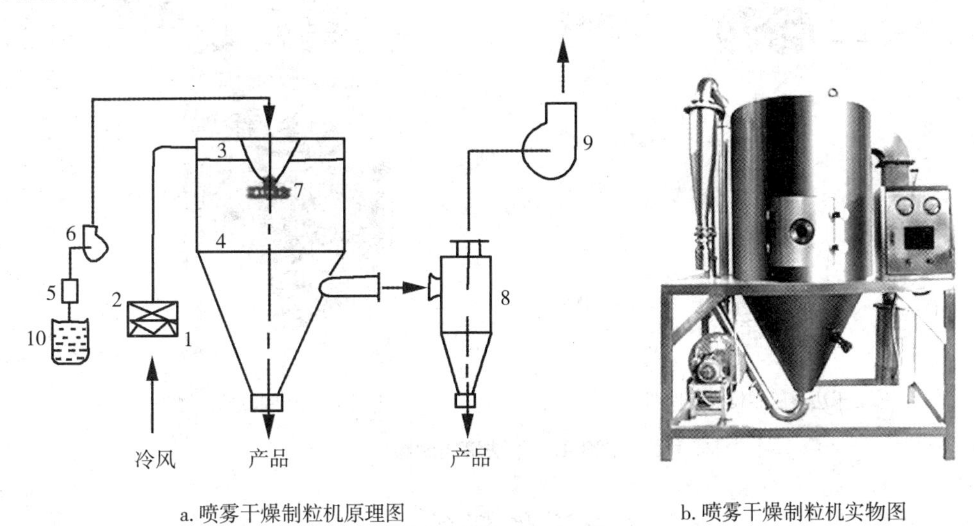

a. 喷雾干燥制粒机原理图　　b. 喷雾干燥制粒机实物图

图3-7　喷雾干燥制粒机

1.空气过滤器；2.加热器；3.热网分配器；4.干燥室；5.过滤器；6.泵；7.离心喷头；8.旋风分离器；9.风机；10.料液槽

喷雾干燥造粒中，原料液在干燥室内喷雾成微小液滴是靠雾化器完成，因此雾化器是喷雾干燥制粒机的关键零件。常用的雾化器有压力式雾化器、气流式雾化器、离心式雾化器。

雾滴的干燥情况与热气流及雾滴的流向安排有关，流向的选择主要有物料的热敏性、所要求的粒度、粒密度等来考虑。常用的流向安排有并流型、逆流型和混流型。并流型使热气流与喷液并流进入干燥室，干燥颗粒与较低温的气流接触，适用于热敏性物料的干燥。逆流型使热气流与喷液逆流进入干燥室，干燥颗粒与温度较高的热风接触，物料在干燥室

内悬浮时间较长，不适用于热敏性物料的干燥制粒。混合流型使热气流从塔顶进入，物料从塔底向上喷入与下降逆流热气接触，而后在雾滴的下降过程中再与热气流接触完成最后的干燥。这种流向也使物料在干燥器内停留时间较长，同样不适用于热敏性物料的干燥制粒。

（二）干法制粒设备

干法滚压制粒机　干法滚压制粒机（图3-8a、图3-8b）主要有加料斗、螺旋送料器、双辊压轮、粉碎锤等组成。制粒时，混合好的干粉物料从顶部加入，经预压缩进入轧片机内，在轧片机的双辊压轮挤压下变成片状，片状物料经过破碎、整粒、筛分等过程，得到需要的粒状产品。此设备使物料经机械压缩成型，不破坏物料的化学性能，不降低产品的有效含量，一些热敏性药物适合用此法制粒。

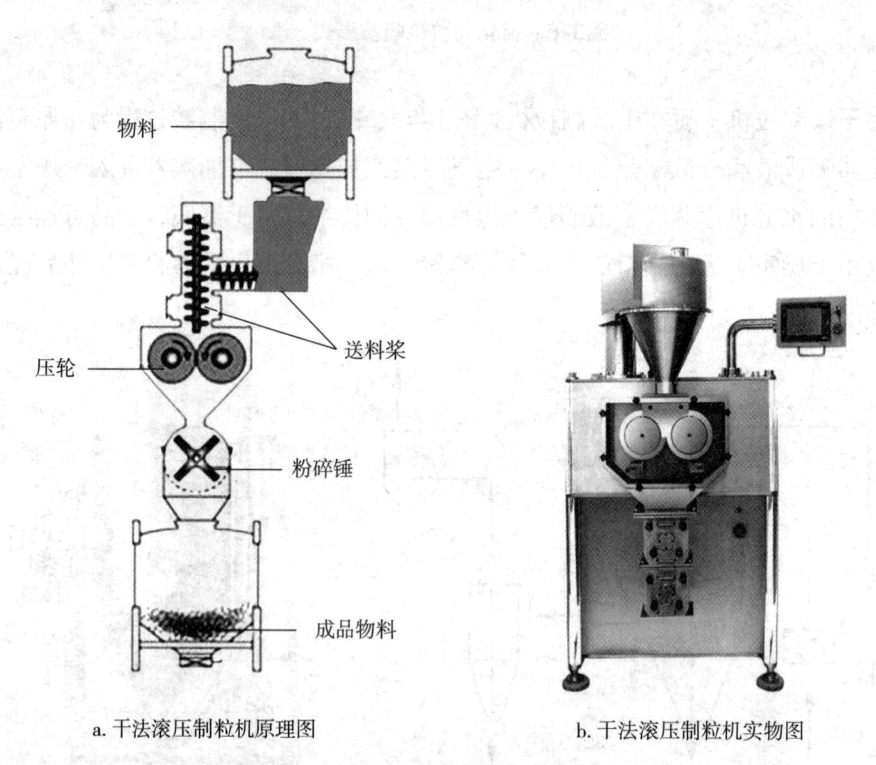

a. 干法滚压制粒机原理图　　b. 干法滚压制粒机实物图

图3-8　干法滚压制粒机

工作任务

头孢拉定颗粒的生产指令见表3-1。

表3-1　头孢拉定颗粒的生产指令

文件编号：				生产车间：		
产品名称	头孢拉定颗粒		规格	0.125g	理论产量	10000袋
产品批号			生产日期		有效期至	
序号	原辅料名称	处方量（g）	消耗定额			备注
			投料量（kg）	损耗量（kg）	领料量（kg）	
1	头孢拉定	125	1.250	0.063	1.3123	
2	蔗糖	1874	18.740	0.937	19.677	

续表

序号	原辅料名称	处方量（g）	消耗定额			备注
			投料量（kg）	损耗量（kg）	领料量（kg）	
3	羧甲基纤维素钠	20	0.200	0.010	0.200	
4	柠檬黄	0.05	0.0005	0.000	0.0005	
5	菠萝香精	3.6ml	36.0ml	0.000ml	36.00ml	
制成		1000袋	10000袋			
起草人		审核人			批准人	
日期		日期			日期	

任务分析

一、处方分析

头孢拉定为主药；蔗糖为稀释剂，并有矫味作用；制备羧甲基纤维素钠浆作为黏合剂；柠檬黄为着色剂；菠萝香精为芳香剂。

二、工艺分析

本品采用高速搅拌制粒法进行制粒，按照生产过程，将工作任务细分为7个子工作任务，即任务5-1粉碎、过筛；任务5-2称量配制；任务5-3制粒（包括混合、制软材、制粒）；任务5-4干燥；任务5-5整粒、分级；任务5-6总混；任务5-7分剂量、内包装（图3-9）。

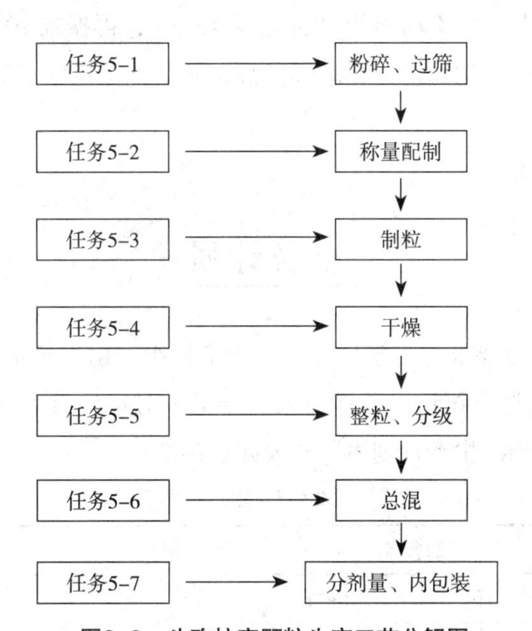

图3-9　头孢拉定颗粒生产工艺分解图

三、质量标准分析

本品含头孢拉定（$C_{16}H_{19}N_3O_4S$）应为标示量的90.0%～110.0%。

（一）性状

本品为可溶性颗粒，气芳香。

（二）鉴别

取本品适量，加水溶解并稀释制成每1ml中约含头孢拉定6mg的溶液，滤过，取续滤液作为供试品溶液，照《中国药典》头孢拉定项下的鉴别（1）或（2）项试验，应显相同的结果。

（三）检查

1. 酸度 取本品，加水制成每1ml中含头孢拉定25mg的混悬液，依法测定（现行版《中国药典》四部通则），pH应为3.5～6.0。

2. 头孢氨苄 取本品，照含量测定项下的方法制备供试品溶液，照头孢拉定项下的方法检查，含头孢氨苄不得过头孢拉定和头孢氨苄总量的6.0%。

3. 水分 取本品，照水分测定法（现行版《中国药典》四部通则）测定，含水分不得过1.5%。

4. 溶出度 取本品，照溶出度测定法（现行版《中国药典》四部通则），以0.1mol/L盐酸溶液900ml为溶出介质，转速为每分钟50转，依法操作，45min时，取溶液适量，滤过，精密量取续滤液适量，用0.1mol/L盐酸溶液定量稀释制成每1ml中约含头孢拉定28μg的溶液，作为供试品溶液；另取头孢拉定对照品适量，精密称定，加0.1mol/L盐酸溶液溶解并定量稀释制成每1ml中约含头孢拉定28μg的溶液，作为对照品溶液。照头孢拉定含量测定项下的方法测定，按外标法以峰面积计算每袋的溶出量。限度为标示量的80%，应符合规定。

5. 其他 应符合颗粒剂项下有关的各项规定（现行版《中国药典》四部通则）。

（四）含量测定

取装量差异项下的内容物，研细，混合均匀，精密称取细粉适量（约相当于头孢拉定70mg），置100ml量瓶中，加流动相约70ml超声15min，再振摇10min，使头孢拉定溶解，再用流动相稀释至刻度，摇匀，滤过，取续滤液，照头孢拉定项下的方法测定，即得。

（五）含量测定

密封，在凉暗处保存。

任务计划

按照颗粒剂生产岗位要求，将学生分成若干个班组，由组长带领本组成员认真学习各岗位职责，对工作任务进行讨论，并进行人员分工，对每位员工应完成的工作任务内容、完成时限和工作要求等做出生产计划表。样表如表3-2。

表3-2 生产计划表

工作车间：		制剂名称：	规格：	
工作岗位	人员及分工	工作内容	工作要求	完成时限

续表

工作岗位	人员及分工	工作内容	工作要求	完成时限

任务实施

任务5-1　粉碎、过筛

确认粉碎机清洁、完好后，安装目数为100目的筛网，扣紧机盖，并开机空运转，无异常声响后，将称量好的头孢拉定、蔗糖投入粉碎机加料斗中粉碎。粉碎过程中注意控制给料量。给料量过大会使粉碎不充分、细度不好。投料过程中粉碎机如有异常声响应立刻停机，以免打坏筛网。将粉碎好的物料用旋振筛过筛。具体操作参见“项目二 散剂的生产，任务3-1粉碎、任务3-2过筛”。

任务5-2　称量配制

按照生产指令，使用电子秤及量筒称量头孢拉定1.250kg、蔗糖18.740kg、羧甲基纤维素钠0.200kg、柠檬黄0.0005kg，量取菠萝香精36.0ml，备用。具体操作参见“项目二　散剂的生产，任务3-3称量配制”。

任务5-3　制粒

一、任务描述

按照高速搅拌制粒岗位操作规程，以2%羧甲基纤维素钠浆为黏合剂，用HLSG-50型高速搅拌制粒机完成湿颗粒的制备操作。

二、岗位职责

1. 严格执行《制粒岗位操作法》《HLSG-50型高速搅拌制粒机操作规程》。
2. 做好高速搅拌制粒机的日常维护和保养工作。
3. 严格执行生产指令，认真核对所用物料的品名、规格、数量、质量等，确保本岗位不发生混药、错药。
4. 严格执行工艺规程，保证所得颗粒符合质量标准，发现偏差及时汇报。
5. 自觉执行工艺纪律，不离岗、脱岗，防止安全事故发生。
6. 确保生产环境符合要求，避免污染和交叉污染。

7. 如实、及时填写各种生产记录。

8. 搞好本岗位的清场工作。

三、岗位操作法

（一）生产前准备

1. 检查有无上批《清场合格证》副本，并在有效期内；检查制粒间温湿度、压差是否符合要求，有无上批遗留物；检查设备是否有"完好""已清洁"状态牌。

2. 检查设备、容器及工具是否洁净、干燥，设备是否完好。

3. 按《HLSG-50型高速搅拌制粒机操作规程》进行试运行。

4. 从中间站领取物料，逐一复核物料的品名、规格、批号、数量等。

（二）操作

1. 将称量好的羧甲基纤维素钠0.2kg，加入100～200ml的95%乙醇中搅拌均匀后，立即加入纯化水适量并快速搅拌均匀至溶解，并再加纯化水至10000ml，适当放置，过100～120目筛，备用。

2. 将称量好的柠檬黄加少量纯化水溶解后，加入羧甲基纤维素钠浆中，混匀，备用。

3. 将头孢拉定、蔗糖粉加入高速搅拌制粒机中，搅拌混合均匀后，加入羧甲基纤维素钠浆，继续搅拌使物料成软材状后，开启切割刀切割制粒。

4. 制粒完成后，开启出料门出料，将物料桶内外贴好物料卡，交至干燥工序，并做好物料交接记录。

5. 及时填写生产记录。

（三）清场

1. 按《清场管理制度》《容器具清洁管理制度》《洁净区清洁规程》及《HLSG-50型高速搅拌制粒机清洁规程》做好清场工作。

2. 为了保证清场工作质量，清场时应遵循先上后下，先里后外，一道工序完成后方可进行下道工序作业。

（四）记录

操作完工后填写原始记录、批记录。

四、操作规程

扫码"看一看"

（一）开机前准备

1. 检查高速搅拌制粒机是否有"完好""已清洁"标识，锅内是否清洁，线路、气路是否完好，螺丝有无松动。

2. 检查空气压缩机的润滑油、冷却水等是否到位。

3. 检查隔膜泵、清洗泵、抽气机、空气压缩机等运转是否正常。

4. 检查蒸汽或冷却水是否到位。

5. 检查各项仪表指示是否良好，温度传感器是否灵敏。

6. 通过控制柜上温度设置，查看控温系统是否完好。

7. 检查出料门，开闭料门两次，确定料门启闭顺畅，并检查出料门在关闭状态时应使料门边缘与锅的出料口边缘齐平。

8. 打开桨叶和飞刀，看桨叶和飞刀运转是否正常，是否能正常升速或降速。

9. 若用喷雾系统，用纯化水或少许75%乙醇液检查喷枪有无堵塞，接上输液管与气管，在输液盛料桶内加入少许拟生产用的液体物料，启动喷雾、隔膜泵，调节输液频率和压缩空气，检查喷出的液体雾化是否均匀正常，无点滴、无间断、无歪斜等。

（二）开机运行

1. 接通电源和气源，旋出急停按钮，接通面板上的电源开关，相应指示灯亮，触摸“运行准备”，触摸电源开关，接通主机电源。

2. 返回首页，触摸“手动”，进入手动操作画面，触摸“相关操作”，打开轴封气。

3. 松开拉紧把手，打开锅盖，投入物料，投料完毕，扣紧拉紧把手，关好锅盖。

4. 进入运行准备画面，若需加热，设置好温度，打开加热开关、蒸汽；若需冷却，打开冷却水。

5. 进入手动操作画面，打开桨叶让物料混合2min后，加入黏合剂，湿搅拌4～5min，使物料成软材状，开启飞刀切割制粒1～4min，制粒过程中随时观察物料状态，根据状态调节桨叶和飞刀转速。若以喷雾形式加入黏合剂，在干混完后，打开喷雾器和喷浆，同时开启桨叶和飞刀，根据物料状态调整喷浆时间和桨叶、飞刀的转速，得到大小均匀的颗粒。若对物料加热，制粒时要打开吸气泵。

6. 制粒完后，关闭喷浆、蒸汽、冷却水、吸气泵、飞刀等，降低桨叶转速，放置好盛料筒，开启出料门和料门吹，开始出料。

7. 若自动生产，开启电源、气源后，返回到首页画面，触摸“自动”，选择好配方号，开启运行，先让机器空运转，检查是否有故障，若无故障，即可投料自动生产。自动生产时，显示屏会显示锅内的运行情况。

（三）停机

出料完后，关闭桨叶和设备电源，按照《HLSG-50型高速搅拌制粒机清洁规程》清洁设备。

（四）操作注意事项

1. 操作中要注意安全，严格按照操作规程操作设备。

2. 若机器出现异常或发出不正常声音时，应立即停车检查。

3. 设备上不可拆卸的机件，不可随意拆卸。

4. 桨叶和飞刀的转速和运转时间对颗粒大小和产品质量有很大影响，制粒时要随时察看颗粒成形情况，确定是否需要调整转速和时间。

5. 在检修状态下，锅盖打开，桨叶和飞刀可运转，请务必注意安全，若要退出检修状态，断电即可。

6. 从高压水泵喷出的是高压水流，容易危害人身安全及电气系统。

7. 非空载运行时，必须打开轴封进气后再投料，否则，物料可能进入轴封，产生黑点或二次污染。

五、清洁规程

1. 拆下抽气孔上的过滤袋，先用饮用水清洗，再用纯化水漂洗。

2. 开启喷枪和隔膜泵用纯化水反复冲洗清理。

3. 打开高压水泵，用高压水流冲洗锅体内外表面及出料门。

4. 用洁净抹布擦拭机器内外表面。

5. 用消毒剂彻底消毒设备。

6. 清场后，填写《清场记录》，上报QA质监员，检查合格后挂《清场合格证》。

六、维护保养规程

1. 喷枪每周应用有机溶剂彻底清洗零件，以免堵塞。

2. 油雾器要定期加注润滑油，保证电磁阀、气缸等及时润滑。

3. 要经常检查桨叶和飞刀的螺丝是否有松动。

4. 若遇到关闭料门时有较严重的震动时，用螺丝刀调节气缸上的阻尼针，顺时针旋转为减小阻尼排气，逆时针是加大阻尼排气，减小可减轻震动，同时也使到位减慢。

七、生产记录

制粒岗位生产记录、清场记录详见表3-3、表3-4。

表3-3　制粒岗位生产记录

产品名称	规格	批号	生产日期	温度	相对湿度

生产前检查

序号	操作指令及工艺参数	工前检查及操作记录		检查结果	
1	确认是否穿戴好工作服、鞋、帽等进入本岗位	□是	□否	□合格	□不合格
2	确认无前批(前次)生产遗留物和文件、记录	□无	□有	□合格	□不合格
3	场地、设备、工器具是否清洁并在有效期内	□是	□否	□合格	□不合格
4	检查设备是否完好，是否清洁	□是	□否	□合格	□不合格
5	是否换上生产品种状态标识牌	□是	□否	□合格	□不合格
检查时间	年 月 日 时 分至 时 分	检查人		QA	

物料记录

物料名称	物料重量	黏合剂用量		湿颗粒重量	残损量
		配制量	kg		
		使用量	kg		
		剩余量	kg		
称量人		复核人		QA	

<table>
<tr><th colspan="4">操作过程</th></tr>
<tr><th>操作指令及工艺参数</th><th>操作记录</th><th>操作人</th><th>复核人</th></tr>
<tr><td>1. 核对物料：批号，数量正确，外观质量无异常
2. 开机前检查：检查湿法混合制粒机清洁状况，开机空运转，正常后更换运行标识牌
3. 配黏合剂
2%羧甲基纤维素钠1000ml：称取羧甲基纤维素钠0.2kg,加入95%乙醇100~200ml，充分搅拌润湿，边加纯化水边搅拌至10000ml，继续搅拌至成为均匀透明的胶体溶液

4. 制湿粒
打开湿法混合制粒机电源，进入操作界面，设置搅拌速度200ppr/m，切碎速度500ppr/m，进行干混1分钟，加入黏合剂，设置搅拌速度300ppr/m，切碎速度600ppr/m进行软材和湿粒制备，观察物料情况，出料关机

5. 制粒完毕做好标记称重送干燥岗位</td><td>1. 结果：批号、数量 ________
外观质量：________
2.结果：清洁 ________
空运转：________
3. 空量杯重：_____ kg
称取羧甲基纤维素钠：___ kg
95%乙醇：_____ ml
纯化水加至：____ml
空量杯+黏合剂总重：____kg
黏合剂总重：____kg
4. 设备编号：________
混合：搅拌速度：_____ ppr/m
切碎速度：_____ ppr/m
___ 日 __ 时__分 开始混合
___ 日 __ 时__分 停止混合
制湿粒：搅拌速度：_____ ppr/m
切碎速度：_____ ppr/m
黏合剂用量：____kg
黏合剂剩余量：____kg
___ 日 __ 时__分 开始
___ 日 __ 时__分 停止
5.湿颗粒重量：____ kg
残损量：______ kg</td><td></td><td></td></tr>
<tr><td colspan="4">物料平衡 = $\frac{\text{湿颗粒重量+残损量}}{\text{物料重量+黏合剂重量}}$ ×100%= ________ ×100%=</td></tr>
<tr><td colspan="4">物料平衡限度为99.0%~100.0%</td></tr>
<tr><td colspan="4">生产管理员：　　　　　QA检查员：</td></tr>
</table>

表3-4　制粒岗位清场记录

<table>
<tr><th>品名</th><th>规格</th><th>批号</th><th>清场日期</th><th>有效期</th></tr>
<tr><td></td><td></td><td></td><td>年　月　日</td><td>至　年　月　日</td></tr>
<tr><td rowspan="6">基
本
要
求</td><td colspan="4">1. 地面无积粉、无污斑、无积液；设备外表面见本色，无油污、无残迹、无异物</td></tr>
<tr><td colspan="4">2. 工器具清洁后整齐摆放在指定位置；需要消毒灭菌的清洗后立即灭菌，标明灭菌日期</td></tr>
<tr><td colspan="4">3. 无上批物料遗留物</td></tr>
<tr><td colspan="4">4. 设备内表面清洁干净</td></tr>
<tr><td colspan="4">5. 将与下批生产无关的文件清理出生产现场</td></tr>
<tr><td colspan="4">6. 生产垃圾及生产废物收集到指定的位置</td></tr>
</table>

续表

	项目	合格（√）	不合格（×）	清场人	复核人
清场项目	地面清洁干净，设备外表面擦拭干净				
	设备内表面清洗干净，无上批物料遗留物				
	物料存放在指定位置				
	与下批生产无关的文件清理出生产现场				
	生产垃圾及生产废物收集到指定的位置				
	工器具、洁具擦拭或清洗干净，整齐摆放在指定位置，需要消毒灭菌的清洗后立即消毒灭菌，标明灭菌日期				
	更换状态标识牌				
备注					

生产管理员：　　　　　　　　QA检查员：

任务5-4　干燥

一、任务描述

按照流化干燥岗位操作规程，用FL型流化制粒干燥机完成头孢拉定湿颗粒的干燥操作。

二、岗位职责

1. 严格执行《流化干燥岗位操作法》《FL型流化制粒干燥机操作规程》。

2. 做好流化制粒干燥机的日常维护和保养工作。

3. 严格执行生产指令，认真核对物料的品名、规格、数量、质量等，确保本岗位不发生混药、错药。

4. 严格执行工艺规程，保证颗粒水分含量符合质量标准，发现偏差及时汇报。

5. 自觉执行工艺纪律，不离岗、脱岗，防止安全事故发生。

6. 确保生产环境符合要求，避免污染和交叉污染。

7. 如实、及时填写各种生产记录。

8. 搞好本岗位的清场工作。

三、岗位操作法

（一）生产前准备

1. 检查有无上批《清场合格证》副本，并在有效期内；检查干燥间温湿度、压差是否符合要求，有无上批遗留物；检查设备是否有“完好”“已清洁”标识牌。

2. 检查设备、容器及工具是否洁净、干燥，设备线路、管路是否完好。

3. 按《FL型流化制粒干燥机操作规程》进行试运行。

4. 核对物料的品名、规格、批号、数量及检验合格报告单等。

（二）操作

1. 将制备好的湿颗粒倒入流化制粒机中，设置好温度，调节好引风量，进行干燥。

2. 干燥过程中要及时取样用快速水分测定仪测定颗粒的含水量，控制干燥时间。

3. 干燥完成后，将干燥好的颗粒置洁净容器内，容器内外贴好物料卡，交至整粒工序，并做好物料交接记录。

4. 及时填写生产记录。

（三）清场

1. 按《清场管理制度》《容器具清洁管理制度》《洁净区清洁规程》及《FL型流化制粒干燥机清洁规程》做好清场工作。

2. 为了保证清场工作质量，清场时应遵循先上后下，先里后外，一道工序完成后方可进行下道工序作业。

（四）记录

操作完工后填写原始记录、批记录。

四、操作规程

（一）开机前准备

1. 检查空气压缩机的润滑油、冷却水等是否到位，空压机运转是否正常。

2. 检查油雾器内是否有油，并加注到位。

3. 将过滤袋按顺序系牢在过滤袋架上，保持每个袋袖的最大通风度，升空过滤袋架，将袋边缘翻卷在过滤室的法兰盘上，对好布袋与横梁位置后，收紧系牢过滤袋。

4. 检查各项仪表指示是否良好，温度传感器是否灵敏。

5. 通过控制柜上温度设置查看电磁阀、控温系统是否完好，如果坏损应当维修。

6. 接通电源，升起料斗，关闭风门，启动风机，待电压稳定后，微开风门，检查风机运转是否正常，左右风门，左右清灰，顶升、顶降等动作是否灵活。检查整个机器的密闭性（无异声）。开启加热开关，预热设备。

（二）开机运行

1. 放入物料，将料车推入主塔，打开顶升开关，升起料车，观察各接触点（面）是否紧密，密封主塔。

2. 关闭微调风门，设置进风温度30～40℃，启动风机，待电压稳定后，逐步开启微调风门，开启加热，调节引风大小，直至物料呈现良好的沸腾状态，锁死微调风门手柄。流化15～25min后升高温度至进风温度50～70℃，出风温度30～60℃，进行干燥。

3. 根据物料的沸腾状态及时调节引风大小，引风过大会使物料沸腾过高，容易堵塞过滤袋或使已成型的颗粒破坏。

4. 干燥过程中要及时采用手动或自动方式清除过滤袋上的粉尘。

5. 从取样器中取样，用快速水分测定仪测定颗粒水分合格后，稍关小风门，关闭加热，开始降温，待物料温度降至室温后再停机。

（三）停机

干燥完成后，关闭引风，打开顶降，将料斗中的干燥颗粒转移到盛器中，进行初检后，立即送入整粒、总混岗位进行整粒和总混。关闭设备电源，按照《FL型流化制粒干燥机清洁规程》清洁设备。

（四）操作注意事项

1. 操作中要注意安全，严格按照操作规程操作设备。

2. 若机器出现异常或发出不正常声音时，应立即停车检查。

3. 设备上不可拆卸的机件，不可随意拆卸。

4. 对喷枪、布袋、孔板，进风过滤器要进行及时清理，防止堵塞。

5. 干燥过程中要根据制备工艺控制好干燥温度、引风大小、干燥时间等参数，保证颗粒质量。

五、清洁规程

1. 拆下过滤袋，先用饮用水清洗，再用纯化水漂洗。

2. 流化床及盛料桶先用饮用水清洗，再用纯化水漂洗。

3. 流化室用洁净抹布进行擦拭。

4. 用洁净抹布擦拭机器内外表面。

5. 用消毒剂彻底消毒设备。

6. 清场后，填写《清场记录》，上报QA质监员，检查合格后挂《清场合格证》。

六、维护保养规程

1. 喷枪每周应用有机溶剂彻底清洗零件，以免堵塞。

2. 布袋随时检查其透气性能，一旦堵塞，应予清洗。停机或更换品种时，亦应予清洗。

3. 孔板如发生堵塞，粉料雾化时会产生沟流现象，造成流化不良，应及时加以清洗。

4. 进风过滤器一旦堵塞，将造成进风量严重不足，以致流化恶化，每2～3个月应进行清洗或更换。

5. 油雾器每15天要加注食用植物油，以便电磁阀能及时得到润滑。

七、生产记录

干燥岗位生产记录、清场记录见表3-5、表3-6。

表3-5　干燥岗位生产记录

产品名称		规格	批号	温度	相对湿度	
生产日期						
生产前检查						
序号	操作指令及工艺参数	工前检查及操作记录		检查结果		
1	确认是否穿戴好工作服、鞋、帽等进入本岗位	□是	□否	□合格	□不合格	

续表

生产前检查						
序号	操作指令及工艺参数		工前检查及操作记录		检查结果	
2	确认无前批(前次)生产遗留物和文件、记录		□无　　□有		□合格　　□不合格	
3	场地、设备、工器具是否清洁并在有效期内		□是　　□否		□合格　　□不合格	
4	检查设备是否完好，是否清洁		□是　　□否		□合格　　□不合格	
5	是否换上生产品种状态标识牌		□是　　□否		□合格　　□不合格	
检查时间		年　月　日　时　分至　时　分	检查人		QA	

物料记录					
干燥前			干燥后		
物料名称	批号	湿粒量	干粒量	干粒含水量	干燥时间
称量人		复核人		QA	

操作过程			
操作指令及工艺参数	操作记录	操作人	复核人
1. 核对物料：批号，数量正确，外观质量无异常 2. 开机前检查： 检查清洁状况，将过滤袋按顺序系牢在过滤袋架上，开机空运转，正常后更换运行标识牌 3. 干燥 放入物料，将料车推入主塔，打开顶升开关，升起料车，密封主塔 4. 关闭微调风门，设置进风温度，启动风机，待电压稳定后，逐步开始微调风门，开启加热，调节引风发小，直至物料呈现良好的沸腾状态，锁死微调风门手柄。调节进风温度和出风温度，进行干燥 5. 定期进行检测，直至物料含水量符合要求，干燥完毕后做好标记称重	1. 结果：批号、数量________ 外观质量：________ 2. 结果：清洁________ 空运转：________ 3. 设备名称：________ 设备编号：________ ____日____时____分 开始干燥 ____日____时____分 停止干燥 4. 引风大小：________ 进风温度：________℃ 物料温度：________℃ 出风温度：________℃		

时间	引风大小	进风温度	物料温度	出风温度	含水量	备注

生产管理员：　　　　　　　QA检查员：

表3–6　干燥岗位清场记录

品 名	规 格	批 号	清场日期	有 效 期
			年　月　日	至　年　月　日
基本要求	1. 地面无积粉、无污斑、无积液；设备外表面见本色，无油污、无残迹、无异物			
	2. 工器具清洁后整齐摆放在指定位置；需要消毒灭菌的清洗后立即灭菌，标明灭菌日期			
	3. 无上批物料遗留物			
	4. 设备内表面清洁干净			
	5. 将与下批生产无关的文件清理出生产现场			
	6. 生产垃圾及生产废物收集到指定的位置			

续表

	项目	合格（√）	不合格（×）	清场人	复核人
清场项目	地面清洁干净，设备外表面擦拭干净				
	设备内表面清洗干净，无上批物料遗留物				
	物料存放在指定位置				
	与下批生产无关的文件清理出生产现场				
	生产垃圾及生产废物收集到指定的位置				
	工器具、洁具擦拭或清洗干净，整齐摆放在指定位置，需要消毒灭菌的清洗后立即消毒灭菌，标明灭菌日期				
	更换状态标识牌				
备注					

生产管理员：　　　　　　QA检查员：

任务5-5　整粒、分级

一、任务描述

按照整粒、分级岗位操作规程及颗粒剂粒度要求，先用YK-160型摇摆式制粒机对干燥好的颗粒进行整粒，然后用BT-400圆盘分筛机进行颗粒分级。

二、岗位职责

1. 严格执行《整粒、分级岗位操作法》《YK-160型摇摆式制粒机操作规程》《BT-400圆盘分筛机操作规程》。

2. 做好快速整粒机、圆盘分筛机日常维护和保养工作。

3. 严格执行生产指令，认真核对物料的品名、规格、数量、质量等，确保本岗位不发生混药、错药。

4. 严格执行工艺规程，保证颗粒粒度符合质量标准，发现偏差及时汇报。

5. 自觉执行工艺纪律，不离岗、脱岗，防止安全事故发生。

6. 确保生产环境符合要求，避免污染和交叉污染。

7. 如实、及时填写各种生产记录。

8. 搞好本岗位的清场工作。

三、岗位操作法

（一）生产前准备

1. 检查有无上批《清场合格证》副本，并在有效期内；检查整粒、分级操作间温湿度、压差是否符合要求，有无上批遗留物；检查设备是否有“完好”“已清洁”标识。

2. 检查设备、容器及工具是否洁净、干燥。

3. 按照工艺要求选择摇摆式制粒机和圆盘分筛机各自的筛网，并安装到位。

4. 按《YK-160型摇摆式制粒机标准操作规程》《BT-400圆盘分筛机操作规程》进行试运行。

5. 核对物料的品名、规格、批号、数量及检验合格报告单等。

（二）操作

1. 在摇摆式制粒机的出料口接上出料盘，开始整粒。

2. 将整好的颗粒用圆盘分筛机（上层10目筛，下层80目筛）进行过筛，同时收集上层、中层、下层物料。上层大颗粒再次使用摇摆式制粒机进行整粒，直至全部通过上层筛网。

3. 整粒、分级结束后，将所有中层颗粒收集，容器内外贴好物料卡，交至总混工序。

4. 及时填写生产记录。

（三）清场

1. 按《清场管理制度》《容器具清洁管理制度》《洁净区清洁规程》及《YK-160型摇摆式制粒机清洁规程》《BT-400圆盘分筛机清洁规程》做好清场工作。

2. 为了保证清场工作质量，清场时应遵循先上后下，先外后里，一道工序完成后方可进行下道工序作业。

（四）记录

操作完工后填写原始记录、批记录。

四、操作、清洁及维护保养规程

扫码“看一看”

（一）YK-160型摇摆式制粒机

1. 开机前准备

（1）将刮粉器安装于齿轮轴上。

（2）将前轴承座与刮粉器连接好，拧紧固定螺丝。

（3）按照工艺要求在摇摆制粒机下方安装尼龙筛网，将筛网安装于开口轴上，向外旋转开口轴，使筛网固定于开口轴上，用特制扳手旋紧开口轴，使筛网适度绷紧。

2. 开机试运行

（1）开机试运行：打开供电开关，旋出急停按钮，按下启动按钮，设备进行1~2分钟的空负荷运转，应注意机器是否有异常的杂音，以便及时停车检查排除，并准备好周转容器。

（2）更换标识牌：将“已清洁”标识更换为“运行”。

3. 开机运行

（1）按下启动按钮，待设备运转稳定后，开始不断地上料，加料不宜过多，保持在容积的2/3为宜。

（2）设备运转过程中随时观察设备运行情况，如有异常情况立刻按下急停按钮，并将电源开关关闭。

4. 关机

（1）按下设备停止按钮，按下急停按钮，关闭电源开关。

（2）更换标识牌：将“运行”标识更换为“待清洁”。

5. 操作注意事项

（1）操作中要注意安全，严格按照操作规程操作设备。

（2）若机器出现异常或发出不正常声音时，应立即停车检查。

（3）设备上不可拆卸的机件，不可随意拆卸。

（4）加料速度不宜过快、过多，防止因负荷过大而损坏设备。

（5）随时观察下料情况，若筛网出现堵塞或破损，应立即停机进行清理或更换。

6. 清洁

（1）拆下筛网，用刷子刷去大部分粉尘后放入洗涤间，用加有清洁液的饮用水浸洗，最后用纯化水冲洗干净，用75%的乙醇擦拭消毒。

（2）用尼龙刷刷去加料斗、出料口及设备内外表面粉尘后，先用抹布蘸取清洁液擦拭，再用饮用水擦拭，最后用纯化水擦拭。

（3）用75%的乙醇将加料斗、出料口及设备内外表面擦拭消毒。

（4）清场后，填写清场记录，上报QA质监员，检查合格后挂“已清洁”设备状态牌。

7. 维护保养

（1）全套设备必须定期维护，使设备发挥应有性能，保持正常运转。

（2）定期检查设备的部件、配件是否紧固，检查螺丝，对螺丝进行紧固处理，以防在使用中脱落。

（3）设备运转三个月后要更换润滑油，对各传动部件进行加油润滑。

（二）BT-400圆盘分筛机

1. 开机前准备

（1）检查设备是否清洁，无异物。

（2）检查筛网有无破损、是否清洁，筛号和工艺要求是否相符。

（3）检查各部位的螺栓是否有松动情况，予以及时处理。

（4）安装好筛网，拧紧固定螺丝。安装顺序为一号筛在上，五号筛在下。

（5）接通电源，启动设备，检查运转是否正常，有无异响。

（6）在三个出料口的正下方分别放置盛料容器。

2. 开机运行 开启除尘设施，启动设备，待运转稳定后，将物料缓缓由加料口加入进行分级操作。

3. 停机 待圆盘分筛机内物料全部排完后，关闭设备电源，收集物料进行下一步处理。

4. 操作注意事项

（1）操作中要注意安全，严格按照操作规程操作设备。

（2）若机器出现异常或发出不正常声音时，应立即停车检查。

（3）设备上不可拆卸的机件，不可随意拆卸。

（4）随时观察下料情况，若筛网出现堵塞或破损，应立即停机进行清理或更换。

（5）操作过程中，注意带动偏心轴、连杆、调节是否正常，如发生故障，立即停车

检修。

5. 清洁

（1）工作完毕，关闭电源，取下筛网，用毛刷清理筛网、筛箱及机体上的药渣和药末。

（2）将筛网及可卸下部件送入清洁间内，先用饮用水冲洗2遍，再用擦拭设备毛巾擦试一遍，然后按清洁操作过程要求用纯化水进行冲洗。

（3）用丝光毛巾把振动筛不可移动部位擦试2遍，要用纯化水擦拭。

（4）擦试完毕后，设备表面应无水渍、异物等，直到表面光洁。

（5）用丝光毛巾蘸75%乙醇擦试筛网，筛箱。

（6）清场后，填写清场记录，上报QA质监员，检查合格后挂“已清洁”设备状态牌。

6. 维护保养

（1）全套设备必须定期维护，使设备发挥应有性能，保持正常运转。

（2）本机为振动机器，要定期检查设备的部件、配件是否紧固，检查螺丝，对螺丝进行紧固处理，以防在使用中脱落。

（3）偏心轮、传动轴承每月检查一次，加足润滑黄油。

五、生产记录

整粒分级岗位生产记录、清场记录见表3-7、表3-8。

表3-7　整粒分级岗位生产记录

产品名称	规格	批号	生产日期	温度	相对湿度

生产前检查					
序号	操作指令及工艺参数	工前检查及操作记录		检查结果	
1	确认是否穿戴好工作服、鞋、帽等进入本岗位	□是	□否	□合格	□不合格
2	确认无前批(前次)生产遗留物和文件、记录	□无	□有	□合格	□不合格
3	场地、设备、工器具是否清洁并在有效期内	□是	□否	□合格	□不合格
4	检查设备是否完好，是否清洁	□是	□否	□合格	□不合格
5	是否换上生产品种状态标识牌	□是	□否	□合格	□不合格
检查时间	年　月　日　时　分至　时　分	检查人		QA	

物料记录						
物料名称	干颗粒量	上批细粉粗头量	收料量	损耗量	本批细粉粗头量	备注
收料量合计		本批细粉粗头量合计				

续表

操作过程			
操作指令及工艺参数	操作记录	操作人	复核人
1. 核对物料：批号，数量正确，外观质量无异常 2. 开机前检查： 检查清洁状况，安装好尼龙筛网，物料接收袋，开机空运转，正常后更换运行标识牌 3. 整粒 开启除尘设施，启动整粒机，待运转稳定后，将物料缓缓加入加料斗，并根据物料性能调节好转速 4. 整粒完毕做好标记称重 5. 分筛 开启除尘设施，启动分筛机，待运转稳定后，将物料缓缓加入加料斗进行分级 6. 分筛完毕做好标记称重	1. 结果：批号、数量______ 外观质量：______ 2. 结果：清洁______ 空运转：______ 3. 设备编号：______ 筛网目数：______ ___日___时___分 开始整粒 ___日___时___分 停机 4. 整粒后合格物料重量：___kg 整粒后不合格物料重量：___kg 损耗量：___kg 5.分筛后合格物料重量：___kg 分筛后不合格物料重量：___kg 损耗量：___kg		

$$物料平衡 = \frac{筛分后的重量+本批细头重量+损耗量}{干颗粒重量} \times 100\%$$

物料平衡限度为99.0%~100.0%

生产管理员：　　　　　　　　　　　　QA检查员：

表3-8　整粒分级岗位清场记录

品名	规格	批号	清场日期	有效期
			年　月　日	至　年　月　日

基本要求	1. 地面无积粉、无污斑、无积液；设备外表面见本色，无油污、无残迹、无异物				
	2. 工器具清洁后整齐摆放在指定位置；需要消毒灭菌的清洗后立即灭菌，标明灭菌日期				
	3. 无上批物料遗留物				
	4. 设备内表面清洁干净				
	5. 将与下批生产无关的文件清理出生产现场				
	6. 生产垃圾及生产废物收集到指定的位置				
清场项目	项目	合格（√）	不合格（×）	清场人	复核人
	地面清洁干净，设备外表面擦拭干净				
	设备内表面清洗干净，无上批物料遗留物				
	物料存放在指定位置				
	与下批生产无关的文件清理出生产现场				
	生产垃圾及生产废物收集到指定的位置				
	工器具、洁具擦拭或清洗干净，整齐摆放在指定位置，需要消毒灭菌的清洗后立即消毒灭菌，标明灭菌日期				
	更换状态标识牌				
备注					

生产管理员：　　　　　　　　QA检查员：

任务5-6　总混

一、任务描述

将整粒后合格颗粒按处方比例称取菠萝香精均匀喷在颗粒上，混匀。取连续多次高速混合制粒机单机生产的并已干燥、整粒、喷好菠萝香精的颗粒，用SH-50型三维运动混合机混合均匀后，置物料桶内加盖密闭2h以上，使菠萝香精扩散均匀。

二、岗位职责

1. 严格执行《总混岗位操作法》、《SH-50型三维运动混合机操作规程》。

2. 做好三维运动混合机的日常维护和保养工作。

3. 严格执行生产指令，认真核对物料的品名、规格、数量、质量等，确保本岗位不发生混药、错药。

4. 严格执行工艺规程，保证颗粒混合均匀，发现偏差及时汇报。

5. 自觉执行工艺纪律，不离岗、脱岗，防止安全事故发生。

6. 确保生产环境符合要求，避免污染和交叉污染。

7. 如实、及时填写各种生产记录。

8. 搞好本岗位的清场工作。

三、岗位操作法

（一）生产前准备

1. 检查有无上批《清场合格证》副本，并在有效期内；检查混合操作间温湿度、压差是否符合要求，有无上批遗留物；检查设备是否有“完好”“已清洁”设备状态卡。

2. 检查设备、容器及工具是否洁净、干燥。

3. 按《SH-50型三维运动混合机标准操作规程》进行试运行。

4. 核对物料的品名、规格、批号、数量等。

（二）操作

1. 将经整粒、喷好菠萝香精的颗粒放入三维运动混合机，设置电机转速为20Hz，开机混合。

2. 混合结束，将物料置密闭容器内加盖密闭2h以上，使菠萝香精扩散均匀。

3. 及时填写生产记录。填写请验单，取样，送检。

（三）清场

1. 按《清场管理制度》《容器具清洁管理制度》《洁净区清洁规程》及《SH-50型三维运动混合机清洁规程》做好清场工作。

2. 为了保证清场工作质量，清场时应遵循先上后下，先外后里，一道工序完成后方可进行下道工序作业。

（四）记录

操作完工后填写原始记录、批记录。

四、操作规程

具体参见项目二任务3阿奇霉素的生产中相关内容。

五、清洁规程

具体参见项目二任务3阿奇霉素的生产中相关内容。

六、维护保养规程

具体参见项目二任务3阿奇霉素的生产中相关内容。

七、生产记录

总混岗位生产记录、清场记录见表3-9、表3-10。

表3-9　总混岗位生产记录

产品名称	规格	批号	生产日期	温度	相对湿度

生产前检查

序号	操作指令及工艺参数	工前检查及操作记录		检查结果	
1	确认是否穿戴好工作服、鞋、帽等进入本岗位	□是	□否	□合格	□不合格
2	确认无前批(前次)生产遗留物和文件、记录	□无	□有	□合格	□不合格
3	场地、设备、工器具是否清洁并在有效期内	□是	□否	□合格	□不合格
4	检查设备是否完好，是否清洁	□是	□否	□合格	□不合格
5	是否换上生产品种状态标识牌	□是	□否	□合格	□不合格
检查时间	年　月　日　时　分至　时　分	检查人		QA	

物料记录

物料名称	物料重量	混合后总重	取样量	残损量
称量人		复核人		QA

操作过程

操作指令及工艺参数	操作记录	操作人	复核人
1. 核对物料：批号，数量正确，外观质量无异常 2. 开机前检查： 检查清洁状况，开机空运转，正常后更换运行标识牌 3. 总混 将待混合的物料放入混合机，设定混合时间为15分钟，开打混合机电源，逐步调整转速为20Hz，打开计时开关开始混合，完毕后将转速调为0，关机，从出料口倒出物料 4.混合完毕做好标记称重	1. 结果：批号、数量______ 外观质量：______ 2.结果：清洁______ 空运转： 3. 设备编号：______ ___日___时___分 开始混合 ___日___时___分 停机 4. 混合后物料重量：___kg 取样量：___kg 残损量：___kg		

$$物料平衡 = \frac{总混后的重量+损耗量}{干颗粒重量+加入的辅料量} \times 100\% = \frac{\qquad}{\qquad} \times 100\% =$$

物料平衡限度为99.0%~100.0%

生产管理员：　　　　　　　　　　QA检查员：

表3-10　总混岗位清场记录

<table>
<tr><td colspan="2">品名</td><td>规格</td><td>批号</td><td colspan="2">清场日期</td><td colspan="2">有效期</td></tr>
<tr><td colspan="2"></td><td></td><td></td><td colspan="2">年 月 日</td><td colspan="2">至 年 月 日</td></tr>
<tr><td rowspan="6">基本要求</td><td colspan="7">1. 地面无积粉、无污斑、无积液；设备外表面见本色，无油污、无残迹、无异物</td></tr>
<tr><td colspan="7">2. 工器具清洁后整齐摆放在指定位置；需要消毒灭菌的清洗后立即灭菌，标明灭菌日期</td></tr>
<tr><td colspan="7">3. 无上批物料遗留物</td></tr>
<tr><td colspan="7">4. 设备内表面清洁干净</td></tr>
<tr><td colspan="7">5. 将与下批生产无关的文件清理出生产现场</td></tr>
<tr><td colspan="7">6. 生产垃圾及生产废物收集到指定的位置</td></tr>
<tr><td rowspan="8">清场项目</td><td colspan="3">项目</td><td>合格（√）</td><td>不合格（×）</td><td>清场人</td><td>复核人</td></tr>
<tr><td colspan="3">地面清洁干净，设备外表面擦拭干净</td><td></td><td></td><td rowspan="7"></td><td rowspan="7"></td></tr>
<tr><td colspan="3">设备内表面清洗干净，无上批物料遗留物</td><td></td><td></td></tr>
<tr><td colspan="3">物料存放在指定位置</td><td></td><td></td></tr>
<tr><td colspan="3">与下批生产无关的文件清理出生产现场</td><td></td><td></td></tr>
<tr><td colspan="3">生产垃圾及生产废物收集到指定的位置</td><td></td><td></td></tr>
<tr><td colspan="3">工器具、洁具擦拭或清洗干净，整齐摆放在指定位置，需要消毒灭菌的清洗后立即消毒灭菌，标明灭菌日期</td><td></td><td></td></tr>
<tr><td colspan="3">更换状态标识牌</td><td></td><td></td></tr>
<tr><td>备注</td><td colspan="7"></td></tr>
</table>

生产管理员：　　　　　　　　　QA检查员：

任务5-7　分剂量、内包装

一、任务描述

总混好的颗粒经质检合格后，根据袋装量（根据中间产品头孢拉定含量折算每袋装量）按装量差异≤±5%用颗粒分装机分装颗粒。

袋装量计算公式：

$$\text{头孢拉定颗粒装量} = \frac{\text{标示含量}}{\text{头孢拉定颗粒中间产品含量}} = \text{实际装量}$$

二、岗位职责

1. 严格执行《分剂量、内包装岗位操作法》《DXDk80CG颗粒分装机标准操作规程》。

2. 做好颗粒分装机的日常维护和保养工作。

3. 严格执行生产指令，认真核对物料的品名、规格、数量、质量等，确保本岗位不发生混药、错药。

4. 严格执行工艺规程，保证颗粒装量符合要求，封口严密，发现偏差及时汇报。

5. 自觉执行工艺纪律，不离岗、脱岗，防止安全事故发生。

6. 确保生产环境符合要求，避免污染和交叉污染。

7. 如实、及时填写各种生产记录。

8. 搞好本岗位的清场工作。

三、岗位操作法

(一)生产前准备

1. 操作人员按规定穿戴本岗位工作服，清洁及消毒后进入岗位。

2. 检查有无上批《清场合格证》副本，并在有效期内；检查内包操作间温湿度、压差等是否符合要求，有无上批遗留物；检查设备是否有“完好”“已清洁”设备状态卡。

3. 检查设备、容器及工具是否洁净、干燥。

4. 操作人员按任务要求领取工作必须的内包装材料、所需工具器械，领取待包装的半成品，对其品名、规格、批号、数量、进行核查，确保无误。

5. 操作人员在工作前必须检查各设备和器具是否正常，确认工作条件符合生产要求，生产状态标识齐全后，方可按产品工艺规程等文件规定的程序进行操作。

(二)操作

1. 装好药用包装复合膜，调节好封口温度、批号号码及有效期等，进行试封，检查封口是否严密，批号、有效期等打印是否清晰，带有批号、有效期的空袋需保留一个在批记录中。

2. 在加料斗内加入待包装颗粒，试装并调节装量，待装量准确、封口严密、复合袋外观符合要求后，正式开机生产。

3. 内包装过程中应定期检查装量，定期加料，严格注意复合袋封口情况，若发现问题及时处理。

4. 包装好的颗粒装入洁净的塑料筐中，附标识，注明品名、批号、规格、数量、操作人、生产日期等，转入下道工序。

5. 及时填写生产记录。

(三)清场

1. 按《清场管理制度》《容器具清洁管理制度》《洁净区清洁规程》及《DXDk80CG颗粒包装机清洁规程》做好清场工作。

2. 为了保证清场工作质量，清场时应遵循先上后下、先外后里，一道工序完成后方可进行下道工序作业。

(四)记录

操作完工后填写原始记录、批记录。

四、操作规程

(一)开机前准备

1. 检查设备是否洁净，零部件是否齐全，线路有无破损。

2. 检查各部件是否有松动及处于正常位置，若有应加以紧固及归位。

3. 检查机器台面是否有异物，如有应予以清除。

4. 接通电源，检查各指示灯是否正常。

5. 检查温控显示器是否正常，控温系统是否正常。

6. 检查安全开关是否闭合。

7. 在以下各部位注油：横封辊的四个支承部分，转盘离合器及裁刀离合器滑动部分，铜及铜合金的转动部位。

8. 手动、点动、启动试机，检查设备运转是否正常。

（二）开机运行

1. 接通电源开关，电源指示灯亮，电源开关接通后，纵封与横封辊加热器即可通电。

2. 调整纵封、横封温度控制器旋组，调至所需要的温度，温度的调整需按所使用的包装材料而定，一般在100～110℃之间，另外，纵封和横封的温度也不相同，使用时根据封合情况自行调整。

3. 装入复合膜

（1）选择安装一组间隔齿轮中的某一个，使其符合光点指示的长度，首先测量包装材料上光点指示的长度，即袋的实际长度。

（2）对好横封偏心链轮的刻度。

（3）把薄膜沿导槽送至纵封辊附近，并将薄膜两端对齐。如不对齐纵封时会出现卷曲。

4. 检查转变离合器和裁刀离合器是否脱开，然后接通电机开关则电机开关指示灯亮。

5. 将薄膜送进纵封辊，进行一段空程前进，看其是否黏结完善，若温度过低，受拉伸易剥开，若温度过高，热封表面呈白色，不美观，温度不可经常过高易造成故障。

6. 将实际封合长度再测一次，检验间隔齿轮安装是否合适。

（1）手动无极变速皮带轮，送进薄膜入横封辊，使薄膜的光点位置正好在横封热合中间，使立轴上的上下凸轮，旋至位置1即上下微动开关均为开路，使光电头正好对准薄膜上的光点位置。

（2）接通光电面板上的电源开关，置延时方式开关为“单稳”或“断开”状态，置亮暗选择开关为“暗动”状态，调节“灵敏度”和“时间”的旋纽，“灵敏度”随包装材料上色标与背景的反差大小来调节，色标淡时应将旋纽顺时针转动，色标浓时应将旋纽逆时针转动，直至光电头工作状态指示灯在色标处闪亮即可。

（3）接通裁刀离合器、转盘离合器，调整供料时间，调不好容易造成热封部位夹入被包装粉粒。

（4）把被包装半成品物料装入料斗，即可开车进行包装。

7. 设置好批号、生产日期等，先进行试封，封口合格后，扳动下料离合器手柄，进行试装，并通过装量调节手柄调节装量。装量符合要求后，启动设备进行分装。操作时要随

时检查装量及封口情况，使装量准确、封口严密。

（三）停机

1. 扳动下料离合器手柄停止供料。

2. 按下停机按钮，主机停止运转。

3. 切断电源开关。

4. 生产完毕，按照《DXDk80CG颗粒包装机清洁规程》清洁设备。

（四）操作注意事项

1. 若机器出现异常或发出不正常声音时，应立即停车检查。

2. 设备上不可拆卸的部件不能随意拆卸。

3. 在拆装复合膜时，要切断设备电源，设备运行过程中，要关闭防护门，不得将手及其他工具伸入，以免发生夹伤、烫伤等人身伤害事故。

4. 包装过程中要定期检查装量及封口情况，装量超出范围或封口不严时，应及时调节。

5. 严禁用水冲洗设备，在清洁机器时必须严防电器设备受潮。

6. 清洁热封器时，应使用专用铜丝刷，禁止用手触摸防止烫伤。

五、清洁规程

1. 将料斗取下，用饮用水清洗干净后再用纯化水冲洗3遍。

2. 清除设备内回转盘及凹、孔、缝隙处的粉尘，并旋开回转盘上螺母，将回转盘、量杯拆下用饮用水清洗干净后再用纯化水冲洗。

3. 将导槽旋钮旋开，拆下用饮用水清洗干净后再用纯化水冲洗。

4. 用清洁专用抹布拭去设备表面的粉尘，如有污物，蘸0.03%的洗洁精水，擦拭设备表面，目测无污物后，再用干净的设备清洁专用抹布擦拭干净。

5. 用75%乙醇溶液对料斗、回转盘等部件和设备表面进行擦拭消毒。

6. 清场后，填写《清场记录》，上报QA质监员，检查合格后挂《清场合格证》。

六、维护保养规程

1. 要经常用铜刷清扫纵封、横封辊的表面，如热辊表面黏着聚乙烯以及尘土等，则可引起热封不良，并因此而引起纵封辊拉力减弱，使包装失调。

2. 定期检查机器各紧固部位是否有松动、脱接现象。

3. 定期检查设备的完好性，部件、配件是否缺失，安全防护装置是否完善、安全、灵活、准确、可靠。

4. 定期检查传动系统各操作手柄、电器开关位置是否正确无松动，操作是否灵活可靠。

5. 每班次均应对下料离合器、裁刀离合器及各相对运动的部位加注润滑油。

6. 横封辊的四个支承座在设备运行的过程中应根据实际情况经常加注硅油。

7. 减速器每2000h更换一次新油，给油量要到油标的中心。

七、生产记录

颗粒分装岗位生产记录、清场记录见表3-11、表3-12。

表3-11　颗粒分装岗位生产记录

产品名称	规格	批号	温度	相对湿度
生产日期				

生产前检查

序号	操作指令及工艺参数	工前检查及操作记录		检查结果	
1	确认是否穿戴好工作服、鞋、帽等进入本岗位	□是	□否	□合格	□不合格
2	确认无前批(前次)生产遗留物和文件、记录	□无	□有	□合格	□不合格
3	场地、设备、工器具是否清洁并在有效期内	□是	□否	□合格	□不合格
4	检查设备是否完好，是否清洁	□是	□否	□合格	□不合格
5	是否换上生产品种状态标识牌	□是	□否	□合格	□不合格
检查时间	年　月　日　时　分至　时　分	检查人		QA	

物料记录

内包材料

材料名称	批号	领用量	实用量	结余量	损耗量	备注

颗粒

物料名称	批号	领用量	实用量	结余量	废损量	备注
平均装量		包装质量		包装合格品数		
称量人		复核人		QA		

操作过程

操作指令及工艺参数	操作记录	操作人	复核人
1. 核对物料：批号，数量正确，外观质量无异常 2. 开机前检查： 检查清洁状况，开机空运转，正常后更换运行标识牌 3. 分剂量包装 接通电源开关，调节纵封、横封温度 接通裁刀离合器、转盘离合器，调整供料时间 把被包装半成品物料装入料斗，即可开车进行包装 4. 包装完毕后正确关机，做好记录	1. 结果：批号、数量________ 外观质量：________ 2. 结果：清洁________ 空运转：________ 3. 设备编号：________ 设备名称：________ 纵封温度：_____℃ 横封温度：_____℃ ___日___时___分 开始包装 ___日___时___分 停机 4.合格品数量：________ 取样量：________ 废损量：________		

分装检查记录：

编号	时间	装量

$$合格品收率 = \frac{合格品数}{理论产量} \times 100\% = \frac{\quad}{\quad} \times 100\%$$

$$物料平衡 = \frac{合格品数量+废损量+取样量}{理论产量} \times 100\% = \frac{\quad}{\quad} \times 100\%$$

物料平衡限度为99.0%~100.0%

生产管理员：　　　　　　　　　　　　QA检查员：

表3-12　颗粒分装岗位清场记录

<table>
<tr><td colspan="2">品名</td><td>规格</td><td>批号</td><td colspan="2">清场日期</td><td colspan="2">有效期</td></tr>
<tr><td colspan="2"></td><td></td><td></td><td colspan="2">年　月　日</td><td colspan="2">至　年　月　日</td></tr>
<tr><td rowspan="6">基本要求</td><td colspan="7">1. 地面无积粉、无污斑、无积液；设备外表面见本色，无油污、无残迹、无异物</td></tr>
<tr><td colspan="7">2. 工器具清洁后整齐摆放在指定位置；需要消毒灭菌的清洗后立即灭菌，标明灭菌日期</td></tr>
<tr><td colspan="7">3. 无上批物料遗留物</td></tr>
<tr><td colspan="7">4. 设备内表面清洁干净</td></tr>
<tr><td colspan="7">5. 将与下批生产无关的文件清理出生产现场</td></tr>
<tr><td colspan="7">6. 生产垃圾及生产废物收集到指定的位置</td></tr>
<tr><td rowspan="8">清场项目</td><td colspan="3">项目</td><td>合格（√）</td><td>不合格（×）</td><td>清场人</td><td>复核人</td></tr>
<tr><td colspan="3">地面清洁干净，设备外表面擦拭干净</td><td></td><td></td><td rowspan="7"></td><td rowspan="7"></td></tr>
<tr><td colspan="3">设备内表面清洗干净，无上批物料遗留物</td><td></td><td></td></tr>
<tr><td colspan="3">物料存放在指定位置</td><td></td><td></td></tr>
<tr><td colspan="3">与下批生产无关的文件清理出生产现场</td><td></td><td></td></tr>
<tr><td colspan="3">生产垃圾及生产废物收集到指定的位置</td><td></td><td></td></tr>
<tr><td colspan="3">工器具、洁具擦拭或清洗干净，整齐摆放在指定位置，需要消毒灭菌的清洗后立即消毒灭菌，标明灭菌日期</td><td></td><td></td></tr>
<tr><td colspan="3">更换状态标识牌</td><td></td><td></td></tr>
<tr><td>备注</td><td colspan="7"></td></tr>
</table>

生产管理员：　　　　　　　　QA检查员：

任务评价

一、技能评价

头孢拉定颗粒生产的技能评价见表3-13。

表3-13　头孢拉定颗粒生产的技能评价

<table>
<tr><td colspan="2" rowspan="2">评价项目</td><td rowspan="2">评价细则</td><td colspan="2">评价结果</td></tr>
<tr><td>班组评价</td><td>教师评价</td></tr>
<tr><td rowspan="8">实训操作</td><td rowspan="4">粉碎、过筛操作（10分）</td><td>1. 能够按照工艺要求选择合适的粉碎设备及筛网，开机前能对粉碎、过筛设备进行检查（2分）</td><td></td><td></td></tr>
<tr><td>2. 能够按照设备操作规程正确操作设备（3分）</td><td></td><td></td></tr>
<tr><td>3. 能按照粉碎、过筛操作规程完成粉碎、过筛操作，防止污染和交叉污染的措施到位，各项安全注意事项注意到位（3分）</td><td></td><td></td></tr>
<tr><td>4. 操作结束将设备复位，并对设备进行常规维护保养（2分）</td><td></td><td></td></tr>
<tr><td rowspan="4">配料操作（5分）</td><td>1. 能够选择合适的称量仪器，并对仪器进行检查、校准（1分）</td><td></td><td></td></tr>
<tr><td>2. 能够按照设备操作规程正确操作设备（1分）</td><td></td><td></td></tr>
<tr><td>3. 能按照配料操作规程完成配料操作，防止污染和交叉污染的措施到位，配料顺序合理，做到一料一具、一人称量一人复核，特殊药品的配料处理合理（2分）</td><td></td><td></td></tr>
<tr><td>4 操作结束将仪器复位，并对仪器进行常规维护保养（1分）</td><td></td><td></td></tr>
</table>

续表

<table>
<tr><th rowspan="2" colspan="2">评价项目</th><th rowspan="2">评价细则</th><th colspan="2">评价结果</th></tr>
<tr><th>班组评价</th><th>教师评价</th></tr>
<tr><td rowspan="12">实训操作</td><td rowspan="4">制粒操作（10分）</td><td>1. 对环境、设备检查到位（2分）</td><td></td><td></td></tr>
<tr><td>2. 能够按照设备操作规程正确操作设备（3分）</td><td></td><td></td></tr>
<tr><td>3. 能按照制粒操作规程完成混合、制软材、制粒等操作，防止污染和交叉污染的措施到位，各项安全注意事项注意到位（3分）</td><td></td><td></td></tr>
<tr><td>4. 操作结束将设备复位，并对设备进行常规维护保养（2分）</td><td></td><td></td></tr>
<tr><td rowspan="4">干燥操作（10分）</td><td>1. 对环境、设备检查到位（2分）</td><td></td><td></td></tr>
<tr><td>2. 能够按照设备操作规程正确操作设备（3分）</td><td></td><td></td></tr>
<tr><td>3. 能按照流化干燥操作规程完成对湿颗粒的干燥操作，防止污染和交叉污染的措施到位，温度、引风控制合理，各项安全注意事项注意到位（3分）</td><td></td><td></td></tr>
<tr><td>4. 操作结束将设备复位，并对设备进行常规维护保养（2分）</td><td></td><td></td></tr>
<tr><td rowspan="4">整粒、分级操作（10分）</td><td>1. 对环境、设备检查到位，筛网选择合适（2分）</td><td></td><td></td></tr>
<tr><td>2. 能够按照设备操作规程正确操作摇摆制粒机和圆盘分筛机（3分）</td><td></td><td></td></tr>
<tr><td>3. 能按照整粒、分级操作规程完成整粒、分级操作，防止污染和交叉污染的措施到位，各项安全注意事项注意到位（3分）</td><td></td><td></td></tr>
<tr><td>4. 操作结束将设备复位，并对设备进行常规维护保养（2分）</td><td></td><td></td></tr>
<tr><td rowspan="12">实训操作</td><td rowspan="4">总混操作（5分）</td><td>1. 对环境、设备检查到位（1分）</td><td></td><td></td></tr>
<tr><td>2. 能够按照设备操作规程正确操作三维运动混合机（1分）</td><td></td><td></td></tr>
<tr><td>3. 能按照总混操作规程完成总混操作，挥发性物质加入方法正确，防止污染和交叉污染的措施到位，各项安全注意事项注意到位（2分）</td><td></td><td></td></tr>
<tr><td>4. 操作结束将设备复位，并对设备进行常规维护保养（1分）</td><td></td><td></td></tr>
<tr><td rowspan="4">分剂量、内包装操作（10分）</td><td>1. 对环境、设备、包材检查到位（2分）</td><td></td><td></td></tr>
<tr><td>2. 能够按照设备操作规程正确操作颗粒包装机（3分）</td><td></td><td></td></tr>
<tr><td>3. 能按照颗粒分装操作规程完成分装操作，防止污染和交叉污染的措施到位，各项安全注意事项注意到位（3分）</td><td></td><td></td></tr>
<tr><td>4. 操作结束将设备复位，并对设备进行常规维护保养（2分）</td><td></td><td></td></tr>
<tr><td rowspan="2">产品质量（15分）</td><td>1. 物料各项信息准确，无异物（7分）</td><td></td><td></td></tr>
<tr><td>2. 细度符合工艺要求（8分）</td><td></td><td></td></tr>
<tr><td rowspan="2">清场（15分）</td><td>1. 能够选择适宜的方法对设备、工具、容器、环境等进行清洗和消毒（8分）</td><td></td><td></td></tr>
<tr><td>2. 清场结果符合要求（7分）</td><td></td><td></td></tr>
<tr><td rowspan="4">实训操作</td><td rowspan="2">完整性（5分）</td><td>1. 能完整记录操作参数（2分）</td><td></td><td></td></tr>
<tr><td>2. 能完整记录操作过程（3分）</td><td></td><td></td></tr>
<tr><td rowspan="2">正确性（5分）</td><td>1. 记录数据准确、规范（3分）</td><td></td><td></td></tr>
<tr><td>2. 无涂改或涂改方法正确，记录表整洁、清晰（2分）</td><td></td><td></td></tr>
</table>

二、知识评价

（一）选择题

1. 单项选择题

（1）下列颗粒剂特点叙述错误的是（　　）

A. 吸收奏效较快　　B. 服用方便　　C. 飞散性比散剂大

D. 为改进剂型，携带、运输方便

（2）下列有关高速混合制粒技术的叙述错误的是（　　）

A. 可在一个容器内进行混合、捏合、制粒过程

B. 与挤压制粒相比，具有省工序、操作简单、快速等优点

C. 可制出不同松紧度的颗粒

D. 颗粒的大小由筛网孔径的大小决定

（3）一般颗粒剂的制备工艺为（　　）

A. 原辅料混合→制软材→制湿颗粒→干燥→整粒与分级→装袋

B. 原辅料混合→制湿颗粒→制软材→干燥→整粒与分级→装袋

C. 原辅料混合→制湿颗粒→干燥→制软材→整粒与分级→装袋

D. 原辅料混合→制软材→制湿颗粒→整粒与分级→干燥→装袋

（4）可溶性颗粒剂最常选用的赋形剂是：（　　）

A. 淀粉　　B. 药材细粉　　C. 磷酸氢钙　　D. 糖粉

（5）常用作泡腾崩解剂的是（　　）

A.淀粉　　B.枸橼酸与碳酸氢钠

C.羧甲基淀粉钠　　D.预胶化沉淀粉

（6）有关颗粒剂的错误描述是（　　）

A.颗粒剂是指药物与适宜的辅料制成的具有一定粒度的干燥颗粒状制剂

B.颗粒剂应用和携带比较方便,溶出和吸收速度较快

C.颗粒剂都要溶解在水中服用

D.颗粒剂分为可溶性颗粒剂、混悬性颗粒及泡腾性颗粒剂等

（7）下列关于颗粒剂的特点叙述正确的是（　　）

A.服用剂量较大　　B.生物利用度低

C.产品质量不太稳定　　D.不易吸湿结块

（8）在挤出法制粒中制备软材程度判断的标准为（　　）

A.手捏成团，轻按不散　　B.手捏成团，按之不散

C.手捏成团，重按即散　　D.手捏成团，轻按即散

（9）挤出制粒的关键工艺是（　　）

A.控制制粒温度　　B.搅拌速度

C.制软材　　D.控制水分

（10）感冒清热颗粒（冲剂）属于下列哪种颗粒（　　）

A.混悬性颗粒剂　　B.水溶性颗粒剂

C.泡腾性颗粒剂　　　　　　D.块形冲剂

2. 多项选择题

(1)关于高速混合制粒机的使用说法错误的是(　　)

A. 出料前，需将搅拌桨与制粒刀关闭

B. 制粒刀的转速越大，制出的颗粒越小

C. 制粒时，物料混合均匀后再加入黏合剂

D. 搅拌桨的转速对颗粒粒径无影响

E. 出料时，搅拌桨与制粒刀处于转动状态

(2)哪些是制粒岗位生产前一定需做的准备工作(　　)

A. 检查是否有清场合格证、设备是否有“合格”与“已清洁”标识牌

B. 检查操作室的温度、湿度、压力是否符合要求

C. 检查容器、工具、工作台是否符合要求

D. 检查设备状况是否正常

E. 按生产指令领取物料

(3)制湿粒过程中的质量控制项目有哪些(　　)

A. 黏合剂的温度　　B. 黏合剂的浓度　　C. 颗粒的大小含量

D. 水分　　E. 装量差异

(4)制粒间清场工作做法正确的有哪些(　　)

A. 清洗高速混合制粒机时，进水量不能高过制粒刀

B. 用水冲洗高速混合制粒机表面　　C. 清除物料

D. 对工作场地进行清洁　　E. 更换状态标识

(5)制粒常用的辅料有(　　)

A. 填充剂　B. 黏合剂　C. 润滑剂　D. 矫味剂　E. 润湿剂

(6)可用于泡腾崩解剂的酸是(　　)

A.枸橼酸　B.酒石酸　C.碳酸钠　D.盐酸　E.磷酸

(7)生产中颗粒剂的制粒方法主要有(　　)

A.挤压制粒　　B.高速搅拌制粒

C.流化床制粒　　D.滴制法制粒

E.塑制法制粒

(8)颗粒剂的特点是(　　)

A.服用剂量较小　　B.必要时可包衣

C.吸收、奏效较快　　D.服用携带方便

E.表面积大，质量不稳定

(9)制备颗粒时，影响软材质量的因素包括(　　)

A.黏合剂的用量　　B.黏合剂的浓度

C.混合时间　　D.辅料黏性

E.投料量的多少

（10）下列属于高速搅拌制粒机主要部件的有（　　）

A.夹层锅　B.切割刀　C.搅拌桨　D.出料装置　E.喷雾系统

（二）简答题

1. 画出湿法制粒的工艺流程图。

2. 颗粒剂分为哪几类?

3. 试述高速搅拌制粒机的工作原理。

（三）案例分析题

1. 某药厂制粒工在用高速搅拌制粒机制粒时，制得的颗粒大小不均匀。试分析其产生的可能原因及解决方法。

2. 某药厂制粒工在用摇摆式颗粒机挤压制粒时，发现制得的颗粒过硬，且呈长条状。试分析其产生的可能原因及解决方法。

扫码“学一学”

任务6　维生素C颗粒的生产

任务资讯

一、颗粒剂的质量检查

颗粒剂的质量检查，除主药含量外，现行版《中国药典》四部制剂通则中还规定了外观、粒度、干燥湿重、熔化性及装量差异等检查项目。

（一）外观

颗粒剂应干燥均匀、色泽一致，无吸潮、软化、结块、潮解等现象。

（二）粒度

除另有规定外，照粒度和粒度分布测定法（现行版《中国药典》四部通则中双筛分法）检查，不能通过一号筛与能通过五号筛的总和不得超过供试量的15%。

双筛分法：取单剂量包装的5袋（瓶）或多剂量包装的1袋（瓶），称定重量，置该剂型或品种项下规定的上层（孔径大的）药筛中（下层的筛下配有密合的接收容器），保持水平状态过筛，左右往返，边筛动边拍打3min。取不能通过大孔径筛和能通过小孔径筛的颗粒及粉末，称定重量，计算其所占比例（%）。

（三）干燥失重

除另有规定外，照干燥失重测定法（现行版《中国药典》四部通则）测定，于105℃干燥（含糖颗粒应在80℃减压干燥）至恒重，减失重量不得超过2.0%。

干燥失重测定法：取供试品，混合均匀（如为较大的结晶，应先迅速捣碎使成2mm以下的小粒），取约1g或各品种项下规定的重量，置与供试品相同条件下干燥至恒重的扁形称量瓶中，精密称定，除另有规定外，在105℃干燥至恒重。由减失的重量和取样量计算供试品的干燥失重。

供试品干燥时，应平铺在扁形称量瓶中，厚度不可超过5mm，如为疏松物质，厚度不

可超过10mm。放入烘箱或干燥器进行干燥时，应将瓶盖取下，置称量瓶旁，或将瓶盖半开进行干燥；取出时，须将称量瓶盖好。置烘箱内干燥的供试品，应在干燥后取出置干燥器中放冷，然后称定重量。

供试品如未达规定的干燥温度即融化时，除另有规定外，应先将供试品在低于熔点5～10℃的温度下干燥至大部分水分除去后，再按规定条件干燥。

当用减压干燥器（通常为室温）或恒温减压干燥器（温度应按各品种项下的规定设置）时，除另有规定外，压力应在2.67kPa（20mmHg）以下，干燥器中常用的干燥剂为五氧化二磷、无水氯化钙或硅胶；恒温减压干燥器中常用的干燥剂为五氧化二磷，干燥剂应及时更换。

（四）溶化性

除另有规定外，可溶颗粒和泡腾颗粒照下述方法检查，溶化性应符合规定。

可溶颗粒检查法：取供试品10g，加热水200ml，搅拌5min，可溶颗粒应全部溶化或轻微浑浊，但不得有异物。

泡腾颗粒检查法：取单剂量包装的泡腾颗粒3袋，分别置盛有200ml水的烧杯中，水温为15～25℃，应迅速产生气体而成泡腾状，5min内颗粒均应完全分散或溶解在水中。

混悬颗粒或已规定检查溶出度或释放度的颗粒剂，可不进行溶化性检查。

（五）装量差异

单剂量包装的颗粒剂按下述方法检查，应符合规定（表3-14）。

取供试品10袋（瓶），除去包装，分别精密称定每袋（瓶）内容物的重量，求出每袋（瓶）内容物的装量与平均装量。每袋（瓶）装量与平均装量相比较［凡无含量测定的颗粒剂，每袋（瓶）装量应与标示装量比较］，超出装量差异限度的颗粒剂不得多于2袋（瓶），并不得有1袋（瓶）超出装量差异限度1倍。

表3-14　颗粒剂装量差异

平均装量或标示装量	装量差异限度
1.0g及1.0g以下	± 10%
1.0g以上至1.5g	± 8%
1.5g以上至6.0g	± 7%
6.0g以上	± 5%

凡规定检查含量均匀度的颗粒剂，一般不再进行装量差异的检查。

（六）装量

多剂量包装的颗粒剂，照最低装量检查法（现行版《中国药典》四部通则）检查，应符合规定。

（七）微生物限度

以动物、植物、矿物质来源的非单体成分制成的颗粒剂，生物制品颗粒剂，照非无菌产品微生物限度检查法（现行版《中国药典》四部通则）检查，应符合规定。

二、颗粒剂的包装与贮存

颗粒剂的包装与贮存重心在于防潮，颗粒剂的比表面积较大，其吸湿性与风化性都比

较显著，若由于包装与贮存不当而吸湿，则极易出现吸潮、结块、变色、分解、霉变等一系列不稳定现象，严重影响制剂的质量及用药的安全性。另外应注意保持其均匀性。宜密封包装，并保存于干燥处，防止受潮变质。包装时应注意选择包装材料和方法，贮存中应注意选择适宜的贮存条件。

工作任务

维生素C颗粒的生产指令见表3-15。

表3-15　维生素C颗粒的生产指令

文件编号：				生产车间：		
产品名称	维生素C颗粒		规格	0.1g	理论产量	10000袋
产品批号			生产日期		有效期至	
序号	原辅料名称	处方量（g）	消耗定额			备注
			投料量（kg）	损耗量（kg）	领料量（kg）	
1	维生素C	100	1.000	0.050	1.050	
2	蔗糖	1891	18.910	0.946	19.856	
3	羟丙基甲基纤维素	6	0.060	0.003	0.063	
4	预胶化淀粉	3	0.030	0.002	0.032	
5	纯化水	适量	适量			
制成		1000袋	10000袋			
起草人		审核人			批准人	
日期		日期			日期	

任务分析

一、处方分析

维生素C为主药；蔗糖为稀释剂，并有矫味作用；制备4%羟丙基甲基纤维素的水溶液与6%预胶化淀粉混合浆为喷浆黏合剂。

二、工艺分析

本品采用一步制粒法进行制粒，按照生产过程，将工作任务细分为6个子工作任务，即任务6-1粉碎、过筛；任务6-2称量配制；任务6-3制粒（包括混合、制粒、干燥）；任务6-4整粒、分级；任务6-5总混；任务6-6分剂量、内包装（图3-10）。

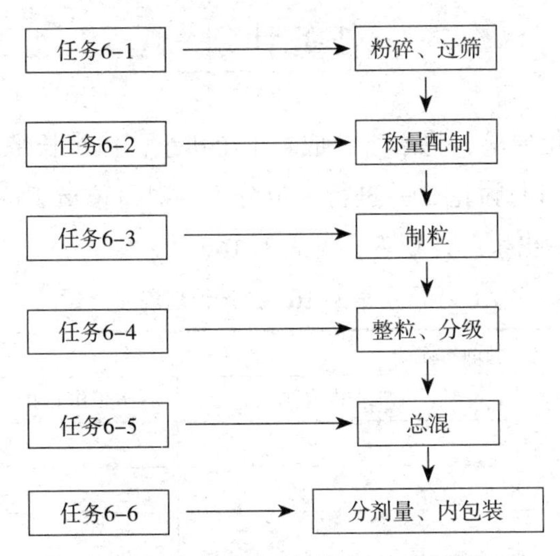

图3-10　维生素C颗粒生产工艺分解图

三、质量标准分析

本品含维生素C应为标示量的93.0%～107.0%。

（一）性状

本品为黄色颗粒；味甜酸。

（二）鉴别

1. 取本品4g，加水10ml溶解后，照现行版《中国药典》维生素C鉴别（1）项试验，显相同的反应。

2. 取本品细粉适量（约相当于维生素C10mg），加水10ml，振摇使维生素C溶解，滤过，取滤液作为供试品溶液；另取维生素C对照品，加水溶解并稀释制成1ml中约含1mg的溶液，作为对照品溶液。照薄层色谱法（现行版《中国药典》四部通则）试验，吸取上述两种溶液各2μl，分别点于同一硅胶GF_{254}薄层板上，以乙酸乙酯-乙醇-水（5：4：1）为展开剂，展开，晾干，立即（1h内）置紫外灯（254nm）下检视。供试品溶液所显主斑点的位置和颜色应与对照品溶液的主斑点相同。

（三）检查

粒度、干燥失重、溶化性、装量差异等应符合颗粒剂项下有关的各项规定（现行版《中国药典》四部通则）。

（四）含量测定

取装量差异项下的内容物，混合均匀，精密称取适量（约相当于维生素C 0.2g），加新沸过的冷水100ml与稀醋酸10ml使维生素C溶解，加淀粉指示液1ml，立即用碘滴定液（0.05mol/L）滴定，至溶液显蓝色并在30s内不褪。每1ml碘滴定液（0.05mol/L）相当于8.806mg的$C_6H_8O_6$。

（五）贮藏

遮光，密封，在干燥处保存。

任务计划

按照颗粒剂生产岗位要求，将学生分成若干个班组，由组长带领本组成员认真学习各岗位职责，对工作任务进行讨论，并进行人员分工，对每位员工应完成的工作任务内容、完成时限和工作要求等做出生产计划表，见表3-16。

表3-16 生产计划表

工作车间：		制剂名称：	规格：	
工作岗位	人员及分工	工作内容	工作要求	完成时限

任务实施

任务6-1 粉碎、过筛

将蔗糖粉碎并过80目筛，维生素C原料过80目筛。具体操作参见“项目二 散剂的生产”中的“任务3-1粉碎”和“任务3-2过筛”。

任务6-2 称量配制

按照生产指令，使用电子秤称量维生素C 1.000kg、蔗糖18.910kg、羟丙基甲基纤维素0.060 kg、预胶化淀粉0.030 kg，备用。具体操作参见“项目二 散剂的生产”中的“任务3-3称量配制”。

任务6-3 制粒

一、任务描述

按照一步制粒机岗位操作规程，以4%羟丙基甲基纤维素的水溶液与6%预胶化淀粉混合浆为喷浆黏合剂，完成混合、制湿颗粒、干燥操作。

二、岗位职责

1. 严格执行《制粒岗位操作法》《FL型一步制粒机操作规程》。

2. 做好一步制粒机的日常维护和保养工作。

3. 严格执行生产指令，认真核对所用物料的品名、规格、数量、质量等，确保本岗位不发生混药、错药。

4. 严格执行工艺规程，保证所得颗粒符合质量标准，发现偏差及时汇报。

5. 自觉执行工艺纪律，不离岗、脱岗，防止安全事故发生。

6. 确保生产环境符合要求，避免污染和交叉污染。

7. 如实、及时填写各种生产记录。

8. 搞好本岗位的清场工作。

三、岗位操作法

（一）生产前准备

1. 检查有无上批《清场合格证》副本，并在有效期内；检查制粒间温湿度、压差是否符合要求，有无上批遗留物；检查设备是否有“完好”“已清洁”设备状态卡。

2. 检查设备、容器及工具是否洁净、干燥，一步制粒机线路、管路是否完好，蠕动泵是否完好，压缩空气是否正常。

3. 按《FL型一步制粒机操作规程》进行试运行。

4. 领取物料，逐一复核物料的品名、规格、批号、数量及检验合格报告单等。

5. 分别制备4%的羟丙基甲基纤维素与6%的预胶化淀粉水溶液，置配料桶内搅拌混合均匀，备用。

（二）操作

1. 将过筛好的维生素C与蔗糖粉加入流化室，启动设备，开启引风，调节好引风，使物料呈现良好的流化状态，对物料进行混合。

2. 设置好进风温度75℃，开启加热，对设备进行预热。

3. 待物料混合均匀后，开启蠕动泵，调好转速、雾化压力，开启喷雾进行制粒。根据颗粒成型情况，及时调节引风、温度、喷浆速度、雾化压力等参数。

4. 当黏合剂喷完以后，加入少许温水再喷雾，此时不仅可以对蠕动泵进行清洗，同时也对喷枪，输液管进行清洗，可避免喷枪第二次使用时出现阻塞现象。

5. 制粒完成后，停止喷雾，继续对颗粒干燥30min左右至水分含量符合质量要求。

6. 干燥完成后，关闭加热，待物料温度降至室温后，关闭引风，将物料转移至洁净容器内，容器内外贴好物料卡，交至下道工序，并做好物料交接记录。

7. 及时填写生产记录。

（三）清场

1. 按《清场管理制度》《容器具清洁管理制度》《洁净区清洁规程》及《FL型一步制粒机清洁规程》做好清场工作。

2. 为了保证清场工作质量，清场时应遵循先上后下，先里后外，一道工序完成后方可进行下道工序作业。

（四）记录

操作完工后填写原始记录、批记录。

四、操作规程

（一）开机前准备

1. 检查空气压缩机的润滑油、冷却水等是否到位。

2. 检查油雾器内是否有油，并加注到位。

3. 检查蠕动泵，空压机是否运转正常。

4. 将过滤袋按顺序系牢在过滤袋架上，保持每个袋袖的最大通风度，升空过滤袋架，将袋边缘翻卷在过滤室的法兰盘上，对好布袋与横梁位置后，收紧系牢过滤袋。

5. 检查各项仪表指示是否良好，温度传感器是否灵敏，通过控制柜上温度设置查看电磁阀是否完好，如果坏损应当维修。

6. 接通电源，升起料斗，关闭风门，启动风机，待电压稳定后，微开风门，检查风机运转是否正常，左右风门，左右清灰，顶升、顶降等动作是否灵活。检查整个机器的密闭性（无异声）。开启加热开关，预热设备约30min。

7. 用纯化水或少许75%乙醇液检查喷枪有无堵塞，接上输液管与气管，在输液盛料桶内加入少许拟生产用的液体物料，启动控制柜上的喷雾按钮、输液泵按钮，调节输液频率和压缩空气压力，检查喷出的液体雾化是否均匀正常，无点滴、无间断、无歪斜等。雾化角大小、输液频率值（20～50Hz）、压缩空气压力值（0.2～0.6MPa）视具体品种和工艺而确定。

（二）开机运行

1. 将喷枪装入到位，拧紧锁帽。

2. 将物料加入沸腾器内，合上“气封”开关，等指示灯亮后观察充气密封圈的鼓胀密封情况，密封后方可进行下一步。

3. 启动风机，根据观察窗内观察物料的沸腾情况，转动机顶的气阀调节手柄，控制出风量，以物料似煮饭水开时冒气泡的沸腾情况为适中。如物料沸腾过于剧烈，应将风量调小，风量过大令颗粒易碎，细粉多，且热量损失大，干燥效率降低；反之，如物料湿度、黏度大，难沸腾，可增大出风量。

4. 达到预定温度时，开动“搅拌”，打开喷浆同时开动清灰装置，根据物料状态调节喷浆大小、时间，引风大小等参数，防止黏壁、塌床等。

5. 检查物料的干燥程度，可在取样口取样确定，若物料放在手上搓捏后仍可流动、不粘手，可视为干燥，不取样时，将取样棒的盛料槽向下放置。

6. 干燥结束后，关闭加热器，关闭“搅拌”，物料开始降温，待出风口温度与室温相近时，关闭风机。约1min后，按“振动”按钮点动（8~10次），使过滤袋内的物料掉入沸腾器内。

（三）停机

干燥完成后，关闭引风，打开顶降，将料斗中成形的干燥颗粒转移到盛器中。关闭电源，气源，按照《FL型一步制粒机清洁规程》清洁设备。

（四）操作注意事项

1. 操作中要注意安全，严格按照操作规程操作设备。

2. 若机器出现异常或发出不正常声音时，应立即停车检查。

3. 设备上不可拆卸的机件，不可随意拆卸。

4. 对喷枪、布袋、孔板，进风过滤器要进行及时清理，防止堵塞。

5. 喷浆的大小、时间，进风的温度，引风的大小等参数对颗粒成形和产品质量有很大影响，喷雾途中随时通过取样筒取样，察看颗粒形成情况，通过玻璃视镜观察沸腾状况，确定是否需要调整参数。

6. 要及时纠正不良情况：透过玻璃视镜观察物料沸腾状况，一旦发现物料有沟流、死角、结块或塌床等沸腾不佳时应立即停止喷液，通过加大风门、鼓造或人工翻造进行处理，待沸腾状况正常后方可继续喷液。

五、清洁规程

1. 拆下过滤袋，先用饮用水清洗，再用纯化水漂洗。
2. 流化床及盛料桶先用饮用水清洗，再用纯化水漂洗。
3. 流化室用洁净抹布进行擦拭。
4. 喷枪、输液软管等先用饮用水冲洗，再用纯化水进行冲洗。
5. 用洁净抹布擦拭机器内外表面。
6. 用消毒剂彻底消毒设备。
7. 清场后，填写清场记录，上报QA质监员，检查合格后挂《清场合格证》。

六、维护保养规程

（一）喷枪

每周应用有机溶剂彻底清洗零件，以免堵塞。

（二）布袋

随时检查其透气性能，一旦堵塞，应于清洗。停机或更换品种时，亦应于清洗。

（三）孔板

孔板如发生堵塞，粉料雾化时会产生沟流现象，造成流化不良，应及时加以清洗。

（四）进风过滤器

过滤器一旦堵塞，将造成进风量严重不足，以致流化恶化，每2～3个月应进行清洗或更换。

（五）油雾器

每15天要加注食用植物油，以便电磁阀能及时得到润滑。

七、生产记录

制粒岗位生产记录、清场记录见表3-17、表3-18。

表3-17 制粒岗位生产记录

产品名称	规格	批号	生产日期	温度	相对湿度
生产前检查					
序号	操作指令及工艺参数	工前检查及操作记录		检查结果	
1	确认是否穿戴好工作服、鞋、帽等进入本岗位	□是 □否		□合格 □不合格	

续表

生产前检查							
序号	操作指令及工艺参数	工前检查及操作记录			检查结果		
2	确认无前批(前次)生产遗留物和文件、记录	□无	□有		□合格	□不合格	
3	场地、设备、工器具是否清洁并在有效期内	□是	□否		□合格	□不合格	
4	检查设备是否完好，是否清洁	□是	□否		□合格	□不合格	
5	是否换上生产品种状态标识牌	□是	□否		□合格	□不合格	
检查时间	年 月 日 时 分至 时 分	检查人			QA		

物料记录						
物料名称	物料重量	黏合剂用量			湿颗粒重量	残损量
		配制量	kg			
		使用量	kg			
		剩余量	kg			
称量人		复核人		QA		

操作过程			
操作指令及工艺参数	操作记录	操作人	复核人
1.核对物料：批号，数量正确，外观质量无异常 2. 4%羟丙基甲基纤维素水溶液：称取羟丙基甲基纤维素60g,加入95%乙醇20~30ml，充分搅拌润湿，边加纯化水边搅拌至750ml，继续搅拌至成为均匀透明的胶体溶液 6%预胶化淀粉水溶液：称取乳胶化淀粉30g,加入95%乙醇20~30ml，充分搅拌润湿，边加纯化水边搅拌至250ml，继续搅拌至成为均匀透明的胶体溶液 将4%羟丙基甲基纤维素水溶液与6%预胶化淀粉水溶液混合后，即得1000ml混合浆 3.制粒 放入物料，打开顶升开关，升起料斗，密封主塔。关闭微调风门，设置好温度，启动风机，待电压稳定后，逐步开启微调风门，开启加热，调节引风大小，锁死微调风门手柄，达到预定温时，根据物料状态调节喷浆大小，直至制粒完成。关闭喷浆，调节引风和温度，继续沸腾干燥，颗粒水分合格后，稍关小风门，关闭加热，开始降温，降至室温后停机 4. 制粒完毕做好标记称重	1. 结果：批号、数量：______ 外观质量：______ 2.空量杯重：_____kg 称取羟丙基甲基纤维素：_____kg 95%乙醇：_____ml 纯化水加至：_____ml 空量杯重：_____kg 称取预胶化淀粉：_____kg 95%乙醇：_____ml 纯化水加至：_____ml 空量杯+黏合剂总重：_____kg 黏合剂总重：_____kg 3. 设备名称：_____ 设备编号：_____ ___日___时___分 开始制粒 ___日___时___分 停止制粒 制软材：引风大小：______ 进风温度：___℃ 物料温度：___℃ 出风温度：___℃ 雾化压力：______ 喷雾速度：______ 沸腾干燥时间：______ 4. 干颗粒重量：______ 损耗量：______		

$$物料平衡 = \frac{干颗粒重量+残损量}{投料量+黏合剂重量} \times 100\% =$$

物料平衡限度为99.0%~100.0%

生产管理员：　　　　　　　　QA检查员：

表3-18　制粒岗位清场记录

品名	规格	批号	清场日期	有效期	
			年　月　日	至　年　月　日	
基本要求	1. 地面无积粉、无污斑、无积液；设备外表面见本色，无油污、无残迹、无异物				
	2. 工器具清洁后整齐摆放在指定位置；需要消毒灭菌的清洗后立即灭菌，标明灭菌日期				
	3. 无上批物料遗留物				
	4. 设备内表面清洁干净				
	5. 将与下批生产无关的文件清理出生产现场				
	6. 生产垃圾及生产废物收集到指定的位置				
清场项目	项目	合格（√）	不合格（×）	清场人	复核人
	地面清洁干净，设备外表面擦拭干净				
	设备内表面清洗干净，无上批物料遗留物				
	物料存放在指定位置				
	与下批生产无关的文件清理出生产现场				
	生产垃圾及生产废物收集到指定的位置				
	工器具、洁具擦拭或清洗干净，整齐摆放在指定位置，需要消毒灭菌的清洗后立即消毒灭菌，标明灭菌日期				
	更换状态标识牌				
备注					

生产管理员：　　　　　　　　　QA检查员：

任务6-4　整粒、分级

选择洁净完好的10目和80目筛网安装在圆盘分筛机上，将干燥好的颗粒用圆盘分筛机进行过筛分级。将能过10目筛，但不能通过80目筛的颗粒统一收集存放；对于不能过10目筛的粗颗粒，经过统一收集后用摇摆式制粒机（装上10目筛）进行整粒，收集颗粒后按照先前的程序重新进行筛分；通过80目筛的细粉统一收集后重新制粒。具体操作参见任务5-5。

任务6-5　总混

将经几次整粒分级后的颗粒一起加到三维运动混合机内，设置好转速及时间，开机完成总混操作。具体操作参见任务5-6。

任务6-6　分剂量、内包装

从中间站领取已检验合格的颗粒，从内包装材料暂存间领取包装复合膜，核对品

名、批号、规格、数量，并检查外观质量，符合要求后领入内包装间。根据生产指令及工艺要求更换好钢字头上的批号、有效期，设置横封温度为145～155℃，纵封温度为145～155℃，按照2g/袋的包装规格，对颗粒进行分装。具体操作参见任务5-7。

任务评价

一、技能评价

维生素C颗粒剂生产的技能评价见表3-19。

表3-19　维生素C颗粒剂生产的技能评价

评价项目		评价细则	评价结果	
			班组评价	教师评价
实训操作	粉碎、过筛操作（10分）	1. 能够按照工艺要求选择合适的粉碎设备及筛网，开机前能对粉碎、过筛设备进行检查（2分）		
		2. 能够按照设备操作规程正确操作设备（3分）		
		3. 能按照粉碎、过筛操作规程完成粉碎、过筛操作，防止污染和交叉污染的措施到位，各项安全注意事项注意到位（3分）		
		4. 操作结束将设备复位，并对设备进行常规维护保养（2分）		
	配料操作（5分）	1. 能够选择合适的称量仪器，并对仪器进行检查、校准（1分）		
		2. 能够按照设备操作规程正确操作设备（1分）		
		3. 能按照配料操作规程完成配料操作，防止污染和交叉污染的措施到位，配料顺序合理，做到一料一具、一人称量一人复核，特殊药品的配料处理合理（2分）		
		4. 操作结束将仪器复位，并对仪器进行常规维护保养（1分）		
实训操作	制粒操作（20分）	1. 对环境、设备检查到位（4分）		
		2. 能够按照设备操作规程正确操作设备（6分）		
		3. 能按照制粒操作规程完成混合、制粒、干燥等操作，防止污染和交叉污染的措施到位，各项安全注意事项注意到位（6分）		
		4. 操作结束将设备复位，并对设备进行常规维护保养（4分）		
	整粒、分级操作（10分）	1. 对环境、设备检查到位，筛网选择合适（2分）		
		2. 能够按照设备操作规程正确操作摇摆式制粒机和圆盘分筛机（3分）		
		3. 能按照整粒、分级操作规程完成整粒、分级操作，防止污染和交叉污染的措施到位，各项安全注意事项注意到位（3分）		
		4. 操作结束将设备复位，并对设备进行常规维护保养（2分）		

续表

评价项目		评价细则	评价结果	
			班组评价	教师评价
实训操作	总混操作（5分）	1. 对环境、设备检查到位（1分）		
		2. 能够按照设备操作规程正确操作三维运动混合机（1分）		
		3. 能按照总混操作规程完成总混操作，挥发性物质加入方法正确，防止污染和交叉污染的措施到位，各项安全注意事项注意到位（2分）		
		4. 操作结束将设备复位，并对设备进行常规维护保养（1分）		
	分剂量、内包装操作（10分）	1. 对环境、设备、包材检查到位（2分）		
		2. 能够按照设备操作规程正确操作颗粒包装机（3分）		
		3. 能按照颗粒分装操作规程完成分装操作，防止污染和交叉污染的措施到位，各项安全注意事项注意到位（3分）		
		4. 操作结束将设备复位，并对设备进行常规维护保养（2分）		
	产品质量（15分）	1. 物料各项信息准确，无异物（7分）		
		2. 粒度符合工艺要求（8分）		
	清场（15分）	1. 能够选择适宜的方法对设备、工具、容器、环境等进行清洗和消毒（8分）		
		2. 清场结果符合要求（7分）		
实训记录	完整性（5分）	1. 能完整记录操作参数（2分）		
		2. 能完整记录操作过程（3分）		
	正确性（5分）	1. 记录数据准确、规范（3分）		
		2. 无涂改或涂改方法正确，记录表整洁、清晰（2分）		

二、知识评价

（一）选择题

1. 单项选择题

（1）颗粒剂的粒度检查结果要求：不能通过______号筛与能通过______号筛的颗粒总和不得超过供试量的15%（　　）

A. 一　四　　B. 一　五　　C. 二　三　　D. 二　五

（2）一步制粒机内能完成的工序顺序正确的是（　　）

A. 混合→制粒→干燥　　B. 粉碎→混合→制粒→干燥

C. 过筛→混合→制粒→干燥　　D. 制粒→混合→干燥

（3）下列关于流化床制粒说法错误的是（　　）

A. 干燥速度和喷雾速率是流化制粒操作的关键

B. 一般进风量大、进风温度高，干燥速度快，颗粒粒径小，易碎

C. 喷雾速度过慢，颗粒粒径大，细粉少

D. 进风量太小、进风温度太低，物料易过湿而结块，不能流化

(4)单剂量分装的颗粒剂进行装量差异检查时，取样量为(　　)袋。

A. 5袋　　B. 10袋　　C. 15袋　　D. 20袋

(5)下列对于流化制粒机的捕尘装置叙述错误的是(　　)

A. 制粒过程中，捕尘袋上吸附的粉末要利用清灰装置及时清除

B. 每批生产结束，要将捕尘袋彻底清洗，防止产生污染

C. 捕尘袋通透性变差可使颗粒的干燥时间延长

D. 捕尘装置的主要作用是收集物料中的杂质

(6)单剂量包装的颗粒剂，标示装量在6.0g以上的，装量差异限度为(　　)

A. ±5　　B. ±8　　C. ±7　　D. ±10

(7)关于颗粒剂的错误表述是(　　)

A. 飞散性、附着性比散剂要小

B. 服用方便，可根据需要加入矫味剂、着色剂等

C. 可包衣或制成缓释制剂

D. 干燥失重不得超过8%

(8)在水或规定的释放介质中缓慢地非恒速释放药物的颗粒剂是指(　　)

A. 缓释颗粒　　B. 控释颗粒　　C. 泡腾性颗粒　　D. 肠溶颗粒

(9)现行版药典规定，颗粒剂的水分含量不得超过(　　)

A. 1%　　B. 2%　　C. 15%　　D. 3%

(10)不属于湿法制粒的技术是(　　)

A. 挤压制粒　　B. 流化制粒

C. 喷雾制粒　　D. 滚压法制粒

2. 多项选择题

(1)除另有规定外，颗粒剂的质量检查项目有(　　)

A. 装量差异　　B. 干燥失重　　C. 粒度

D. 溶化性　　E. 硬度

(2)流化床制粒过程中湿颗粒干燥时间过长，产生的原因是(　　)

A. 物料粒径过细　　B. 进风量过小　　C. 捕尘袋通透性变差

D. 制粒过程中出现大的结块　　E. 进风温度过低

(3)对颗粒剂的质量检查说法错误的是(　　)

A. 外观应干燥，色泽一致

B. 粒度检查时，选用的筛号为一号筛与四号筛

C. 溶化实验时，可溶性颗粒剂应全部溶解，不得有轻微浑浊，不得有异物

D. 凡规定检查含量均匀度的颗粒剂，可不再进行装量差异检查

E. 含糖颗粒进行水分含量检查时，应在100℃真空干燥

(4)可直接得到干颗粒的制粒设备有(　　)

A. 摇摆式颗粒机　　B. 转动制粒机　　C. 螺旋挤压制粒机

D. 流化制粒机　　　　　E. 喷雾干燥制粒机

(5)对颗粒剂的溶化性检查正确的是(　　)

A. 可溶颗粒剂应全部溶化或有轻微浑浊，但不得有异物

B. 可溶颗粒剂应全部溶化，不得有混浊和异物

C. 泡腾颗粒剂应迅速产生气体而成泡腾状，并在5min内完全分散或溶解在水中

D. 混悬颗粒剂应在5min内完全分散或溶解在水中

E. 泡腾颗粒剂溶化性检查的水温为15～25℃

(6)关于颗粒剂包装的装量差异限度，以下说法正确的是(　　)

A. 平均装量1.0g及1.0g以下装量差异限度是±15%

B. 平均装量1.0g及1.0g以下装量差异限度是±10%

C. 平均装量1.0g以上至1.5g装量差异限度是±8%

D. 平均装量1.0g以上至1.5g装量差异限度是±7%

E. 平均装量1.5g以上至6.0g装量差异限度是±7%

(7))关于颗粒剂的质量要求，以下说法正确的是(　　)

A. 药物与辅料应均匀混合，遇光不稳定的药物应避光操作

B. 颗粒剂应干燥，颗粒均匀，色泽一致

C. 可根据需要加入适宜的矫味剂、芳香剂、着色剂、分散剂和防腐剂等

D. 颗粒剂应无吸潮、结块、潮解等现象

E. 颗粒剂应密封，置于干燥处贮存

(8)流化床制粒机可以使(　　)在同一设备内一步完成。

A. 粉碎　　B. 筛分　　C. 混合　　D. 制粒　　E. 干燥

(9)以下关于维生素C颗粒剂的处方分析，正确的是(　　)

A. 维生素C为主药　　　　B. 蔗糖为稀释剂

C. 羟丙甲纤维素为黏合剂　　D. 预胶化淀粉为黏合剂

E. 蔗糖具有矫味的作用

(10)湿法制粒的制备方法主要有(　　)

A.挤压制粒法　　　　B.高速搅拌制粒法

C.流化床制粒法　　　D.喷雾制粒法

E.压片法

(二)简答题

1. 颗粒剂的装量差异如何检查?

2. 用一步制粒机制备颗粒的过程中有哪些注意事项?

3. 试述一步制粒机的制粒原理。

(三)案例分析题

某药厂制粒工在用一步制粒机制粒时，制得的颗粒出现大小不均匀的现象。试分析其产生的可能原因及解决方法。

(曹悦　王峥业)

项目四　片剂的生产

学习目标

知识目标

通过复方磺胺甲噁唑片、氧氟沙星片的生产任务，掌握片剂的概念、分类，片剂的质量要求，片剂的常用辅料及制备工艺；熟悉片重的计算方法，片剂质量检查标准，片剂制备中常见的问题及解决方法，片剂包衣材料及方法；了解压片、包衣设备的结构及工作原理。

技能目标

通过完成本项目任务，熟练掌握片剂的生产过程、各岗位操作及清洁规程、设备维护及保养规程，熟练掌握压片机、高效包衣机等设备的操作、清洁和日常维护及保养；学会正确填写生产过程中的各项记录；学会解决压片过程中出现的常见问题。

任务7　复方磺胺甲噁唑片的生产

扫码“学一学”

任务资讯

一、片剂概述

（一）片剂的概念

片剂系指药物与适宜的辅料混匀压制而成的圆片状或异形片状的固体制剂。片剂是目前临床应用最为广泛的剂型之一。随着制药技术的不断提高，片剂的制备理论、生产技术和机械设备得到飞速的发展，其中包括流化喷雾制粒、全粉末直接压片、全自动高速压片机、全自动程序控制高效包衣机等新技术新设备。而新型辅料的研制和使用，对提高片剂的质量和生物利用度及制成缓控释制剂起到了推动作用。

（二）片剂的特点

（1）片剂剂量准确，含量均匀，可再次分剂量。

（2）稳定性较好，受空气、光线、水分等因素的影响较小，部分片剂还可通过包衣增强稳定性。

（3）携带、运输方便。

（4）机械化、自动化程度高，便于大量生产。

（5）药片上可以标记产品名称、含量、厂标，也可以将片剂着上不同颜色，便于识别。

（6）可制成不同类型的片剂，如分散片、控释片、肠溶片、咀嚼片及含片等，便于服用和提高疗效。也可制成含有两种或两种以上药物的复方片剂，提高制剂处方的合理性，从而满足临床医疗或预防的不同需要。

片剂也有其缺点，如幼儿及不能正常进食的患者不易吞服；生产工艺或生产过程不当会对药物的溶出和生物利用度造成影响；除个别品种外，片剂普遍不具有应急性；在胃肠道不吸收或吸收达不到治疗剂量的药品、要求含有一定量液体成分的药品等不宜制成片剂。

（三）片剂的分类

片剂按制备和使用方法不同，种类较多。主要以口服普通片为主，另有含片、舌下片、口腔贴片、咀嚼片、分散片、可溶片、泡腾片、阴道片、缓释片、控释片与肠溶片等。

1. 普通压制片　系指药物与适宜辅料均匀混合后经制粒或不经制粒，用压片机压制而成的未进行包衣等处理的普通片剂，又称为素片或片芯，片重一般控制为0.1～0.5g。如对乙酰氨基酚片、去痛片等。

2. 含片　系指含于口腔中缓慢溶化产生局部或全身作用的片剂。含片中的药物应是易溶性的，主要起局部消炎、杀菌、收敛、止痛或局部麻醉作用。如复方草珊瑚含片、葡萄糖酸钙含片等。

3. 舌下片　系指置于舌下能迅速溶化，药物经舌下黏膜吸收而发挥全身治疗作用的片剂。舌下片中的辅料应是易溶的，主要用于急症的治疗。如硝酸甘油舌下片等。

4. 口腔贴片　系指黏贴于口腔，经黏膜吸收后起局部或全身作用的片剂。如吲哚美辛贴片等。

5. 咀嚼片　系指于口腔中咀嚼后吞服的片剂。该片剂常加入蔗糖、山梨醇、甘露醇等水溶性辅料作填充剂和黏合剂，硬度适宜。如碳酸钙咀嚼片等。

6. 分散片　系指在水中能迅速崩解并均匀分散的片剂。分散片中的药物应为难溶性的。分散片在使用时可加水分散后口服，也可将分散片含于口中吮服或吞服。分散片应进行溶出度和分散均匀度检查。如阿奇霉素分散片等。

7. 可溶片　系指临用前能溶解于水的非包衣片或薄膜包衣片。可溶片应溶解于水中，溶液可呈轻微乳光。可供口服、外用、含漱等用。如复方硼砂漱口片等。

8. 泡腾片　系指含有碳酸氢钠和有机酸，遇水可产生气体而呈泡腾状的片剂。泡腾片中药物应是易溶的，加水产生气泡后应能溶解。有机酸一般用枸橼酸、酒石酸、富马酸等。如阿司匹林、维生素C泡腾片等。

9. 阴道片与阴道泡腾片　系指置于阴道内应用的片剂。阴道片和阴道泡腾片的形状应易置于阴道内，可借助器具将阴道片送入阴道。阴道片为普通片，在阴道内应易溶化、溶散或融化、崩解并释放药物，主要起局部消炎杀菌作用，也可给予性激素类药物。但具有局部刺激性的药物，不得制成阴道片。如壬苯醇醚阴道片、甲硝唑阴道泡腾片。

10. 缓释片　系指在规定的释放介质中缓慢地非恒速释放药物的片剂。如硫酸沙丁胺

醇缓释片等。

11. 控释片 系指在规定的释放介质中缓慢地恒速释放药物的片剂。如维铁控释片等。

12. 肠溶片 系指用肠溶性包衣材料进行包衣的片剂。为防止药物在胃内分解失效、减少对胃的刺激或控制药物在肠道内定位释放，可对片剂包肠溶衣；为治疗结肠部位疾病等，可对片剂包结肠定位肠溶衣。如阿司匹林肠溶片等。

（四）片剂的质量要求

《中国药典》要求片剂在生产与贮藏期间应符合下列规定。

（1）原料药与辅料混合均匀。含药量小或含毒、剧药物的片剂，应采用适宜方法使药物分散均匀。

（2）凡属挥发性或对光、热不稳定的原料药物，在制片过程中应遮光、避热，以避免成分损失或失效。

（3）压片前的物料或颗粒应控制水分，以适应制片工艺的需要，防止片剂在贮存期间发霉、变质。

（4）根据依从性需要，片剂中可加入矫味剂、芳香剂和着色剂等。一般指含片、口腔贴片、咀嚼片、分散片、泡腾片、口崩片等。

（5）为增加稳定性、掩盖药物不良臭味、改善片剂外观等，可对制成的药片包糖衣或薄膜衣。对一些遇胃液易破坏、刺激胃黏膜或需要在肠道内释放的片剂，可包肠溶衣。必要时，薄膜包衣片剂应检查残留溶剂。

（6）片剂外观应完整光洁，色泽均匀，有适宜的硬度和耐磨性，以免包装、运输过程中发生磨损或破碎，除另有规定外，对于非包衣片，应符合片剂脆碎度检查法的要求（《中国药典》四部通则0923）。

（7）片剂的微生物限度应符合要求。

（8）根据原料药物和制剂的特性，除来源于动、植物多组分难以建立测定方法的片剂外，溶出度、释放度、含量均匀度等应符合要求。

（9）除另有规定外，片剂应密封贮存。

二、片剂的辅料

片剂由药物和药用辅料组成。药用辅料除了赋形、充当载体、提高稳定性外，还具有增溶、助溶、缓控释等重要功能，是可能会影响到药品质量、安全性和有效性的重要成分。药用辅料应经安全性评估对人体无毒害作用；化学性质稳定，不易受温度、pH值、保存时间等影响；与药物成分之间无配伍禁忌；不影响制剂的检验，或可按允许的方法除去对制剂检验的影响；且尽可能用较小的用量发挥较大的作用。片剂中的药用辅料主要作用包括：填充作用、黏合作用、崩解作用和润滑作用等。片剂辅料根据其作用的不同可分为以下几类。

（一）填充剂

填充剂分为稀释剂和吸收剂。稀释剂是用以增加药物重量与体积，以利于片剂成型的赋形剂。为了应用和生产方便，片剂的直径一般不小于6mm，片重一般大于100mg。所以当片剂的直径和重量无法满足要求时，常需加入稀释剂。吸收剂是用以吸收原料中多量液体成分的赋形剂。片剂中若含有一定比例的挥发油或其他液体成分时，需加入适当的吸收剂将其吸收后再加入其他成分压片。

1. 淀粉　主要有玉米淀粉和马铃薯淀粉。玉米淀粉因杂质少，色泽好，吸湿性弱，产量大，价格便宜，故被广泛应用。淀粉为白色细微粉末，不溶于水与乙醇，在空气中很稳定，与大多数药物不起作用，吸湿而不潮解，遇水膨胀。遇酸或碱在潮湿状态及加热情况下逐渐被水解而失去膨胀作用。其水解产物有还原糖，如果用氧化还原法测定主药含量时可能干扰含量测定结果。在水中加热至68～72℃则淀粉糊化。淀粉单独使用时黏性较差，可与适量的糖粉或糊精合用增加其黏结性。淀粉由于不溶于水，故在颗粒剂中应用较少（颗粒剂中一般用可溶性淀粉），常用作片剂的辅料。

2. 糊精　本品为淀粉水解的中间产物，为白色或微黄白色细微粉末，在冷水中溶解较缓慢而在热水中较易溶，不溶于醇和醚。糊精用量过多时必须严格控制润湿剂用量，否则会使颗粒过硬而影响崩解。用糊精作稀释剂往往影响药物含量测定，如主药提取不完全，加入适量糖粉可以得到改善。质量较差的糊精中往往含有还原糖，对某些药品的质量也会有影响。

3. 糖粉　本品为蔗糖结晶粉碎而成的细微粉末，色白，味甜，露置空气中易受潮结块。糖粉为可溶性颗粒剂的优良稀释剂，并有矫味与黏合作用。

4. 乳糖　本品为白色结晶或粉末，无臭，带甜味，易溶于水，难溶于醇，性质稳定，可与大多数药物配伍而不起化学反应，无吸湿性，释放药物快，是一种优良的颗粒剂、片剂等填充剂。乳糖有数种规格，如喷雾干燥乳糖、普通乳糖以及无水乳糖等。普通乳糖为含有一分子结晶水的结晶乳糖，结晶多呈楔形；喷雾干燥乳糖为非结晶型，粒子呈球形，由于流动性、黏结性好，可供粉末直接压片用。

5. 甘露醇　甘露醇呈颗粒或粉末状，在口中溶解时有凉爽感并有甜味，无砂砾感，为颗粒剂、片剂常用稀释剂。其化学性质稳定，但价格较贵，常与蔗糖配合应用。

6. 磷酸氢钙　本品为白色细微粉末或晶体，呈中性，具有良好的流动性和稳定性，价廉。本品为中药浸出物、油类及膏剂的良好吸收剂。

7. 干燥氢氧化铝　本品为白色细微粉末，为挥发油的良好吸收剂。

8. 其他　如白陶土、碳酸钙、轻质碳酸镁及中药处方中某些生药粉末等亦可作为稀释剂或吸收剂。

（二）润湿剂与黏合剂

润湿剂是指本身无黏性，但能诱发待制粒、压片物料的黏性，以利于制粒、压片的液体。黏合剂是指一类可使无黏性或黏性不足的物料粉末聚结成颗粒或压缩成型的具黏性的固体粉末或溶液。在片剂制备中常用黏合剂溶液，在干法压片中常使用固体黏合剂。

1. 水（纯化水）　当物料本身具有黏性时，例如中药浸膏或其他黏性成分的物料，仅用

纯化水润湿，即可诱发其黏性而制成适宜的颗粒。但是，因水易被部分粉末迅速吸收，致难以混合均匀，造成结块、溶解等现象，往往无法制粒，所制成的颗粒也松紧不匀，影响片剂的质量。且用水作润湿剂时，干燥温度较高，故对不耐热、遇水易变质或易溶于水的药物不适用。因此，目前很少单独使用。

2. 乙醇 凡物料本身有黏性，但遇水易变质或润湿时黏性过强、湿度不匀，或使操作困难、颗粒干后变硬等情况，可应用不同浓度的乙醇作润湿剂，如维生素C、干酵母等。乙醇的浓度要视药物的性质及温度而定，一般为30%～70%。药物的水溶性大、黏性大、气温高时，乙醇的浓度宜高些；反之，则可稍低些。用乙醇时应迅速搅拌，立即制粒，以减少挥发。

3. 淀粉浆 俗称淀粉糊，为最常用的黏合剂，适用于对湿热较稳定的药物，其浓度和用量应根据物料的性质作适当的调节，一般常用浓度为5%～15%，以10%者最为常用。淀粉浆为稠厚的胶浆，当与药物混合制粒时，除淀粉本身的黏性外，药物逐渐吸收其中的水分后被均匀湿润也产生一定的黏性，即使药物中有大量易溶性成分，亦不致因吸水过多、过快而造成黏合剂分布不匀。

淀粉浆的制法有两种：一种是冲浆法，系将淀粉先加少量冷水搅匀，再冲入全量的沸水，不断搅拌使成半透明的糊状。此法操作方便，适于大量生产。二是煮浆法，向淀粉中徐徐加入全量冷水搅匀后，加热并不断搅拌至糊状，放冷即得。

4. 糊精 常用作干燥黏合剂，润湿后可产生一定的黏性，亦可配成10%糊精浆与10%淀粉浆合用。糊精浆的黏性较弱，其作用主要使药粉表面黏合，故不适于纤维性和弹性较大的药物。

5. 糖粉和糖浆 糖粉是一种干燥黏合剂，糖浆则为黏合剂溶液，常用浓度为10%~70%（g/g），黏合能力都很强。适用于纤维性及质地疏松、弹性较强的植物性药物，对质地疏松和易失结晶水的化学药物亦可应用。强酸或强碱性药物能引起蔗糖的转化而产生引湿性，对此类药物不应采用。

6. 胶浆类 黏性强，制成的片剂硬度大，适用于容易松散及不能用淀粉浆制粒的药物。常用的有10%~20%的明胶溶液，10%~25%的阿拉伯胶溶液等。

7. 纤维素类衍生物 如甲基纤维素（MC）、羧甲基纤维素钠（CMC-Na）、羟丙甲纤维素（HPMC）等均可用作黏合剂，可用其溶液，也可用其干燥的粉末，加水润湿后制颗粒。由于纤维素衍生化，使其在水或醇中溶解。MC、CMC-Na可溶于水，成为黏稠性较强的胶体溶液；HPMC溶于水-醇中，成为醇溶液，较前二者水溶液黏性低，但易分散。由于衍生化类型及聚合度不同，不同浓度的溶液会产生不同程度的黏性，应根据药物性质选择适当黏性的溶液作黏合剂，常用浓度为2%～10%。

乙基纤维素（EC）醇溶液可用作对水敏感的药物的黏合剂，但对崩解及药物的释放有阻碍作用，主要用作缓释制剂的黏合剂。

8. 其他 水溶性化合物如海藻酸钠、聚乙二醇，以及微晶纤维素、硅酸镁铝等也可用作黏合剂。聚乙烯吡咯烷酮（PVP）可溶于醇或水，用其3%～15%的醇溶液，常用于对水

敏感的药物，制成的颗粒可压性好。微晶纤维素主要作为干燥黏合剂，制备片剂时，可用于粉末直接压片，对主药容纳量可达50%以上。

（三）崩解剂

崩解剂系指能使成型片剂在胃肠液中崩解成粒子，并使药物易于释放呈现疗效的辅料。在压制片中，除缓（控）释片、口含片、咀嚼片、植入片等有特殊要求的片剂外，一般均需加入崩解剂。

1. 崩解剂的作用机制

（1）毛细管作用　崩解剂多为圆球形亲水性聚集体，在加压下形成无数孔隙和毛细管，具有强烈的吸水性，从而使水迅速进入片剂中，将整个片剂润湿而崩解。

（2）膨胀作用　崩解剂多为高分子亲水性物质，压制成片后，遇水易被润湿并通过自身膨胀使片剂崩解。这种膨胀作用，还包括润湿热所致的片剂中残存空气的膨胀。

（3）产气作用　由于化学反应产生气体而使片剂崩解。如在泡腾片中加入的枸橼酸或酒石酸与碳酸钠或碳酸氢钠的混合物遇水产生二氧化碳气体，借助此气体的产生使片剂崩解。

2. 崩解剂的加入方法　分为内加法，外加法和内外加法三种。

（1）内加法　崩解剂与主药混合后共同制粒，片剂的崩解发生在颗粒内部，崩解较慢，一经崩解便成为粉末，利于药物溶出。

（2）外加法　崩解剂加入整粒后的干颗粒中，片剂的崩解发生在颗粒之间，因此崩解迅速。因颗粒内无崩解剂，片剂不会崩解出粉末，故药物的溶出较差。

（3）内外加法　将崩解剂分成2份，一份按照内加法加入（50%~75%），另一份按外加法加入（50%~25%），此法集中了前两种方法的优点，可使片剂崩解既发生在颗粒的内部又发生在颗粒之间，以达到良好的崩解效果。显然，在相同用量下，就崩解速度而言，外加法＞内外加入法＞内加法；就溶出速率而言，内外加入法＞内加法＞外加法。

3. 常用的崩解剂

（1）干淀粉　是一种我国最为传统的崩解剂。将淀粉干燥处理，使含水量在8% 以下。干淀粉吸水性较强且具有一定的膨胀性，较适用于水不溶性或微溶性药物的崩解，对于易溶性药物的崩解作用较差。在制药工业中，淀粉作崩解剂常采用内外加法。

（2）羧甲基淀粉钠（CMS-Na）　本品为白色无定型粉末，具有良好的吸水性和膨胀性，吸水后体积可膨胀至原体积的300倍，是一种性能优良、价格较低的崩解剂，本品用量一般为1% ~ 6%。

（3）羟丙基淀粉（HPS）　本品无臭，在水中膨胀性能良好，崩解较快。具有良好的润滑性，不黏冲。具有良好的可压性，本品作为崩解剂不易出现裂片，是当前较为优良的崩解剂之一。

（4）低取代羟丙基纤维素（L-HPC）　是国内近年来应用较多的一种崩解剂。本品具有很大的孔隙率和比表面积，有很大的吸水速度和吸水量。其吸水膨胀率在500%~700%，崩解后的颗粒也较细小，故有利于药物的溶出。一般用量在2%~5%。

（5）交联聚乙烯吡咯烷酮（PVPP） 本品为白色粉末，流动性良好，有极强的吸湿性，在水中可迅速溶胀形成无黏性的胶体溶液，崩解性能非常优越，一般用量为片剂的1%～4%。

（6）交联羧甲基纤维素钠（CCNa） 本品不溶于水，能吸收数倍于自身重量的水而膨胀，所以具有较好的崩解作用。与羧甲基淀粉钠合用，崩解效果更好，但与干淀粉合用崩解效果会降低。

（7）泡腾崩解剂 是泡腾片专用崩解剂，最常用的是由碳酸氢钠与枸橼酸组成的混合物。遇水产生二氧化碳气体，使片剂在几分钟内迅速崩解。含有这种崩解剂的片剂，在生产和贮存过程中，要妥善保管，避免受潮造成崩解剂失效。

（8）表面活性剂 表面活性剂能增加疏水性片剂的润湿性，使水分迅速的渗透到片芯从而加速片剂的崩解和药物的溶出。一些疏水性或不溶性药物可加入适量的表面活性剂改善其崩解，常用的表面活性剂有聚山梨酯80、十二烷基硫酸钠等。但是表面活性剂选择或用量不当也会影响崩解。

（四）润滑剂

1. 润滑剂 兼有润滑、抗黏附、助流三种作用，是润滑剂、抗黏附剂和助流剂三种辅料的统称。

（1）助流剂 可降低颗粒之间的摩擦力，从而改善粉粒流动性，缩短填充时间、减少重量差异。

（2）抗黏附剂 可防止压片时物料黏着于冲头与冲模表面，以保证压片操作的顺利进行，并可以增加片剂表面光洁度。

（3）润滑剂 可降低压片和出片时药片与冲模壁之间的摩擦力，以减少冲模的磨损和使片剂容易脱离冲模，有利于出片。

2. 润滑剂的用量 一般不超过1%，其粒度要求至少100目以上，粉末越细，表面积越大，润滑性能越好。

3. 润滑剂的加入方法 一般有三种。

（1）直接加到待压的干颗粒中，此法不能保证混合均匀。

（2）用60目筛筛出颗粒中部分细粉，用配研法与之混合，再加到颗粒中混合均匀。

（3）将润滑剂溶于适宜溶剂中或制成混悬液（乳浊液），喷入颗粒，混匀后挥去溶剂，液体润滑剂常用此法。

4. 常用的润滑剂

（1）硬脂酸镁 本品为疏水性润滑剂，白色粉末，细腻疏松，有良好的粘着性，易与颗粒混合均匀，压片后片面光滑美观，应用较为广泛。用量一般为0.3%~1%，用量过大时，会造成片剂崩解迟缓，但加入适量的十二烷基硫酸钠等表面活性剂可改善。本品不宜在阿司匹林片、某些抗生素片及多数有机碱盐类药物的片剂中使用。

（2）微粉硅胶 本品为优良的片剂助流剂。可用做粉末直接压片。其性状为轻质白色

无水粉末，无臭无味，比表面积大，常用量为0.1%~0.3%，特别适用于油类和浸膏类等药物。

（3）滑石粉　本品可将颗粒表面的凹陷处填满补平，降低颗粒表面的粗糙性，从而降低颗粒间的摩擦力，降低颗粒与冲模、冲头的摩擦，达到改善颗粒流动性和滑动性的目的。本品常用量为0.1%～1%，如使用不当，可影响片剂崩解和药物的溶出度，常与硬脂酸镁配合应用。

（4）氢化植物油　本品是一种润滑性能良好的润滑剂。应用时将其溶于热轻质液状石蜡或己烷中。然后将此溶液喷于干颗粒表面上，以利于均匀分布。凡不宜采用碱性润滑剂的药物均可以选用本品。

（5）聚乙二醇类　本品具有良好的润滑效果，片剂的崩解和溶出不受影响。本品可作为润滑剂，也可作为干燥的黏合剂应用。

（6）十二烷基硫酸钠（镁）　本品具有良好的润滑效果，不仅可增强片剂的强度，而且还可以促进片剂的崩解和药物的溶出。

（五）其他辅料

1. 着色剂　可使片剂美观且易于识别。着色剂一般为食用色素，用量一般不超过0.05%。

2. 矫味剂　片剂中加入矫味剂等辅料来改善片剂的口味，含片和咀嚼片常用芳香剂和甜味剂作矫味剂，以缓解或消除药物不良臭味。

三、片剂的制备

片剂的制备方法按工艺分为直接压片法和制粒压片法两大类。直接压片法是将药物的细粉与适宜的辅料混匀后，不制粒而直接压制成片的方法。直接压片法避开了制粒过程，因而具有省时、节能、工艺简便、工序少、适用于湿热不稳定的药物等突出优点。但其对药物及辅料的流动性及可压性要求较高。制粒压片法分为干法制粒压片及湿法制粒压片。干法制粒压片是指将药物与适宜的辅料混合均匀后通过适宜的设备压成片状或块状，破碎成大小合适的颗粒后压制成片的方法，适用于对水和热敏感的物料。干法制粒压片可以相对缩短工序时间和精简设备，但要求药物与辅料的堆密度、粒度分布等物理性质要相近，且应选择黏合性和可压性较好的辅料。压片时因压力较大易导致设备的损耗。湿法制粒压片是将药物和辅料的粉末混合均匀后加入黏合剂或润湿剂制备颗粒，经干燥后压制成片的方法。该法具有流动性好、压缩成形性好等优点，对湿热稳定的药物较为适宜，本项目重点介绍湿法制粒压片法。

片剂生产环境的洁净度要求达到D级，其湿法制粒压片生产工艺见图4-1。

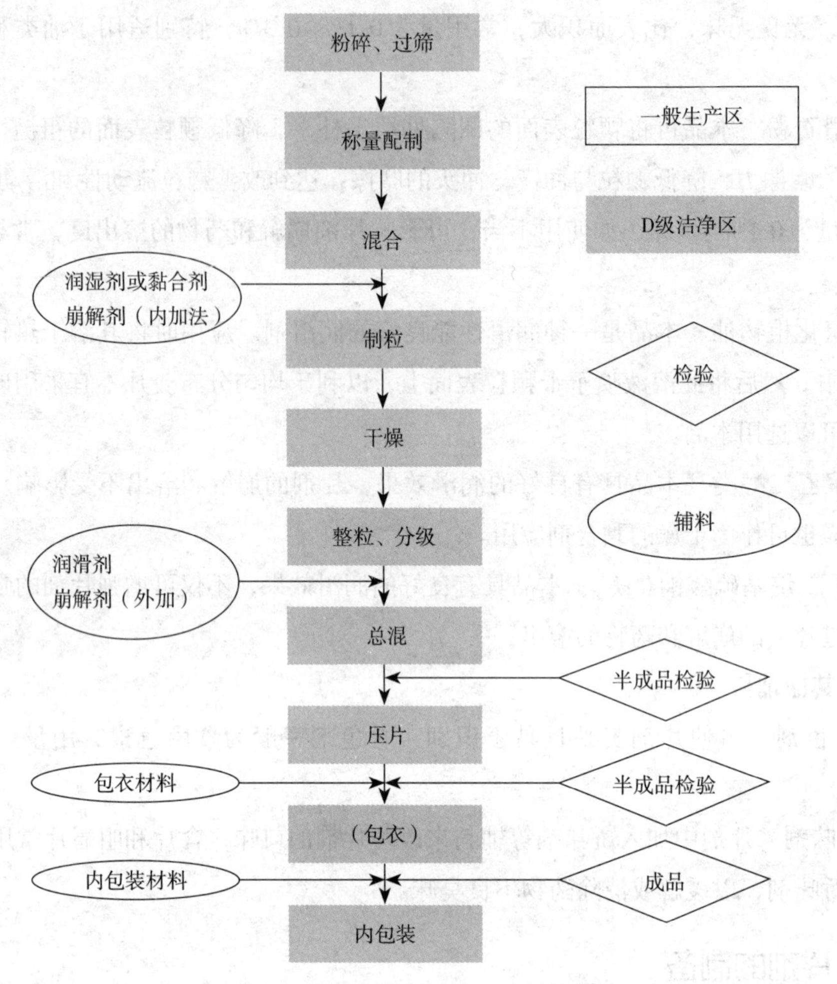

图4-1　湿法制粒压片生产工艺流程图

（一）粉碎、过筛、称量配制、混合

参见项目二 散剂的生产。

（二）制粒

在已混匀的药物和辅料粉末中加入适宜的润湿剂或黏合剂，用槽型混合机或湿法混合制粒机将其制成具有一定湿度的软材，以用手握能成团，轻压能散开为宜。将软材用强制挤压的方式通过具有一定大小的筛孔而制备湿颗粒的过程称为挤压制粒，常用摇摆式制粒机；在搅拌桨、切割刀的作用下使物料形成致密且均匀的颗粒，称为高速搅拌制粒，常用高效湿法混合制粒机。此外还有流化制粒、喷雾制粒等。参见“项目三 颗粒剂的生产”。

（三）干燥

湿颗粒制成后，应立即干燥，干燥温度由原料性质决定，一般以50～60℃为宜。干燥是利用热能将湿物料中的水分气化，并利用气流或真空将其带走，从而获得干燥固体产品的操作。常用箱式干燥器，流化床干燥器，喷雾干燥器等。参见“项目三 颗粒剂的生产”。

（四）整粒分级

湿颗粒干燥过程中，颗粒间可能会发生相互粘连，使部分颗粒形成块状或条状，为得到大小均匀的颗粒，使用整粒机进行整粒。用筛分机进行分级。参见“项目三 颗粒剂的生产”。

（五）总混

压片前，向颗粒中加入润滑剂和外加崩解剂或湿热不稳定性药物，用混合机进行混合。参见“项目三 颗粒剂的生产”。

（六）压片

计算片重及片重差异范围，使用压片机进行压片。

四、片重的计算

（一）按主药含量计算片重

药物制成干颗粒时，因经过了一系列的操作过程，原料药必将有所损耗，所以应对颗粒中主药的实际含量进行测定，然后按照下面的公式计算片重：

$$片重=\frac{每片含主药量（标示量）}{干颗粒中主药的百分含量（实测量）}$$

［**实例解析**］维生素C片理论片重的计算

已知维生素C片质量标准中要求每片含维生素C 0.1g，制成颗粒经批混后，测得颗粒中含主药量为48.5%，请计算理论片重范围?

$$解：片重=\frac{每片含主药量（标示量）}{干颗粒中主药的百分含量（实测量）}$$

$$维生素C片重=\frac{0.1}{0.485}=0.2062\ （g）$$

按《中国药典》要求，片重在0.3g以下片剂的重量差异限度为±7.5%，所以该片理论重量范围应为：

理论片重范围（上限）$=0.2062+0.2062\times7.5\%\approx0.2217$（g）

理论片重范围（下限）$=0.2062-0.2062\times7.5\%\approx0.1907$（g）

（二）按干颗粒总重计算片重

生产成分复杂的片剂，例如中药，没有准确的含量测定方法，根据实际投料量与预压片数计算。

$$片重=\frac{干颗粒量+压片前加入辅料量}{应压片数}$$

五、片剂制备中可能发生的问题及解决办法

片剂压制过程中，由于受处方、生产工艺、操作条件及机械设备等多方面的综合因素影响，可能出现下列问题，应根据情况具体分析，找出原因，合理解决。

（一）裂片

片剂受到振动或在储存过程中从腰间开裂或顶部脱落一层的现象称裂片。从片剂顶部或底部剥落一层的现象又称顶裂。产生裂片的主要原因是压片时压力分布不均匀以及由此而带来的弹性复原率的不同。解决裂片问题的关键是换用弹性小、塑性大的辅料或选用适

宜的制粒方法及适宜的压片机和操作参数，提高物料的压缩成形性，降低弹性复原率。

产生裂片的原因及解决办法有如下几点。

（1）选择黏合剂不当或用量不足使颗粒过粗或过细。此种情况可用黏性较好的物料掺和压片或在不影响含量时筛去部分细粉，或加入干燥黏合剂混匀后压片。

（2）压力过大或车速过快使颗粒间空气来不及逸出，可通过调整压力、减慢压片速度克服。

（3）颗粒中油性成分较多减弱了颗粒间的黏合力，可加入吸收剂克服。

（4）颗粒过分干燥。此时可与含水分较多的颗粒掺和压片，或喷入适量的乙醇密闭贮存。

（5）冲模不符合要求。由于冲模磨损使上冲与模圈不吻合，或冲头内卷，压力不均匀，使片剂某一部分受压过大；或冲模中间直径大于口部直径，这样在片剂顶出时亦会裂片，可调换冲模解决。

（二）松片

松片系指片剂的硬度不够，受振动易松散成粉末的现象。松片的检查方法是将压成的片子置于中指和示指间，用拇指轻轻加压看其是否碎裂。产生松片的原因及解决办法如下。

（1）黏合剂或润湿剂选用不当或用量不足，颗粒质松，细粉多，压片时即使加大压力亦不能克服，可选用适当黏合剂或增加用量、改进制粒工艺、软材多搅拌、增强干颗粒粒度均匀性等方法加以克服。

（2）颗粒中含水量不当，完全干燥的颗粒有较大的弹性变形，所压成的片剂硬度较差，但过多的水分亦减低硬度，所以颗粒中含水量应适中。

（3）药物粉碎细度不够，纤维性、富有弹性或油性成分含量较多的药物不易混匀，可将药物粉碎过100目筛，选用黏性较强的黏合剂，适当增加压片机压力及油类药物吸收剂、充分混匀等方法解决。

（4）冲头长短不齐，使片剂所受压力不同。压力不够、车速过快、受压时间太短、下冲不灵活下降使模孔中颗粒装填不足均会产生松片，应采用调换冲头、适当增加压力、减慢车速、调整受压时间等方法解决。

（三）黏冲

黏冲系指片剂的表面被冲头黏去一薄层或一小部分，导致片面粗糙不平或有凹陷的现象，刻字冲头易发生黏冲。产生黏冲的原因及解决办法如下。

（1）颗粒太潮，含有引湿性的药物、室内湿度过高等均易产生黏冲，解决办法有颗粒重新干燥、室内保持适宜湿度，避免引湿药物受潮。

（2）润滑剂用量不足或混合不匀，对于前者适当增加润滑剂用量，后者应充分混合。

（3）新冲模表面粗糙、冲头刻字太深有棱角、使用中不慎遭到损坏，可调换冲模或擦亮使之光滑。冲头上有防锈油或润滑油，可用汽油洗净解决。

（四）崩解迟缓

崩解迟缓系指片剂崩解时限超过药典规定的要求。产生崩解迟缓的原因及解决办法有：

（1）黏合剂黏性太强或用量过多，使颗粒过硬、过粗造成崩解迟缓。可通过调整黏合剂，用制粒机调整颗粒粗细度解决。

（2）崩解剂选择不当，用量不足或干燥不够，或疏水性强的润滑剂用量太多，前者选用适当崩解剂并增加用量，后者适当减少润滑剂用量或选用亲水性润滑剂。

（3）压片时压力过大，片剂过硬，可在不引起松片的情况下减少压力来解决。

（五）片重差异超限

片重差异超限系指片重差异超出药典规定的允许范围。产生原因及解决办法如下。

（1）颗粒的流动性不好，流入模孔的颗粒量时多时少，引起片重差异过大而超限，应重新制粒或加入适宜的助流剂如微粉硅胶等，改善颗粒流动性。

（2）颗粒内的细粉太多或颗粒的粗细相差悬殊，致使流入模孔内的物料时多时少，亦应重新制粒或除去过多的细粉。

（3）加料斗内的颗粒时多时少，造成加料的重量波动也会引起片重差异超限，所以应保持加料斗内始终有1/3量以上的颗粒。

（4）冲头与模孔吻合性不好，例如下冲外周与模孔壁之间漏下较多药粉，致使下冲发生“涩冲”现象，必然造成物料填充不足，应更换冲头、中模。

（六）溶出超限

片剂在规定的时间内未能溶出规定限度的药物即为溶出超限或称为溶出度不合格，这将使片剂难以发挥其应有的疗效。一般说，影响片剂崩解的因素也都影响片剂的溶出，故可通过加快片剂的崩解来加快片剂的溶出，但这种溶出加快的幅度不会很大，还可采取下列措施来增加片剂的溶出。

1. 制备研磨混合物 疏水性药物与大量的水溶性辅料共同研磨粉碎制成混合物，则药物与辅料的粒径都可以降低到很小，又由于辅料的量多，所以在细小的药物粒子周围吸附着大量水溶性辅料的粒子，这样就可以防止细小药物粒子的相互聚集，当水溶性辅料溶解时，细小的药物粒子便直接暴露在溶出介质中，所以溶出速度大大加快，例如将疏水性的地高辛、氢化可的松与20倍的乳糖球磨混合后干法制粒压片，溶出速度大大加快。

2. 制成固体分散物 将难溶性药物制成固体分散物是改善溶出速度的有效方法，例如，用1∶9的吲哚美辛与PEG6000制成固体分散物，加入适宜辅料压片，其溶出度可得到很大的改善。

3. 吸附于载体后压片 将难溶性药物溶于能与水混溶的无毒溶剂（如PEG400）中，用硅胶类多孔性的载体将其吸附，最后制成片剂，由于药物以分子的状态吸附于硅胶，所以在接触到溶出介质或胃肠液时，很容易溶出。

（七）片剂含量不均匀

所有造成片重差异过大的因素，皆可造成片剂中药物含量的不均匀。此外，对于小剂量的药物来说，混合不均匀和可溶性成分的迁移是片剂含量均匀度不合格的两个主要原因。

1. 混合不均匀 混合不均匀造成片剂含量不均匀的有以下几种情况。

（1）主药量与辅料量相差悬殊时，一般不易混匀，此时，应该采用等量递加法进行混

合，或者将小量的药物先溶于适宜的溶剂中再均匀地喷洒到大量的辅料或颗粒中以确保混合均匀。

（2）主药粒子大小与辅料相差悬殊，极易造成混合不匀，应将主药和辅料进行粉碎，使各成分的粒子都比较小并力求一致，以确保混合均匀。

（3）粒子的形态如果比较复杂或表面粗糙，则粒子间的摩擦力较大，混匀后不易分离，而粒子的表面光滑，则易在混合后的加工过程中相互分离，难以保持其均匀的状态。

（4）当采用溶剂分散法将小剂量药物分散于空白颗粒时，由于大颗粒的孔隙率较高，小颗粒的孔隙率较低，所以吸收的药物溶液量有较大差异，致使大小颗粒分层，造成片重差异过大以及含量均匀度不合格。

2. 可溶性成分在颗粒之间的迁移　这是造成片剂含量不均匀的重要原因之一，将大大影响片剂的含量均匀度，尤其是采用箱式干燥时，这种现象最为明显。颗粒在盘中铺成薄层，底部颗粒中的水分向上扩散至上层颗粒的表面进行气化，将底层颗粒中的可溶性成分迁移到上层颗粒之中，上层颗粒中的可溶性成分含量增大，当使用这种上层含量大，下层含药量小的颗粒压片时，必然造成片剂的含量不均匀，因此当采用箱式干燥时，应经常翻动颗粒，以减少颗粒间的迁移。采用流化床干燥法时，由于湿颗粒各自处于流化运动状态，并不相互紧密接触，所以一般不会发生颗粒间的可溶性成分迁移，有利于提高片剂的含量均匀度。

六、压片及包装设备

（一）压片设备

压片机可分为单冲式压片机、旋转式压片机、亚高速旋转式压片机、全自动高速压片机以及旋转式包芯压片机等。旋转压片机有多种型，按冲数分，有19冲、27冲、33冲、55冲等；按流程来说，有单流程和双流程两种。单流程的仅有一套压轮（上、下压轮各一个），双流程者有两套压轮，另外饲粉器、刮粉器、片重调节器和压力调节器等各两套并装于对称位置，冲盘每转动一圈，每副冲压成两个药片。

1. 旋转式压片机

（1）结构　主要由动力及传动部分、加料部分、充填调节装置、压力调节装置组成。上半部为压片结构，它的组成主要为上冲、中模、下冲三个部分连成一体，周围冲模均匀排列在转盘的边缘上、上下冲杆的尾部嵌在固定的曲线导轨上，当转盘作旋转运动时，上下冲即随着曲线导轨作升降运动而达到压片目的。主要工作过程分为充填、压片、出片三道程序连续进行。采用流栅式加料机构，能使物料均匀地充满模孔，减少片重差异。

（2）原理　见图4-2，采用容积计量方法，物料送入料斗后经料斗口进入月形栅式加料器，经栅板使颗粒物料多次充入模孔。再经过填充调节装置，调节下冲头在模孔内的位置来改变模孔的容积，同时安装在加料器末档位于计量装置上方紧贴于转台工作面的刮板，将中模及转台工作面的颗粒刮平。然后，上下冲借助上下凸轮，使上下冲头进入模孔，经上下压轮压片成形。最后下冲杆借助下凸轮上升，将片剂顶出模面。

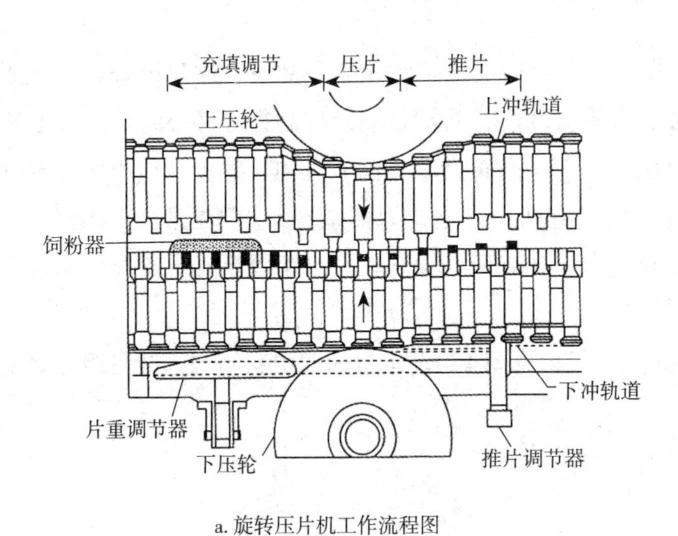

a. 旋转压片机工作流程图　　b. 旋转压片机实物图

图4-2　旋转压片机

2. 高速旋转压片机

（1）结构　机器主体结构主要由底座、前后支架、蜗轮箱、座体、冲盘、支承块、顶板、玻璃门、上罩体、控制柜等部分组成。从功能上看以平台为界可将压片机分为上下两部分。压片机的上部是完全密封的压片室，是完成整个压片工序的部分。它包括强迫加料系统、冲压组合、出片装置、吸尘系统。压片机的下部装有主传动系统、润滑系统、平移调节机构。

扫码"看一看"

（2）工作原理　见图4-3，压片机工作流程包括填充、定量、预压、主压成型出片等工序。上下冲头由冲盘带动分别沿上下导轨顺时针运动。当冲头运动到充填段时，上冲头向上运动绕过强迫加料器。在此同时，下冲头由于下拉凸轮作用向下移动。此时，下冲头表面在中模孔内正好形成一个空腔，药粉颗粒经过强迫加料器叶轮搅拌入空腔内，当下冲头经过下拉凸轮的最低点时形成过量充填。冲盘继续运动，当下冲头经过凸轮时逐渐向上运动，并将空腔内多余的药粉颗粒推出中模孔，进入定量段。填充凸轮表面为水平，下冲头保持水平运动状态，由定量刮板将中模上表面多余的药粉颗粒刮出，保持了每一中模孔内的药粉颗粒填充量一致。为防止中模孔中的药粉被抛出，定量刮板后安装有盖板，当中模孔移出盖板时，上冲头进入中模孔。当冲头经过预压轮时，完成预压动作；再继续经过主压轮，完成压实动作；最后通过出片凸轮，上冲上移、下冲上推、将压制好的药片推出，进入出片装置，完成一个压片过程。

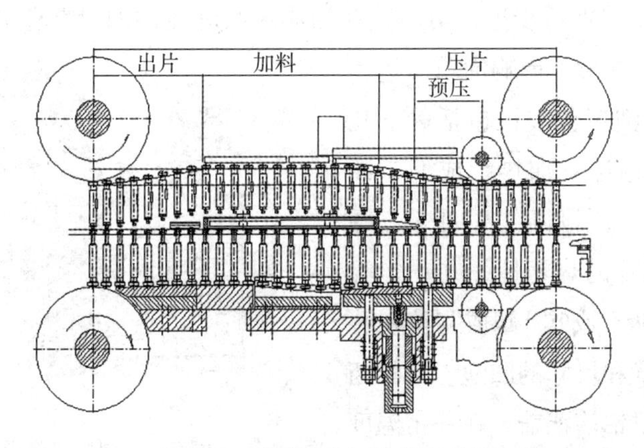

图4-3　高速旋转压片机工作流程图

3. 全自动高速双出料压片机

（1）结构　机器主体结构主要有底板、前后支柱、蜗轮箱、基座、冲盘组合、上支撑柱、顶板、大小压轮、十字固定架、有机玻璃门、防护板、及控制柜等部分组成。以基座为基础，出片凸轮、上支撑柱、上压轮、下压凸轮、填充调节机构、盖板、预压轮等部件安装在基座上。在前右、后左支撑柱内装有两个柱型拉力传感器，用于检测压轮的压力。十字固定架与上导轨盘相连接。上导轨盘上装有两套预压轮。十字固定架与支撑柱上装有两套主压轮。

（2）工作原理　参见高速旋转式压片机，见图4-4，本机为双出料结构，冲盘组合每旋转一周实现两个压片动作。

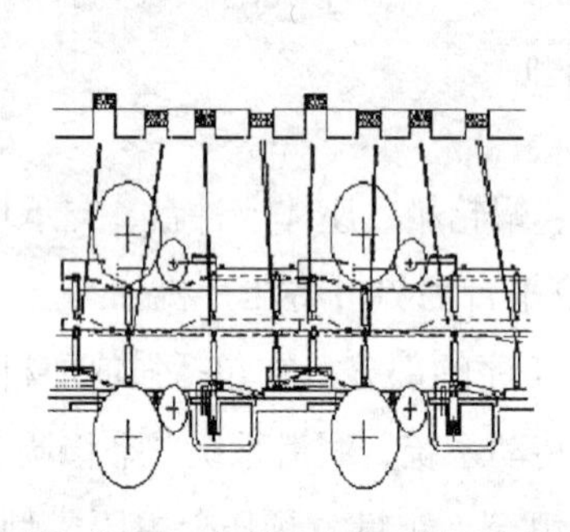

a. 全自动高速双出料压片机工作原理图

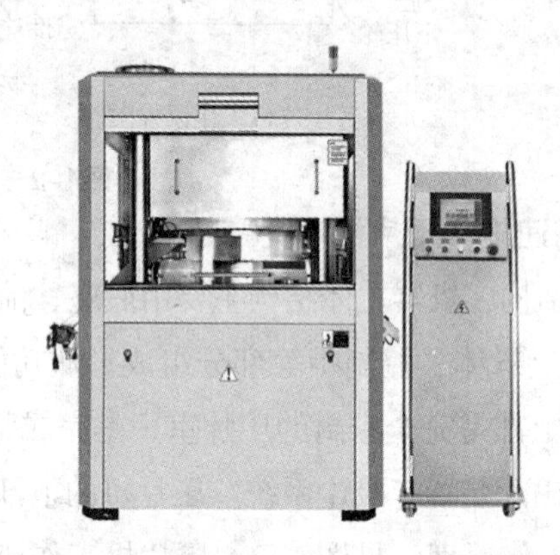

b. 全自动高速双出料压片机实物图

图4-4　全自动高速双出料压片机

（二）泡罩式包装机

1. 结构　药用铝塑泡罩包装机按结构形式分为辊筒式泡罩包装机、平板式泡罩包装机和辊板式泡罩包装机（图4-5）三大类，主要包括机架、输送机、上料充填装置、预热成型装置、气动装置、PVC放卷及步进装置、冲裁、热封装置、电气控制等各部分。

（1）上料充填装置　上料充填装置由振动电机和上料电机构成，与通用上料机或圆盘上料机配套，通过上料系统可使各种不同规格药片整齐有序排列，为下一步成型作好准备。

（2）预热成型装置　预热成型装置由上、下加热板、成型模具等部件构成，配合气动装置完成包装机的主要工序包装成型。

（3）PVC放卷及步进装置，由主电机提供动力为包装成型提供材料。在PVC加热板之前和成型台之后采用双夹持步进，可防止在加热区内已经被加热软化的PVC片由于受快速牵拉移动而造成拉伸变形，影响泡罩质量。

2. 工作原理　泡罩包装机包括以下几个基本工序：薄膜输送、加热、成型、冲填、封合、打批号、压撕断线、冲裁（图4-5）。利用PVC硬片的热塑性，在一定温度下，将PVC硬片吸（或吹）塑成与待包装药品外形相近的形状和尺寸的凹泡，再将药品填充入凹泡中，以铝箔覆盖。在一定温度

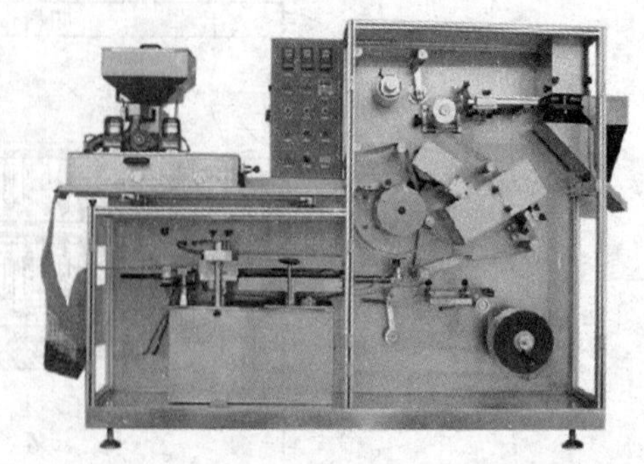

图4-5　辊板式泡罩式包装机实物图

下，将PVC硬片与表面涂有黏合剂的铝箔挤压黏结成一体。为确保压合表面密封效果，结合面一般以菱形密点或线状网纹封合。热压封合同时打印生产批号、有效期和压易折痕，然后根据药品临床用量设计组合单元冲裁成固定的板块。冲裁下成品板块后的边角余料仍为带状，利用废料辊的旋转将其回收。

七、片剂质量检查

片剂的质量直接影响其药效和用药的安全性。因此在片剂的生产过程中，除了要对原、辅料选用，生产处方设计，生产工艺制订，包装和贮存条件确定等采取适宜的措施外，还必须严格按照《中国药典》现行版中质量检查项目之规定进行检查，合格后方可以提供临床使用。除另有规定外，片剂应进行以下相应检查。

1. 重量差异　《中国药典》规定片剂重量差异检查方法及标准如下：

检查法　取供试品20片，精密称定总重量，求得平均片重后，再分别精密称定每片的重量，每片重量与平均片重相比较（凡无含量测定的片剂，每片重量应与标示片重比较），按表4-1中的规定，超出重量差异限度的不得多于2片，并不得有1片超出限度1倍。

表4-1　片剂的重量差异

平均片重或标示片重	重量差异限度
0.30g 以下	±7.5%
0.30g 及0.30g 以上	±5%

糖衣片的片心应检查重量差异并符合规定，包糖衣后不再检查重量差异。薄膜衣片应在包薄膜衣后检查重量差异并符合规定。

凡规定检查含量均匀度的片剂，一般不再进行重量差异检查。

2. 崩解时限　照崩解时限检查法检查，应符合规定（表4-2）。崩解系指口服固体制剂在规定条件下全部崩解溶散或成碎粒，除不溶性包衣材料或破碎的胶囊壳外，应全部通过筛网。如有少量不能通过筛网，但已软化或轻质上漂且无硬心者，可作符合规定论。

阴道片照融变时限检查法检查，应符合规定。

咀嚼片不进行崩解时限检查。

凡规定检查溶出度、释放度的片剂不再进行崩解时限检查。

表4-2　片剂的崩解时限

片剂种类	崩解时限（min）
普通压制片	15
薄膜衣片	30
糖衣片	60
含片	10
舌下片	5
可溶片	3
肠溶衣片	先在盐酸溶液（9→1000）中检查2h，每片均不得有裂缝、崩解或软化现象；继将吊篮取出，用水洗涤后，每管各加入挡板1块，再按上述方法在磷酸盐缓冲液（pH6～8）中进行检查，1h内应全部崩解

3. 发泡量 阴道泡腾片照下述方法检查，应符合规定。

检查法 取25ml具塞刻度试管（内径1.5cm）10支，各精密加水2ml，置37℃±1℃水浴中5min，各管中分别投入供试品1片，密塞，20min内观察最大发泡量的体积，平均发泡体积应不少于6ml，并少于3ml的不得超过2片。

4. 分散均匀性 分散片照下述方法检查，应符合规定。

检查法 取供试品6片，置250ml烧杯中，加15~25℃的水100ml，振摇3min，应全部崩解并通过二号筛。

5. 微生物限度 口腔贴片、阴道片、阴道泡腾片和外用可溶片等局部用片剂照微生物限度检查法检查，应符合规定。

6. 脆碎度 脆碎度检查法用于检查非包衣片的脆碎情况及其他物理强度，如压碎强度。

检查法：片重为0.65g或以下者取若干片，使其总重约为6.5g；片重大于0.65g者取10片。用吹风机吹去脱落的粉末，精密称重，置圆筒中，转动100次。取出，同法除去粉末，精密称重，减失重量不得过1%，且不得检出断裂、龟裂及粉碎的片。本试验一般仅作1次。如减失重量超过1%时，可复检2次，3次的平均减失重量不得过1%，并不得检出断裂、龟裂及粉碎的片。

7. 含量均匀度 含量均匀度系指小剂量或单剂量固体制剂、半固体制剂和非均相液体制剂的每片（个）含量符合标示量的程度。

除另有规定外，片剂中每片标示量不大于25mg或主药含量不大于每片重量25%者应检查含量均匀度。

凡检查含量均匀度的制剂，一般不再检查重量差异。具体测定方法及标准详见《中国药典》。

8. 溶出度测定 溶出度系指活性药物从片剂、胶囊剂或颗粒剂等制剂在规定条件下溶出的速率和程度。凡检查溶出度的制剂，不再进行崩解时限的检查。

溶出度测定法有篮法、桨法、小杯法。结果判定：符合下述条件之一者，可判为符合规定：

（1）6片中，每片的溶出量按标示量计算，均不低于规定限度Q。

（2）6片中，如有1~2片低于Q，但不低于Q-10%，且其平均溶出量不低于Q。

（3）6片中，有1~2片低于Q，其中仅有1片低于Q-10%，但不低于Q-20%，且其平均溶出量不低于Q时，应另取6片复试；初、复试的12片中有1~3片低于Q，其中仅有1片低于Q-10%，但不低于Q-20%，且其平均溶出量不低于Q。

以上结果判断中所示的10%、20%是指相对于标示量的百分率（%）。

9. 释放度测定 释放度系指药物从缓释制剂、控释制剂、肠溶制剂及透皮贴剂等在规定条件下释放的速率和程度。

凡检查释放度的制剂，不再进行崩解时限的检查。

释放度测定的仪器装置，除另有规定外，照溶出度测定法项下进行。第一法用于缓释制剂或控释制剂；第二法用于肠溶制剂。第三法用于透皮贴剂。具体测定方法及结果判断方法详见《中国药典》。

八、片剂的包装与贮存

（一）片剂的包装

片剂的包装既要注意外形美观，更应密封、防潮、避光以及使用方便等。直接接触片剂的包装通常采用两种形式。

1.多剂量包装　几片至几百片包装在一个容器中，常用的容器多为玻璃瓶或塑料瓶，也有用软性薄膜、纸塑复合膜、金属箔复合膜等制成的药袋。

2.单剂量包装　将片剂每片隔开包装，每片均处于密封状态，提高了对片剂的保护作用，使用方便，外形美观。

（1）泡罩式包装是用底层材料（无毒铝箔）和热成型塑料薄膜（无毒聚氯乙烯硬片），在平板泡罩式或吸泡式包装机上经热压形成的泡罩式包装。铝箔成为背层材料，背面印有药名等，聚氯乙烯制成的泡罩，透明、坚硬、美观。

（2）窄条式包装由两层磨片（铝塑复合膜、双纸塑料复合膜等）经黏合或热压形成的带状包装。比泡罩式包装简便，成本也稍低。

（二）片剂的贮存

片剂应密封储存，防止受潮、发霉、变质。除另有规定外，一般应将包装好的片剂放在阴凉（20℃以下）、通风、干燥处储存。对光敏感的片剂，应避光保存（宜采用棕色瓶包装）。受潮后易分解变质的片剂，应在包装容器内放干燥剂（如干燥硅胶）。

片剂是一种稳定的剂型，只要包装和储存适宜，在规定有效期内使用是安全有效的，但因片剂所含药物性质不同，往往片剂质量也不同，如含挥发性药物的片剂贮存时，易有含量的变化；糖衣片易有外观的变化等，应注意掌握适宜的贮存环境。另外必须注意每种片剂的有效期。

工作任务

复方磺胺甲噁唑片的生产指令见表4-3。

表4-3　复方磺胺甲噁唑片的生产指令

文件编号：				生产车间：		
产品名称	复方磺胺甲噁唑片		规格	磺胺甲噁唑0.2g 甲氧苄啶0.04g	理论产量	10000片
产品批号			生产日期		有效期至	
序号	原辅料名称	处方量（g）	消耗定额			备注
			投料量（kg）	损耗量（kg）	领料量（kg）	
1	复方磺胺甲噁唑干颗粒	300	3.000	0.150	3.150	
2	硬脂酸镁	3	0.030	0.002	0.032	
制成		1000片	10000片			
起草人		审核人		批准人		
日期		日期		日期		

任务分析

一、处方分析

处方中复方磺胺甲噁唑干颗粒为中间品，硬脂酸镁为润滑剂，增加颗粒流动性，帮助减小片重差异。

二、工艺分析

由于粉碎、过筛、制颗粒等工序在前面的工作任务中已经进行了系统的训练，因此按照片剂的生产工艺流程，结合前期工作内容，将本工作任务细分为5个子工作任务，即任务7-1称量配制；任务7-2整粒、分级；任务7-3总混；任务7-4压片；任务7-5内包装（图4-6）。

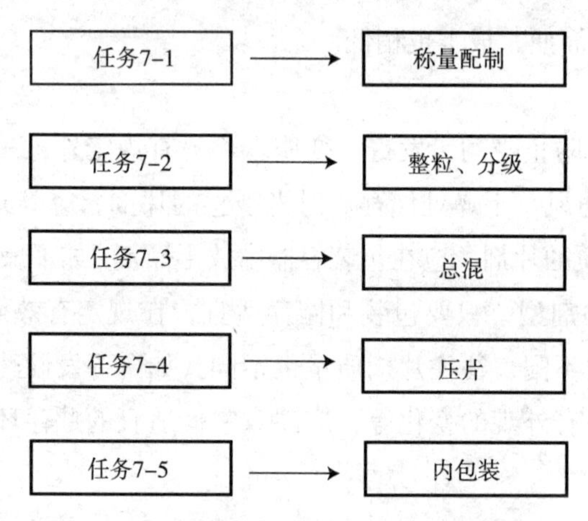

图4-6　复方磺胺甲噁唑片生产工艺分解图

三、质量标准分析

本品每片中含磺胺甲噁唑（$C_{10}H_{11}N_3O_3S$）与甲氧苄啶（$C_{14}H_{18}N_4O_3$）均应为标示量的90.0%~110.0%。

1. 处方

磺胺甲噁唑	200g
甲氧苄啶	40g
辅料	适量
制成	1000片

2. 性状　本品为白色片。

3. 鉴别

（1）取本品的细粉适量（约相当于甲氧苄啶50mg），加稀硫酸10ml，微热使甲氧苄啶溶解后，放冷，滤过，滤液加碘试液0.5ml，即生成棕褐色沉淀。

（2）取本品的细粉适量（约相当于磺胺甲噁唑0.2g），加甲醇10ml，振摇，滤过，取滤

液作为供试品溶液；另取磺胺甲噁唑对照品0.2g与甲氧苄啶对照品40mg，加甲醇10ml溶解，作为对照品溶液。照薄层色谱法（《中国药典》）试验，吸取上述两种溶液各5μl，分别点于同一硅胶GF_{254}薄层板上，以三氯甲烷-甲醇-N，N-二甲基甲酰胺（20∶2∶1）为展开剂，展开，晾干，置紫外光灯（254nm）下检视。供试品溶液所显两种成分的主斑点的位置和颜色应与对照品溶液的主斑点相同。

（3）在含量测定项下记录的色谱图中，供试品溶液两主峰的保留时间应与对照品溶液相应的两主峰的保留时间一致。

（4）取本品的细粉适量（约相当于磺胺甲噁唑50mg），显芳香第一胺类的鉴别反应（《中国药典》）。

以上（2）、（3）两项可选做一项。

4. 检查

（1）溶出度　取本品，照溶出度测定法（《中国药典》），以0.1mol/L盐酸溶液900ml为溶出介质，转速为每分钟75转，依法操作，经30min时，取溶液适量，滤过，精密量取续滤液10μl，照含量测定项下的方法，依法测定，计算每片中磺胺甲噁唑和甲氧苄啶的溶出量。限度均为标示量的70%，应符合规定。

（2）其他　应符合片剂项下有关的各项规定（《中国药典》）。

5. 含量测定　照高效液相色谱法（《中国药典》）测定。

（1）色谱条件与系统适用性试验　用十八烷基硅烷键合硅胶为填充剂；以乙腈-水-三乙胺（200∶799∶1）（用氢氧化钠试液或冰醋酸调节pH值至5.9）为流动相；检测波长为240nm。理论板数按甲氧苄啶峰计算不低于4000，磺胺甲噁唑峰与甲氧苄啶峰的分离度应符合要求。

（2）测定法　取本品10片，精密称定，研细，精密称取适量（约相当于磺胺甲噁唑44mg），置100ml量瓶中，加0.1mol/L盐酸溶液适量，超声处理使主成分溶解，用0.1mol/L盐酸溶液稀释至刻度，摇匀，滤过，精密量取续滤液10μl，注入液相色谱仪，记录色谱图；另取磺胺甲噁唑对照品和甲氧苄啶对照品各适量，精密称定，加0.1mol/L盐酸溶液溶解并定量稀释制成每1ml中含磺胺甲噁唑0.44mg与甲氧苄啶89μg的溶液，摇匀，同法测定。按外标法以峰面积计算，即得。

6. 类别　磺胺类抗菌药。

7. 贮藏　遮光，密封保存。

任务计划

按照片剂生产岗位要求，将学生分成若干个班组，由组长带领本组成员认真学习各岗位职责，对工作任务进行讨论，并进行分工，对每位学生应完成的工作任务内容、完成时限和工作要求等做出计划（表4-4）。

表4-4 生产计划表

工作车间：		制剂名称：	规格：	
工作岗位	人员及分工	工作内容	工作要求	完成时限

·任务实施·

任务7-1 称量配制

按照生产指令，使用电子秤称量磺胺甲噁唑干颗粒3.000kg、硬脂酸镁0.030kg备用。具体操作参见“项目二 散剂的生产”中的“任务3-3 称量配制”。

任务7-2 整粒、分级

用YK-160型摇摆式制粒机，按照《YK-160型摇摆式制粒机操作规程》进行操作，安装12目筛网，进行整粒。按照《圆盘分筛机操作规程》进行操作，安装筛网（上层12目，下层14目），整粒后的颗粒外观不得有变色和混杂物，能全部通过12目筛，但能通过14目筛的颗粒不超过30%。具体操作参见“项目三 颗粒剂的生产”中的“任务5-5 整粒、分级”。

任务7-3 总混

用三维运动混合机，按照《三维运动混合机操作规程》进行操作，将硬脂酸镁加入到干颗粒中，进行混合，时间30min，转速设定为30r/min。混好的物料外观不得有变色和混杂物。具体操作参见“项目三 颗粒剂的生产”中的“任务5-6 总混”。

任务7-4 压片

一、任务描述

用ZP-10A旋转式压片机，按《压片机操作规程》进行操作。理论片重范围0.30g（±5%）。压出的药片外观完整光洁，厚薄、形状一致，色泽均匀一致。不得有粘连、溶化、发霉现象。压片过程中每隔10min测定一次片重，确保片重差异≤±5%。压出的药片崩解时限、片剂脆碎度等符合质量标准。

二、岗位职责

1.严格执行《压片岗位操作法》、《压片设备操作规程》，进岗前按规定着装，进岗后做好车间、设备清洁卫生，按工艺要求装好压片机冲模，并做好其他一切生产前准备工作。

2.根据生产指令，按规定程序从中间站领取物料。

3.严格按工艺规程和压片机操作规程进行压片，并按规定时间检查片子的质量（包括片重、外观等）。

4.压片过程中发现质量问题必须向工序负责人及时反映。

5.按规定办理物料移交，余料退中间站。按要求认真填写各项记录。

6.工作期间严禁脱岗、串岗，不做与岗位工作无关之事。

7.工作结束或更换品种时，严格按本岗位清场SOP清场，经质监员检查合格后，挂标识牌。

8.经常检查设备运转情况，注意设备保养，操作时发现故障应及时上报。

9.如实填写各种生产记录。

三、岗位操作法

（一）生产前准备

1.操作人员按D级生产区人员进入标准程序进行更衣，进入操作间。

2.检查工作场所、设备、工具、容器具是否具有清场合格标识，并核对其有效期，否则，按清场程序进行清场，并请QA检查合格后，将“清场合格证”附于批生产 记录内，进入下一操作。

3.根据压片要求选用适当的设备，并检查设备是否具有“完好”标识卡及“已清洁”标识。

4.对计量器具进行检查，正常后进行下一步操作。

5.根据生产指令填写领料单，从中间站领取需要的总混后颗粒，并核对本次生产品种的品名、批号、规格、数量无误后，进行下一操作。

6.必要时对设备及所需容器、工具进行消毒。

7.挂本次运行状态标识，进入操作状态。

（二）操作

扫码“看一看”

1.按压片设备标准操作规程进行压片机的安装。

（1）安装中模圈及中模顶丝　手动旋转压片机，使上冲盘一模孔与上导轨盘缺口处对齐。用中模清理刀将模孔内打磨平整。将中模平放于模孔上方，将铜块置于中模上，将打棒由上冲孔穿入，向下轻敲中模，使中模垂直进入模孔。用手及刀尺分别轻轻划过中模面，应与中冲盘无阶梯、无卡顿。手动旋转压片机，采用相同方法将其余中模安装完毕。待全部中模安装完毕后，取中模顶丝，尖头向内置于中冲盘周围圆孔内，用六角形扳手将中模顶丝用力旋紧；手动旋转压片机，将其余中模顶丝全部安装完毕。

（2）安装下冲头及下冲导轨　手动旋转压片机，使中模孔、下冲孔与下方圆孔对齐。取下冲头，从下方圆孔处穿入，安装于下冲盘内，用手调整下冲头高度，使不高于中模面。手动旋转压片机，将其余下冲头安装完毕。待全部下冲安装完毕后，取下冲导轨，黄色面向上，银色面向下，放置于下冲盘下方。取导轨固定螺丝，从操作台下方穿入导轨相应螺孔内，用六角形扳手分别将两枚固定螺丝用力旋紧。

（3）安装上冲头及集油环　手动旋转压片机，使上导轨盘缺口与上冲孔对齐。取上冲头，从缺口处穿入并插到最低。取集油环，凹槽向上安装于上冲头前部，防止压片过程中润滑油污染药片。手动旋转压片机，采用相同方法将其余上冲头及集油环全部安装完毕。

（4）安装上下冲盖板　取两侧上冲盖板，分别用螺丝固定于机器相应位置。安装完毕后取右侧下冲盖板，从机器左后方穿入，用锁扣与左侧下冲盖板扣严。

（5）安装强迫加料器　将放料挡板置于加料平台上。取强迫加料器，进料口朝上，平放于加料平台上，用螺栓将强迫加料器与加料平台固定。调整强迫加料器上叶轮轴方向，使其与万向联轴器连接。最后将连接管接于下料斗与强迫加料器之间，插实。

（6）安装出片器　安装出片器之前手动旋转压片机1~3圈，检查机器运转情况；检查无异常后关闭右侧机室门。取出片器，置于出片口，下方用螺栓拧紧，接通电源连接线。

（7）盘车检查　安装结束后手动旋转压片机1~3圈，检查各部件运转情况，若转动过程中发出异响或发生卡顿，则应立即停止盘车，并对部件安装进行检查。

2.将少量颗粒加入料斗内，用手转动飞轮两圈，用听、看等办法判断设备性能是否正常，一般故障自己排除，自己不能排除的通知维修人员。

3.添加颗粒开机试压，适当调节片厚调节器至能压成较松的片子，定量后再调压力使厚度和硬度至符合要求。测片重差异、崩解时限。

4.试压合格后正式压片，在压片过程中要求10min检查一次，并做好记录；并由QA检查员按规定的检验规程抽样检查。

5.及时将压好的片子装入洁净的盛装容器内，容器内、外贴上标签，注明物料品名、规格、批号、数量、日期和操作者的姓名，及时交中间站，并填好记录。

6.出现异常情况，应及时报告技术人员解决。

（三）清场

1.拆下饲料斗、刮粉器、上冲、下冲，将压力调小，拆下的模具擦净，点数后浸入油中或涂上防锈油，专柜存放；并按清场程序和设备清洁、消毒规程清理工作现场、工具、容器具、设备，并按定置管理要求摆放。请质量检查员检查，合格后发给清场合格证。

2.将运行状态标识换为清场合格标识。

3.在连续生产同一品种过程中需要暂停时，要将工作场所及设备外表面清理干净。

4.同一品种连续生产三批或停产两天以上时，要按清洁程序清理现场。

（四）结束

1.按要求填写批生产记录、设备运行记录、交接班记录等。

2.关好水、电、气开关及门，按进入程序的相反程序退出。

四、操作规程

扫码“看一看”

（一）开机前准备

1.检查压片机各部件安装是否正常，中模顶丝是否上紧，检查上冲挡板紧固螺钉，下冲导轨档块紧固螺钉是否拧紧；检查加料器的刮粉板与中冲盘贴合是否紧密；检查加料器安装是否到位；检查放料挡板是否推入到位；检查主压手轮及填充手轮是否处于较低位置。

2.检查压片机内有无无关的器具或工具，若有及时清除。

3.打开压片机正下方机柜门，手动加油润滑2～3次。

4.检查机器操作室门是否处于关闭状态。

5.检查各类辅机（筛片机、吸尘器）是否与压片机连接。

6.手动盘车检查机器运转是否正常。

7.在压片机出口旁放好接收容器。

（二）开机运行

1.更换标识牌：将“已清洁”标识牌更换为“运行”标识牌。

2.打开总电源，旋出急停按钮，打开屏幕锁，拿下屏幕保护罩，系统进行自检。

3.检查设备状态

（1）点击“门窗保护”，查看门窗保护状态，将“门窗保护”设置为工作状态。

（2）检查出片器安装情况，点击“出片挡板”，设置适宜“延时时间”，测试出片挡板工作状态。

4.点击“生产运行”，进入生产界面，按下“点动”按键，观察压片机空运转情况。

5.进行试生产

（1）向下料斗内装入少量物料，拉出下料挡板，点击“强迫加料”按键，观察加料器窗口，直至加料器内物料充足，分布均匀。

（2）按下“剔废”及“启动”按键。旋转填充手轮，适当增加填充量；旋转主压力手轮，适当增大主压力。观察出片器中药片是否成型。若药片轻捻即碎说明压力过低，需继续升高主压力。采用相同方法再次检查药片硬度，当药片在施力状态下仍保持完整时说明压力适宜。

（3）停机，取10片成型药片，测量平均片重。

（4）重新启动设备，根据片重测定结果调整填充量及主压力，采用相同方法取样测定，直至片重符合要求。

（5）当片重合格后，继续升高主压力，取数片用硬度仪测定当前硬度值，根据要求进一步调整主压力，直至片剂硬度合格。

6.进行正式生产　当片重及硬度符合要求后开始正式生产，再次点击“剔废”按键，

出片挡板弹至右侧，合格片剂自出片器合格品通道滑出。正式生产过程中应密切关注下料斗内物料是否充足，及时补充物料。同时，每隔一定时间取样测定片重及硬度是否符合要求。

7.及时将压好的片子装入洁净的盛装容器内，容器内、外贴上标签，注明物料品名、规格、批号、数量、日期和操作者的姓名，及时交中间站，并填好记录。

8.结束生产　生产结束后将填充量及主压力降至最低，点击“停止”按键，机器停止运转。点击“返回”退出操作界面。扣好屏幕保护罩，关闭下料挡板，关闭屏幕锁，按下急停，关闭总电源。将“运行”标识牌更换为“待清洁”标识牌。

（三）停机

1.生产结束后将填充量及主压力降至最低，点击“停止”按键，机器停止运转。

2.点击“返回”退出操作界面。扣好屏幕保护罩，关闭下料挡板，关闭屏幕锁，按下急停，关闭总电源。

3.将“运行”标识牌更换为“待清洁”标识牌。

4.将压好的片子贴上标签，运到中间站。

5.将料斗内转台上剩余的物料清理到规定容器内，标识清楚。

6.按《ZP-10A旋转式压片机清洁规程》进行清洁。

（四）操作注意事项

1.机器在压片过程中出现任何异常情况，应迅速按动控制柜上的急停按钮停机。

2.在机器运转过程中不可将机器四周的有机玻璃门打开，若有问题要将机器停止后再进行查看。

3.若出现电路异常，应立即关闭总电源。

五、清洁规程

（一）模具清洁

1.拆下出片器、强迫加料器、上下冲保护罩，并送至清洁室，用饮用水刷洗出片器、强迫加料器、上下冲保护罩至无生产遗留物，必要时用洗涤液刷洗，用饮用水冲洗至无泡沫。用纯化水冲洗，用无纤维布擦干，用75%乙醇消毒剂擦拭，放于清洁架。

2.卸下中模顶丝，拆下中模、上冲、下冲，用饮用水冲洗至无生产残留物，必要时用洗涤液刷洗，用饮用水冲洗至无泡沫。用纯化水冲洗，用无纤维布擦干，用消毒剂 擦拭，运往模具间上油后交模具管理员妥善保存。

（二）机身清洁

1.使用吸尘器清洁生产残留物。

2.用无纤维布擦拭工作转盘、机器台面，自然晾干，用消毒剂擦拭。

3.用纯化水擦洗机身外部，用无纤维布擦干。

六、维护保养规程

（一）涡轮减速器的维护要点

1.涡轮减速器是发热部件，要求安装在空气循环冷却的环境中。冷空气是由一组风扇吸进热空气通过正压排出体外，吸气孔和排气口在机器的后门上，必须保证空气流通顺畅。

2.打开左边门，可以看到涡轮减速器的油标，油面应定期检查，工作400~500h应换油。润滑油牌号为460号涡轮箱油。

（二）皮带拉力调节

皮带拉力可通过移动电机底板来调整，皮带在自由移动段的中点可左右1~2cm之间移动，调整好后，小心将螺丝拧紧。

（三）自动润滑系统

1.机器配有自动、非循环润滑系统，此系统包括润滑泵、分配系统（管道与分配阀）称为中心润滑系统，机器的润滑由中心润滑系统来完成，润滑后的废油通过排油口流到废油箱里，废油箱要定期清理。

2.中心润滑系统，传送润滑油可通过PLC控制面板“润滑控制”页面中进行调整。由于具有自动润滑系统，故机器在运转中不需要特殊加油维护，但要定期向润滑泵加润滑油（30号机械油）。

七、生产记录

压片批生产记录见表4-5、压片岗位清场记录见表4-6。

表4-5　压片批生产记录

产品名称	规格	批号		温度	相对湿度
生产日期					
生产前检查					
序号	操作指令及工艺参数	工前检查及操作记录		检查结果	
1	确认是否穿戴好工作服、鞋、帽等进入本岗位	□是	□否	□合格	□不合格
2	确认无前批（前次）生产遗留物和文件、记录	□无	□有	□合格	□不合格
3	场地、设备、工器具是否清洁并在有效期内	□是	□否	□合格	□不合格
4	检查设备是否完好，是否清洁	□是	□否	□合格	□不合格
5	是否换上生产品种状态标识牌	□是	□否	□合格	□不合格
检查时间	年　月　日　时　分至　时　分	检查人		QA	

续表

物料记录

物料名称	物料重量	片子总重量		残损量	
称量人		复核人		QA	

操作过程

操作指令及工艺参数	操作记录	操作人	复核人
1. 核对物料：批号，数量正确，外观质量无异常 2. 开机前检查 （1）检查摇摆式制粒机清洁状况，开机空运转，正常后更换运行标识牌 （2）检查三维运动混合机清洁状况，开机空运转，正常后更换运行标识牌 （3）检查压片机清洁状况，开机空运转，正常后更换运行标识牌 3. 整粒 安装好物料接收袋，打开摇摆式制粒机电源，按“run”按钮，调整好整理速度，加入待整粒物料，整粒完毕后关机 4. 总混 将整好的颗粒及润滑剂放入混合筒内，设定混合时间为 15 分钟，打开三维运动混合机电源，按动启动按钮进行混合 5. 压片 打开压片机电源，待机器运转正常后加入混合好的颗粒，调节压力手轮于较小位置，调节充填手轮至片重合格，调节压力手轮至压力合格，点击运行按钮进行生产 6. 压片完毕做好标记称重	1. 结果：批号、数量__________ 外观质量：__________ （1）结果：清洁__________ 空运转：__________ （2）结果：清洁__________ 空运转：__________ （3）结果：清洁__________ 空运转：__________ 3. 设备编号：__________ 待整粒颗粒重：______kg 整粒后颗粒重：______kg ____日____时____分 开始整粒 ____日____时____分 停止整粒 4. 设备编号：__________ 颗粒重量：____kg 颗粒含水量：____% 颗粒含量：____% 辅料重量：____kg 总混后颗粒重量：____kg ____日____时____分 开始总混 ____日____时____分 停止总混 5. 设备编号：__________ 模具规格：__________ 理论片重：____g 理论片重范围：____g____g 实际片重：____g 实际片重范围：____g____g 片子总重：____kg 取样量：____kg 残损量：____kg ____日____时____分 开始压片 ____日____时____分 停止压片		

$$物料平衡\% = \frac{片子重量+残损量+取样量}{颗粒重量+辅料重量} \times 100\% = \frac{\quad}{\quad} \times 100\% =$$

物料平衡限度为 99.0%~100.0%

生产管理员：　　　　　　　　　　QA检查员：

表 4-6 压片岗位清场记录

品名	规格	批号	清场日期	有效期
			年　月　日	至　年　月　日

基本要求	
	1. 地面无积粉、无污斑、无积液；设备外表面见本色，无油污、无残迹、无异物
	2. 工器具清洁后整齐摆放在指定位置；需要消毒灭菌的清洗后立即灭菌，标明灭菌日期
	3. 无上批物料遗留物
	4. 设备内表面清洁干净
	5. 将与下批生产无关的文件清理出生产现场
	6. 生产垃圾及生产废物收集到指定的位置

清场项目	项目	合格（√）	不合格（×）	清场人	复核人
	地面清洁干净，设备外表面擦拭干净				
	设备内表面清洗干净，无上批物料遗留物				
	物料存放在指定位置				
	与下批生产无关的文件清理出生产现场				
	生产垃圾及生产废物收集到指定的位置				
	工器具、洁具擦拭或清洗干净，整齐摆放在指定位置，需要消毒灭菌的清洗后立即消毒灭菌，标明灭菌日期				
	更换状态标识牌				
备注					

负责人：　　　　　　　　QA：

任务7-5　内包装

一、任务描述

用LSB-W-I型泡罩包装机，按照《泡罩包装机操作规程》将压好的片子进行内包装。

二、岗位职责

1.严格执行《片剂泡罩式包装岗位操作法》和《片剂泡罩式包装机操作规程》。

2.负责片剂包装所用设备的安全使用及日常保养，避免发生生产事故。

3.严格执行生产指令，保证包装所用的药品名称、数量、规格准确无误，分装质量达到标准。

4.自觉执行工艺纪律，确保本岗位不发生混药、错药或对药品造成污染。发现偏差及时汇报。

5.如实填写各种生产记录，对所填写的原始记录无误负责。

6.做好本岗位的清场工作。

三、岗位操作法

（一）生产前准备

1. 操作人员按进入洁净区标准程序进行更衣，进入操作间。

2. 检查工作场所、设备、工具、容器具是否具有清场合格标识，并核对其有效期，否则，按清场程序进行清场。并请QA检查合格后，将清场合格证附于批生产记录内，进入下一操作。

3. 根据包装要求选用适当的设备，并检查设备是否具有“完好”标识卡及“已清洁”标识。检查设备是否正常，若有一般故障自己排除，自己不能排除的则通知维修人员，正常后方可运行。

4. 对计量器具进行检查，正常后进行下一步操作。

5. 根据生产指令向中间站领取片剂和包装材料，摆放在设备旁。并核对领取物料的品名、批号、规格、数量无误后，进行下一操作。

6. 对设备及所需容器、工具进行消毒。

7. 挂本次运行状态标识，进入操作状态。

（二）操作

1. 车间温度18～26℃，相对湿度45%~65%，戴好手套，上料开始包装，并严格按标准操作规程进行操作。

2. 在包装过程中注意冲切位置要正确，产品批号、有效期要清晰，压合要严密、密封纹络清晰，质检员随时抽查控制质量。

3. 剔除残次板，生产中有异常情况及时报告解决。

4. 包装完毕后将包好的药板装好，不要过分挤压。

（三）清场

1. 按清场程序和设备清洁规程清理工作现场、工具、容器具、设备，并请质量检查员检查，合格后发给清场合格证。

2. 撤掉运行状态标识，挂清场合格标识。

3. 连续生产同一品种需暂停将设备清理干净。

4. 换品种或停产两天以上时，要按清洁程序清理现场。

（四）结束

1. 及时填写批生产记录、设备运行记录、交接班记录等。

2. 关好水、电、气开关及门，按进入程序的相反程序退出。

四、操作规程

（一）开机前准备

1. 全面检查机器各部件，电源、气、水等是否正常。

2. 领取与生产中间产品相对应的PVC及铝箔。

3. 换上与生产中间产品相应批号的钢字粒，并在字模下面贴一块双层胶布，以免压穿

PVC及铝箔。

（二）开机运行

1. 打开机器总电源开关“I”键，打开控制盒中的电源锁。

2. 按下控制盒中的“加热”、“批号”键分别给PVC加热辊筒（调节至155～160℃），铝箔加热辊筒（调节至185～190℃）及批号钢字加热（120～130℃）。

3. 打开冷却水开关，保持成型辊筒温度不超过40℃，开启抽风机。

4. 按规定方向装上PVC及铝箔，并使铝箔药品名称与批号方向相同，将PVC绕过加热辊筒贴在成型辊上，最后与铝箔在铝箔加热辊筒处汇合。

5. 待达到预定温度时，按启动开关，主机顺时针转动，PVC依次绕过PVC加热辊筒、加料斗、铝箔加热辊筒、张紧轮、批号装置、冲切模具。

6. 按下“压合、冲切、真空、批号”键及启动开关，机器转动，检查冲切的铝塑成品是否符合要求，批号钢字体与铝箔上字体方向应一致，如相反可以调换铝箔或批号钢字的方向。

7. 检查铝塑成品网纹、批号是否清晰，铝塑压合是否平整，冲切是否完整，批号是否穿孔等外观检查。对批号、有效期进行复核，确认签字。

8. 检查符合要求后，机器正常运转，放下加料斗，加入合格中间产品。

9. 打开放料阀，但要调节好加料速度与机器转速填运一致，按“刷轮”开关，调节正常转速，以不影响中间产品质量为宜。

10. 机器正常运转，开始进行生产操作。

11. 生产过程中必须经常检查铝塑成品外观质量，机器运转情况，如有异常立即停机检查，正常后方可生产。

（三）停机

1. 生产结束后，按总停开关即可，锁住电源开关，将总电源开关设置在“O”处，关闭冷却水及压缩气。

2. 按《LSB-W-I型铝塑包装机清洁规程》清洁铝塑包装机，清洁完毕挂已清洁状态牌，填写《设备清洁记录》。

五、清洁规程

1. 清洁工具　丝光毛巾。

2. 清洁剂及其配制　饮用水、纯化水。

3. 消毒剂　75%乙醇。

4. 清洁频次

（1）每批生产结束后清洁一次。

（2）每周生产结束后清洁、消毒一次。

（3）更换生产品种后彻底清洁、消毒一次。

5. 清洁对象　泡罩包装机。

6. 清洁地点　在线清洁。

7. 清洁方法

(1)用丝光毛巾蘸饮用水擦拭下料斗、设备内壁。

(2)再用丝光毛巾蘸纯化水擦洗设备内表面及下料斗。

(3)用半干丝光毛巾擦拭设备外表面至洁净，如果有无法去除的污垢，先用65℃饮用热水冲洗并刷洗至洁净，再用丝光毛巾蘸饮用水擦净。

8. 泡罩包装机的消毒

(1)按清洁方法进行清洁。

(2)用丝光毛巾蘸取75%乙醇擦拭与产品接触的所有部位及设备表面。

(3)做好清洁、消毒记录。

9. 挂清洁标识卡 经QA检查后，挂“已清洁”标识卡，标明清洁、消毒日期、有效期。

10. 清洁效果评价 设备内、外表面应洁净、无可见污渍。

11. 清洁工具清洗及存放 按《清洁工具清洁规程》进行清洗和存放。

12. 间隔周期 设备清洁后应在72h内使用，超过规定的时间，应按本规程重新清洁、消毒后方可使用。

六、维修保养规程

(一)日常保养

1. 打开机台后面板，检查气源、水源是否正常。

(1)将滤气器杯中的积水清除。

(2)油雾器中应保持有2/3油杯位置的油，不可超过其顶端。

(3)空气压力应在0.3～0.6MPa。

2. 各传动链松紧度适宜，工作前加注润滑脂。

3. 各齿轮必须啮合完整。

4. 真空泵里的油应达到油杯位置。

5. 行程开关应确保正常功能。

6. 减速器应传动正常，并保持足够的润滑油。

7. 接通电源，各温度指示表应有正常升温指示。

8. 开机空转，各运转部件应无异常声响，转动顺畅。

9. 工作完毕对压合网纹辊涂上机油，以防生锈并对各导柱与轴承用油脂润滑一次。

(二)定期保养

1. 每三个月对减速器装置进行检修一次。

2. 每半年对真空泵进行拆机清洗。

3. 每年对成型辊、传动辊清理一次水垢。

(三)记录

设备检修、保养后，填写《设备改造、检修、保养记录》。

七、生产记录

片剂内包装批生产记录见表4-7，片剂内包装岗位清场记录见表4-8。

表 4-7　片剂内包装批生产记录

产品名称	规格	批号	温度	相对湿度
生产日期				

生产前检查

序号	操作指令及工艺参数	工前检查及操作记录		检查结果	
1	确认是否穿戴好工作服、鞋、帽等进入本岗位	□是	□否	□合格	□不合格
2	确认无前批(前次)生产遗留物和文件、记录	□无	□有	□合格	□不合格
3	场地、设备、工器具是否清洁并在有效期内	□是	□否	□合格	□不合格
4	检查设备是否完好，是否清洁	□是	□否	□合格	□不合格
5	是否换上生产品种状态标识牌	□是	□否	□合格	□不合格
检查时间	年　月　日　时　分至　时　分	检查人		QA	

物料记录

内包材料（kg）	材料名称	批号	领用量	实用量	结余量	损耗量

复方磺胺甲噁唑片（kg）	领用数量	实用量	结余量	耗损量

操作过程

称量人		复核人		QA	

操作过程

操作指令及工艺参数	操作记录	操作人	复核人
执行片剂内包装标准操作程序，并定时对包装情况进行检查	设备编号________		

时间					
装量					
热封温度					
时间					
装量					
热封温度					

平均装量		包装质量	
包装合格品数（板）		检查人	

包装材料销毁

包材名称	批号	销毁数量	销毁人	
			销毁日期	
			监销人	
			监销日期	

$$物料平衡 = \frac{合格品数量+残损量+剩余量+取样量}{领用量} \times 100\% = \frac{\qquad}{\qquad} \times 100\% =$$

物料平衡限度为 99.0%~100.0%

$$收率 = \frac{合格品数}{理论产量} \times 100\% = \frac{\qquad}{\qquad} \times 100\% =$$

收率限度为 85.0%~115.0%

生产管理员：　　　　　　　　　　QA检查员：

表 4-8 片剂内包装岗位清场记录

<table>
<tr><td colspan="2">品名</td><td>规格</td><td>批号</td><td colspan="2">清场日期</td><td colspan="2">有效期</td></tr>
<tr><td colspan="2"></td><td></td><td></td><td colspan="2">年 月 日</td><td colspan="2">至 年 月 日</td></tr>
<tr><td rowspan="6">基本要求</td><td colspan="7">1. 地面无积粉、无污斑、无积液；设备外表面见本色，无油污、无残迹、无异物</td></tr>
<tr><td colspan="7">2. 工器具清洁后整齐摆放在指定位置；需要消毒灭菌的清洗后立即灭菌，标明灭菌日期</td></tr>
<tr><td colspan="7">3. 无上批物料遗留物</td></tr>
<tr><td colspan="7">4. 设备内表面清洁干净</td></tr>
<tr><td colspan="7">5. 将与下批生产无关的文件清理出生产现场</td></tr>
<tr><td colspan="7">6. 生产垃圾及生产废物收集到指定的位置</td></tr>
<tr><td rowspan="8">清场项目</td><td colspan="3">项目</td><td>合格（√）</td><td>不合格（×）</td><td>清场人</td><td>复核人</td></tr>
<tr><td colspan="3">地面清洁干净，设备外表面擦拭干净</td><td></td><td></td><td rowspan="7"></td><td rowspan="7"></td></tr>
<tr><td colspan="3">设备内表面清洗干净，无上批物料遗留物</td><td></td><td></td></tr>
<tr><td colspan="3">物料存放在指定位置</td><td></td><td></td></tr>
<tr><td colspan="3">与下批生产无关的文件清理出生产现场</td><td></td><td></td></tr>
<tr><td colspan="3">生产垃圾及生产废物收集到指定的位置</td><td></td><td></td></tr>
<tr><td colspan="3">工器具、洁具擦拭或清洗干净，整齐摆放在指定位置，需要消毒灭菌的清洗后立即消毒灭菌，标明灭菌日期</td><td></td><td></td></tr>
<tr><td colspan="3">更换状态标识牌</td><td></td><td></td></tr>
<tr><td>备注</td><td colspan="7"></td></tr>
</table>

负责人： QA：

任务评价

一、技能评价

复方磺胺甲噁唑片生产技能评价见表4-9。

表4-9 复方磺胺甲噁唑片生产技能评价

<table>
<tr><td rowspan="2">序号</td><td rowspan="2">操作内容</td><td rowspan="2">评分细则</td><td colspan="2">评价结果</td></tr>
<tr><td>班组评价</td><td>教师评价</td></tr>
<tr><td>1</td><td>着装
（5分）</td><td>注意到制备过程对个人衣鞋帽、装饰品的要求（5分）</td><td></td><td></td></tr>
</table>

续表

序号	操作内容	评分细则	评价结果	
			班组评价	教师评价
2	开机前准备（10分）	检查环境温湿度及设备状态标识（2分）		
		减小压力及填充量（4分）		
		手动盘车检查机器运行状态（4分）		
3	压片（30分）	领取物料（2分）		
		更换运行标识（3分）		
		加料： 加入物料（2分） 点击强迫加料（3分）		
		调节片重： 点击启动（1分） 调节填充量（2分） 适当增加主压力使片剂初步成型（5分） 取10片，停机检查平均片重（2分）		
		调节硬度： 点击启动（1分） 适当增加主压力使片剂硬度增大（5分） 取样测定硬度（4分）		
4	结束操作（10分）	减小压力及填充量，关闭压片机（2分） 将运行标识更换为待清洁（2分） 对压片机表面及地面进行清洁（4分） 将待清洁更换为已清洁（2分）		
5	结果判定（30分）	理论装量： 平均装量（10分）：		
		硬度（10分）：		
		完成时间（10分）：		
6	理论知识口试	1.（5分） 2.（5分） 3.（5分）		

二、知识评价

（一）选择题

1．单项选择题

（1）不用做片剂崩解剂的辅料是（　　）

A. 羧甲淀粉钠　　B. 微粉硅胶

C. 低取代羟丙纤维素　　D. 交联聚乙烯吡咯烷酮

（2）最适合作片剂崩解剂的是（　　）

A. 羟丙甲纤维素　　B. 微粉硅胶

C. 低取代羟丙纤维素　　D. 甲基纤维素

（3）片剂中加入过量的哪种辅料，很可能会造成片剂的崩解迟缓（　　）

A. 硬脂酸镁　　B. 聚乙二醇　　C. 乳糖　　D. 微晶纤维素

（4）可作片剂助流剂的是（　　）

A. 糊精　　B. 聚维酮　　C. 硬脂酸镁　　D. 微粉硅胶

（5）湿法制粒工艺流程图为（　　）

A. 粉碎→称量配制→混合→制粒→干燥→压片

B. 粉碎过筛→称量配制→混合→制粒→干燥→整粒→总混→压片

C. 称量配制→粉碎→混合→制粒→整粒→压片

D. 粉碎过筛→称量配制→混合→制粒→整粒→干燥→压片

（6）压力过大，黏合剂过量，疏水性润滑剂用量过多可能造成下列哪种片剂质量问题（　　）

A. 裂片　　B. 松片　　C. 崩解迟缓　　D. 黏冲

（7）冲头表面粗糙将主要造成片剂的（　　）

A. 黏冲　　B. 硬度不够　　C. 花斑　　D. 裂片

（8）哪一个不是造成黏冲的原因（　　）

A. 颗粒含水量过多　　B. 压力不够　　C. 冲模表面粗糙

D. 润滑剂使用不当

（9）片重差异超限的原因不包括（　　）

A. 冲模表面粗糙　　B. 颗粒流动性不好

C. 加料斗内的颗粒时多时少　　D. 冲头与模孔吻合性不好

（10）关于片剂的特点叙述错误的是（　　）

A. 片剂剂量准确，含量均匀，可再次分剂量

B. 携带、运输方便

C. 机械化、自动化程度高，便于大量生产

D. 幼儿及不能正常进食的患者因吞咽功能问题也可使用

2. 多项选择题

（1）《中国药典》要求片剂在生产与贮藏期间应符合下列哪些规定（　　）

A. 原料药与辅料混合均匀

B. 压片前的物料或颗粒应控制水分

C. 符合融变时限的要求

D. 片剂外观应完整光洁，色泽均匀，有适宜的硬度和耐磨性

E. 片剂的溶出度、释放度、含量均匀度、微生物限度等应符合要求

（2）下列哪组分中全部为片剂中常用的填充剂（　　）

A. 淀粉、糖粉、微晶纤维素

B. 淀粉、羧甲淀粉钠、羟丙甲纤维素

C. 低取代羟丙纤维素、糖粉、糊精

D. 淀粉、糖粉、糊精

E. 硫酸钙、微晶纤维素、乳糖

（3）主要用于片剂的填充剂是（　　）

A. 糖粉　　B. 交联聚维酮　　C. 微晶纤维素　　D. 淀粉

E. 羟丙纤维素

（4）主要用于片剂的黏合剂是（　　）

A. 甲基纤维素　　B. 羧甲纤维素钠　　C. 干淀粉

D. 乙基纤维素　　E. 交联聚维酮

（5）可作片剂的崩解剂的是（　　）

A. 交联聚乙烯吡咯烷酮　　B. 干淀粉　　C. 甘露醇

D. 聚乙二醇　　E. 低取代羟丙纤维素

（6）崩解剂促进片剂崩解的原理可以解释为（　　）

A. 吸水膨胀作用　　B. 毛细管作用

C. 丁达尔效应　　D. 表面张力效应

E. 产气作用

（7）常用的片剂润滑剂主要有（　　）

A. 微粉硅胶　　B. 微晶纤维素　　C. 硬脂酸镁

D. 滑石粉　　E. 羟丙甲纤维素

（8）以下属于旋转式压片机组成部分的是（　　）

A. 落料器　　B. 混合筒　　C. 中模圈

D. 强迫加料器　　E. 集油环

（9）旋转式压片机完成压片包括哪三步（　　）

A. 预混　　B. 制粒　　C. 填充

D. 压片　　E. 出片

（10）下列关于片剂的质量检查，说法正确的是（　　）

A. 片重差异检查要求取10片进行检测

B. 脆碎度检查中，两次减失重量不能超过1%

C. 脆碎度检查时，若片重小于0.65g则取20片进行测定

D. 普通片的崩解时限为15min

E.《中国药典》中收载的溶出度测定法包括篮法、桨法、小杯法、浆碟法和转筒法

（二）简答题

1. 简述旋转式压片机的工作原理。

2. 简述片剂常用辅料的分类及作用。

3. 简述片剂的质量要求。

（三）案例分析题

1. 某药厂压片车间的操作工人在用旋转式压片机压片时，出现片重差异超限的问题。请问这是为什么？应如何预防和解决？

2. 请对复方磺胺甲噁唑片进行处方分析并写出制备工艺流程。

磺胺甲噁唑	4000g
甲氧苄啶	800g
淀粉	800g
淀粉（煮浆用）	适量
十二烷基硫酸钠（煮浆用）	4.6g
硬脂酸镁	50g
共制	10000片

扫码“学一学”

任务8 氧氟沙星片的生产

任务资讯

一、片剂包衣

片剂包衣是指在片剂（素片、片芯）表面包裹上适宜材料衣层的操作。根据包衣材料不同分为糖衣片和薄膜衣片，其中薄膜衣又可分为胃溶性、肠溶性及不溶性三类。糖衣片以蔗糖为主要包衣材料；薄膜衣以高分子成膜材料为主要包衣材料。

（一）片剂包衣目的

1.改善片剂外观便于识别，增加用药的安全性。

2.掩盖药物的不良臭味。

3.提高药物的稳定性，衣层可起到防潮、避光、隔绝空气的作用。

4.防止药物配伍变化，可将有配伍禁忌的药物分别制粒包衣后再压片，也可将一种药物压制成片芯，片芯外包隔离层后再与另一种药物颗粒压制成包心片。

5.控制药物在胃肠道的一定部位释放或缓慢释放。

6.控制药物的释放速度，可采用不同的包衣材料，调整包衣膜的厚度和通透性，可使药物达到缓释、控释作用。

（二）包糖衣过程及常用材料

包糖衣工序一般为隔离层、粉衣层、糖衣层、有色糖衣层、打光、晾片。

1. 隔离层 常用的有10%～15%明胶浆、30%～35%阿拉伯胶浆、10%玉米朊乙醇溶液、15%～20%虫胶乙醇溶液、10%邻苯二甲酸醋酸纤维素乙醇溶液等。

2. 粉衣层 主要材料为糖浆和滑石粉。常用糖浆浓度为65%（g/g）或85%（g/ml）。滑石粉过100目筛。

3. 糖衣层 常用65%（g/g）或85%（g/ml）糖浆。

4. 有色糖衣层 常用着色糖浆，即在糖浆中添加食用色素，亦可用浓色糖浆，按不同比例与单糖浆混合配制。

5. 打光 一般用四川产的川蜡，常加入2%硅油混匀冷却后磨成细粉（过80目筛）使用，常用量为每万片约5～10g。

（三）包薄膜衣过程及常用材料

在片芯表面通过喷雾的方法均匀地喷上一层比较稳定的高分子聚合物衣料，形成数微米厚的塑性薄膜层，使之达到一定的预期效果，这一工艺过程称为包薄膜衣，包衣目的不同包衣材料和技术有较大差别。随着生产设备和工艺的不断改进完善，高分子薄膜材料的相继问世，包薄膜衣技术得到了迅速发展，其工艺可广泛用于片剂、丸剂、颗粒剂，特别是对吸湿性强、易开裂、花斑的中药片剂。

包薄膜衣工序一般为喷包衣液、缓慢干燥、固化、缓慢干燥。薄膜衣材料通常由高分子成膜材料、溶剂和添加剂三部分组成。

1. 高分子成膜材料

（1）羟丙甲纤维素（HPMC）　是最常用的薄膜衣材料之一，可溶于水及一些有机溶剂中，成膜性能好，所形成的膜具有适宜的强度、不易破碎、性质稳定等优点。

（2）羟丙纤维素（HPC）　溶解性能类似HPMC，但干燥过程中易发生粘连，故常与其他成膜材料混合使用。

（3）乙基纤维素（EC）　不溶于水和胃肠液，故不适合单独作衣料，常与水溶性包衣材料如PEG、HPMC等合用，改变EC与水溶性包衣材料的比例，可调节改变药物扩散和释放，可用于缓释、控释制剂。

（4）醋酸纤维素（CA）　不溶于水，易溶于有机溶剂。形成膜具有半透性，是制备渗透泵片或控释片剂最常用的包衣材料，也可以加入助渗剂或致孔剂如PEG、十二烷基硫酸钠等水溶性物质形成微孔膜，适用于水溶性药物的控释片。

（5）醋酸纤维素酞酸酯（CAP）　又称邻苯二甲酸醋酸纤维素，是一种良好的肠溶衣料。可溶于丙酮及丙酮与水、丙酮与乙醇的混合溶剂中，成膜性能好，但具有吸湿性。

（6）羟丙甲纤维素酞酸酯（HPMCP）　为HPMC与邻苯二甲酸作用生成的单酯。本品性质稳定，不溶于酸液，易溶于混合有机溶剂中，其肠溶性能很好，为优良的肠溶性材料。

（7）聚维酮（PVP）　为水溶性薄膜衣料，易溶于水、乙醇、氯仿、异丙醇等，不溶于丙酮、乙醚。形成衣膜坚硬光亮、但成膜后有吸湿软化现象，故常与PEG6000及乙酰甘油单酸酯合用。

（8）聚丙烯酸树脂Ⅰ、Ⅱ、Ⅲ、Ⅳ号　Ⅰ号为水分散体，形成的包衣片表面光滑具有一定硬度，但与水接触易使片面变粗糙；Ⅱ号、Ⅲ号均不溶于水和酸，可溶于乙醇、丙酮、异丙醇或等量的异丙醇和丙酮的混合溶剂中，生产中常用两者的混合液包衣，成膜性好、衣膜透湿性低，但衣膜具有一定脆性。Ⅳ号是目前最为常用的胃溶型薄膜衣材料之一，可溶于乙醇、丙酮、二氯甲烷，不溶于水，它具有成膜性能好、包衣性质稳定、在胃液中快速崩解、防潮性能优良等优点。

2. 溶剂　溶剂应能溶解或分散高分子包衣材料及增塑剂，并使包衣材料均匀分布在片剂表面。常用的溶剂有水和有机溶剂。有机溶剂包衣时包衣材料用量较少、形成包衣片表面光滑、均匀，但有机溶剂易燃并有一定毒性，故应严格控制其残留量；水作包衣用溶剂克服了有机溶剂的缺点，适于不溶性高分子材料，通常是将不溶性高分子材料制成水分散体进行包衣。

3. 添加剂

（1）增塑剂　指能增加衣膜柔韧性的材料，常用的水溶性增塑剂有甘油、丙二醇、聚乙二醇等，水不溶性增塑剂有邻苯二甲酸酯、蓖麻油等。

（2）释放速度调节剂　又称致孔剂或释放速度促进剂，在薄膜衣材料中加入，如蔗糖、氯化钠、聚乙二醇等水溶性物质遇水后，这些水溶性物质迅速溶解，使薄膜衣膜成为微孔薄膜，从而调节药物的释放速度。

（3）固体粉料　用于增加薄膜衣层的牢固性，在包衣过程中加入适当的固体粉末如滑石粉、硬脂酸镁等可以防止高分子包衣材料黏性过大引起的包衣颗粒或片剂的粘连。

（4）着色剂和遮光剂　着色剂的加入主要是为了改善产品外观、便于识别，同时也有一定的遮光作用，可加适量二氧化钛等遮光剂来进一步提高片芯内药物对光的稳定性。但着色剂与遮光剂加入有时会对衣膜性能引起一些不良影响，如降低膜的拉伸强度、膜的柔韧性降低等。

（四）包衣方法

目前常用的包衣方法有滚转包衣法、流化包衣法及压制包衣法。

1. 滚转包衣法　亦称锅包衣法，在包衣锅内，使片剂滚转运动，包衣材料均匀黏附于片剂表面形成包衣的方法，是经典且广泛使用的包衣方法，可用于糖包衣、薄膜包衣以及肠溶包衣等。

2. 流化包衣法　与流化制粒原理基本相似，是将片芯置于流化床中，通入气流，借急速上升的空气流的动力使片芯悬浮于包衣室内，上下翻动处于流化（沸腾）状态，然后将包衣材料的溶液或混悬液以雾化状态喷入，使片芯表面均匀分布一层包衣材料，并通入热空气使之干燥，如此反复包衣，直至达到规定要求。

3. 压制包衣法　采用两台压片机联合起来实施压制包衣，将两台旋转式压片机用单传动轴连接配套使用。包衣时，先用一台压片机将物料压成片芯后，由传递装置将片芯传递到另一台压片机的模孔中，在传递过程中由吸气泵将片外的细粉除去，在片芯到达第二台压片机之前，模孔中已填入了部分包衣物料作为底层，然后片芯置于其上，再加入包衣物料填满模孔，进行第二次压制，制成包衣片。此法可以避免水分、高温对药物的不良影响，生产流程短、自动化程度高、劳动条件好，但对压片机械的精度要求较高。

二、包衣设备

1. 高效包衣机　高效包衣机的锅型结构大致可分为网孔式、间隔网孔式和无孔式三类。

（1）结构　高效包衣机整机由主机、热风机、除尘排风机和PLC（或CPU）控制柜，糖浆气动搅拌机等主要部分组成，如图4-7所示。主机是包衣机的主要工作间，电机采用防爆电机，内有包衣滚筒，滚筒由不锈钢筛孔板组成，门上装有活动杆，杆端装有可调介质喷枪，滚筒的主传动系统为变频器控制的变频调速机，滚筒的两边设置热风进风风道与排风风道，风道均安装有亚高效和高效过滤器，确保进入工作间的热风级别达到D级以上。热风机是主机的热源供应系统，主要由低噪声轴流风机、过滤器、不锈钢U型加热器等组成。主机所需的热风经热交换器将所需温度加热至80℃以上时由热风机强制性送入包衣机

的工作间供主机生产之用。除尘排风机由离心通风机、壳体袋装过滤器、振动机构、集灰抽屉等组成。主要是通过排风机的工作使包衣滚筒工作区形成负压状态，再经过集灰后废气排放，其间除尘排风机的功率一定大于热风机的功率，振动电机主要为集灰之用。

（2）工作原理　片芯在洁净、密闭的旋转滚筒内，在流线型导流板的作用下做复杂的轨迹运动，按工艺参数自动喷洒包衣材料，同时在负压状态下，热风由滚筒中心的气体分配管一侧导入，洁净的热空气通过素片层经气体分配管的另一侧排出，使喷洒在素片表面的包衣介质得到快速、均匀的干燥，从而在素片表面形成一层坚固、致密、平整、光滑的表面薄膜。

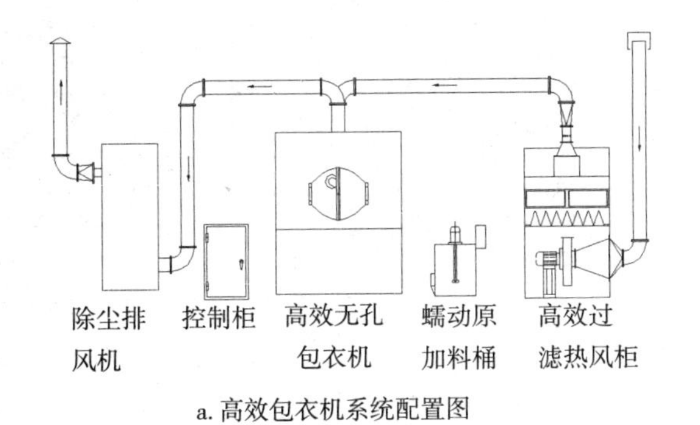

a. 高效包衣机系统配置图

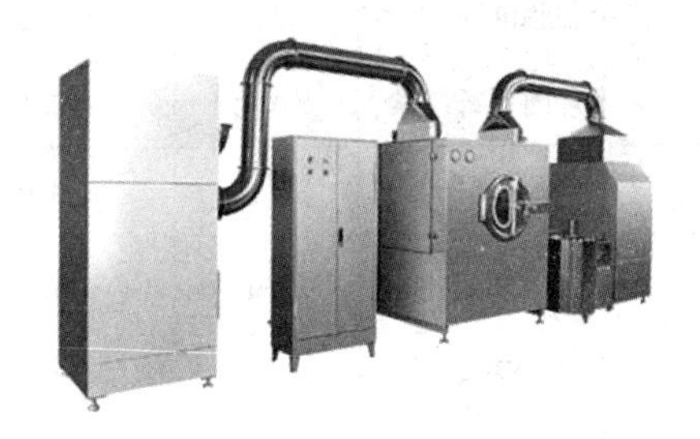

b. 高效包衣机实物图

图4-7　高效包衣机

2. 普通包衣机

（1）结构　由四部分组成：包衣锅、动力系统、加热系统和排风系统，如图4-8所示。包衣锅一般用不锈钢或紫铜衬锡等性质稳定并有良好导热性的材料制成，常见形状有荸荠形和莲蓬形，片剂包衣时以采用荸荠形较为合适。

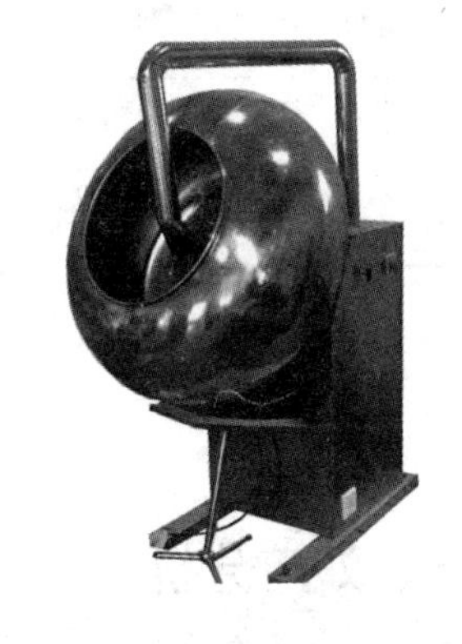

图4-8　普通包衣机实物图

（2）工作原理　包衣时片剂在锅内不断翻滚的情况下，多次添加包衣液，并使之干燥，这样就使衣料在片剂表面不断沉积而成膜层。包衣锅安装在轴上，由动力系统带动轴一起转动。为了使片剂在包衣锅中既能随锅的转动方向滚动，又有沿轴方向的运动，该轴常与水平呈30°～40° 角倾斜，轴的转速可根据包衣锅的体积、片剂性质和不同包衣阶段加以调节。生产中常用的转速范围为12～40r/min。

工作任务

氧氟沙星片的生产指令见表4-10。

表4-10　氧氟沙星片的生产指令

文件编号：			生产车间：		
产品名称	氧氟沙星片	规格	0.1g	理论产量	10000片
产品批号		生产日期		有效期至	

续表

序号	原辅料名称	处方量（g）	消耗定额			备注
			投料量（kg）	损耗量（kg）	领料量（kg）	
1	氧氟沙星	100	1.000	0.050	1.050	
2	淀粉	80	0.800	0.040	0.840	
3	乳糖	40	0.400	0.020	0.420	
4	糊精	20	0.200	0.010	0.210	
5	硬脂酸镁	1.2	0.012	0.001	0.013	
6	羟丙甲纤维素	8.6	0.086	0.004	0.090	
7	聚乙二醇6000	3.9	0.039	0.002	0.041	
8	聚山梨酯-80	2.9ml	29ml	0.000ml	29ml	
9	二氧化钛	6	0.060	0.003	0.063	
10	滑石粉	6.5	0.065	0.003	0.068	
11	纯化水	195ml	1.950ml	0.000ml	1.950ml	
制成		1000片	10000片			
起草人		审核人			批准人	
日期		日期			日期	

任务分析

一、处方分析

氧氟沙星为主药；淀粉、乳糖、糊精为填充剂，硬脂酸镁为润滑剂，羟丙甲纤维素为包衣材料；聚乙二醇6000为释放速度调节剂，其遇水后，迅速溶解，使薄膜衣膜成为微孔薄膜，从而调节药物的释放速度；聚山梨酯-80为表面活性剂；滑石粉用于增加薄膜衣层的牢固性，防止高分子包衣材料黏性过大引起片剂的粘连；纯化水用于制备成膜材料；二氧化钛为遮光剂，可进一步提高片芯内药物对光的稳定性。

二、工艺分析

按照片剂的生产过程，将工作任务细分为7个子工作任务，即任务8-1粉碎过筛；任务8-2称量配制；任务8-3一步制粒；任务8-4整粒、分级；任务8-5总混；任务8-6压片；任务8-7包衣（图4-9）。

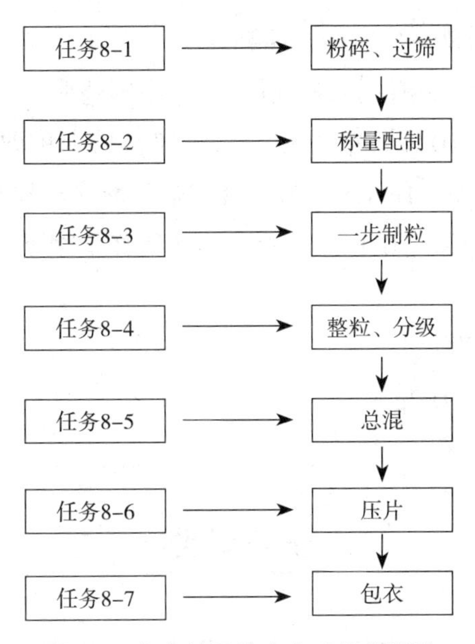

图4-9　氧氟沙星片生产工艺分解图

三、质量标准分析

本品含氧氟沙星（$C_{18}H_{20}FN_3O_4$）计，应为标示量的90.0%～110.0%。

1. 性状　本品为类白色至微黄色片或薄膜衣片，除去包衣后显类白色至微黄色。

2. 鉴别

（1）称取本品细粉适量，用0.1mol/L盐酸溶液适量（每5mg氧氟沙星加0.1mol/L盐酸溶液1ml）使溶解，用乙醇稀释制成每1ml中约含1mg的溶液，滤过，取续滤液作为供试品溶液；照氧氟沙星项下的鉴别（1）项实验，显相同的结果。

（2）在含量测定项下记录的色谱图中，供试品溶液主峰的保留时间应与对照品溶液主峰的保留时间一致。

（3）取本品细粉适量，加0.1mol/L盐酸溶液溶解并稀释制成每1ml中含氧氟沙星6μg的溶液，滤过，滤液照紫外－可见分光光度法（《中国药典》）测定，在294nm的波长处有最大吸收。

以上（1）、（2）两项可选做一项。

3. 检查

（1）有关物质　取本品细粉适量，精密称定，按标示量加0.1mol/L盐酸溶液溶解并定量稀释制成每1ml中约含1.2mg的溶液，滤过，取续滤液作为供试品溶液；照氧氟沙星项下的方法测定，杂质A（238nm检测）按外标示法以峰面积计算，不得过0.3%。其他单个杂质（294nm检测）峰面积不得大于对照溶液主峰面积的1.5倍（0.3%），其他各杂质峰面积的和（294nm检测）不得大于对照溶液主峰面积的3.5倍（0.7%）

（2）溶出度　取本品，照溶出度测定法（《中国药典》），以盐酸溶液（9→1000）900ml为溶出介质，转速为每分钟50转，依法操作，经30min时，取溶液适量，滤过，精密量取续滤溶液适量，用溶出介质定量稀释成每1ml中约含4.5μg的溶液，摇匀，照紫外－可见分光光度法（《中国药典》），在294nm的波长处测定吸光度；另取氧氟沙星对照品适量，精密称定，加溶出介质溶解并定量稀释制成每1ml中约含4.5μg的溶液，同法测定，计算每片

的溶出量。限度为标示量的80%，应符合规定。

（3）其他　应符合片剂项下有关的各项规定（《中国药典》）。

4. 含量测定　取本品10片，精密称定，研细，精密称取适量（约相当于氧氟沙星0.12g），置100ml量瓶中，加0.1mol/L盐酸溶液溶解并稀释至刻度，摇匀，滤过，精密量取续滤液5ml，置50ml量瓶中，用0.1mol/L盐酸溶液稀释至刻度，摇匀，照氧氟沙星项下的方法测定，即得。

5. 类别　喹诺酮类抗菌药。

6. 规格　（1）0.1g（2）0.2g

7. 贮藏　遮光，密封保存。

任务计划

按照片剂生产岗位要求，将学生分成若干个班组，由组长带领本组成员认真学习各岗位职责，对工作任务进行讨论，并进行分工，对每位学生应完成的工作任务内容、完成时限和工作要求等做出计划（表4-11）。

表4-11　生产计划表

工作车间：		制剂名称：	规格：	
工作岗位	人员及分工	工作内容	工作要求	完成时限

任务实施

任务8-1　粉碎过筛

按生产指令单中领料量领取物料，用SXZ-515型旋振筛，按照《SXZ-515型旋振筛操作规程》将硬脂酸镁、淀粉、乳糖、糊精过80目筛，氧氟沙星过100目筛。物料粒径大于80目及100目时用SF-250型万能粉碎机，按照《SF-250型万能粉碎机操作规程》，将其进行粉碎，具体操作参见“项目二 散剂的生产，任务3-1粉碎、任务3-2过筛”。

任务8-2　称量配制

按生产指令称取氧氟沙星1.000kg、淀粉0.800kg、乳糖0.400kg、糊精0.200kg、硬脂酸镁0.012kg、羟丙甲纤维素0.086kg、聚乙二醇6000　0.039kg、二氧化钛 0.060kg、滑石粉0.065kg，量取聚山梨酯-80 29ml。具体操作参见“项目二 散剂的生产，任务3-3称量

配制”。

任务8-3　一步制粒

（一）制备黏合剂

（1）取淀粉适量，用冲浆法配制浓度5%的淀粉浆。

（2）淀粉浆沸腾时，检查其颜色应成半透明状，色泽均匀。煮浆锅周边和锅底无结块。

（3）淀粉浆用20目筛网筛滤至浆桶中备用。

（二）一步制粒机制粒

按照《一步制粒机操作规程》进行操作，将物料混合10min，设定一步制粒机参数进行制粒、干燥。具体操作参见“项目三　颗粒剂的生产，任务6-3 制粒”。

任务8-4　整粒、分级

用快速整粒机，按照《摇摆式制粒机操作规程》进行操作，安装12目筛网，进行整粒。按照《圆盘分筛机操作规程》进行操作，安装筛网（上层12目，下层14目），整粒后的颗粒外观不得有变色和混杂物，能全部通过12目筛，但能通过14目筛的颗粒不超过30%。具体操作参见“项目三颗粒机的生产，任务5-5整粒、分级”。

任务8-5　总混

用三维运动混合机，按照《三维运动混合机操作规程》进行操作，将硬脂酸镁加入到干颗粒中，用三维运动混合机混合，混合时间 30min，转速设定为30 r/min。混好的物料外观不得有变色和混杂物。具体操作参见“项目三 颗粒剂的生产，任务5-6总混”。

任务8-6　压片

一、任务描述

用全自动双出料高速压片机，按《全自动双出料高速压片机操作规程》进行操作。压出的药片外观完整光洁，厚薄、形状一致，硬度、耐磨性、轮廓及表面的规整性好。不得有黏连、溶化、发霉现象。压片过程中每隔10min测定一次片重，确保片重差异≤ ±7.5%。

二、岗位职责

1. 按规定着装，按工艺要求装好压片机冲模，并做好其他一切生产前准备工作。

2. 根据生产指令，按规定程序从中间站领取物料。

3. 严格执行《压片岗位操作法》《压片设备操作规程》进行压片，并按规定时间检查片子的质量（包括片重、外观等）。

4. 压片过程中发现质量问题必须向工序负责人及时反映。

5. 压片结束，按规定进行物料衡算。

6. 按要求认真填写各项记录。

7. 工作期间严禁脱岗、串岗，不做与岗位工作无关之事。

8. 工作结束或更换品种时，严格按本岗位清场SOP清场，经质监员检查合格后，挂标识牌。

9. 经常检查设备运转情况，注意设备保养，操作时发现故障应及时上报。

三、岗位操作法

（一）生产前准备

1. 操作人员按人员进入D级生产区标准程序进行更衣，进入操作间。

2. 检查工作场所、设备、工具、容器具是否具有清场合格标识，并核对其有效期，否则，按清场程序进行清场。并请QA检查员检查合格后，将清场合格证附于本批生产记录内，进入下一操作。

3. 根据压片要求选用适当的设备，并检查设备是否具有"完好"标识卡及"已清洁"标识。试开空车，检查设备、各处管路是否正常，正常后方可运行。

4. 对计量器具进行检查，正常后进行下一步操作。

5. 根据生产指令填写领料单，向仓库或中间站领取需要的总混颗粒，并核对本次生产品种的品名、批号、规格、数量等无误后，进行下一操作。

6. 必要时对设备及所需容器、工具进行消毒。

7. 挂本次运行状态标识，进入操作状态。

（二）操作

1. 按压片设备操作规程装好中模、下冲、上冲、刮粉器、饲料斗等，并盘车检查安装情况。

2. 将少量颗粒加入料斗内，用手转动飞轮两圈，用听、看等办法判断设备性能是否正常，一般故障自已排除，自己不能排除的通知维修人员。

3. 添加颗粒开机试压，适当调节片厚调节器至能压成较松的片子，定量后再调压力使厚度和硬度至符合要求。

4. 试压合格后正式压片，在压片过程中要求10min检查一次，并做好记录；并由QA检查员按规定的检验规程抽样检查。

5. 及时将压好的片子装入洁净的盛装容器内，容器内、外贴上标签，注明物料品名、规格、批号、数量、日期和操作者的姓名，及时交中间站，并填好记录。

6. 出现异常情况，应及时报告技术人员解决。

（三）清场

1. 拆下饲料斗、刮粉器、上冲、下冲，将压力调小，拆下的模具擦净，点数后浸入油中或涂上防锈油，专柜存放；并按清场程序和设备清洁、消毒规程清理工作现场、工具、容器具、设备，并按定置管理要求摆放。请质量检查员检查，合格后发给清场合格证。

2. 将运行状态标识换为清场合格标识。

3. 在连续生产同一品种过程中需要暂停时，要将工作场所及设备外表面清理干净。

4. 同一品种连续生产三批或停产两天以上时，要按清洁程序清理现场。

（四）结束

1. 按要求填写批生产记录、设备运行记录、交接班记录等。

2. 关好水、电、气开关及门，按进入程序的相反程序退出。

四、操作规程

（一）开机前准备

1. 检查压片机各部件安装是否正常，上冲头是否能在其导向装置中自由移动并依靠自身重力下落。在任意位置检查下冲头，看其是否能在导向装置中自由移动并受到冲头止动垫的控制。

2. 检查压片机内是否有无关的器具或工具，若有及时清除。

3. 检查所有油箱和润滑器的液位是否正确。

4. 检查机器操作室门是否处于关闭状态。

5. 检查各类辅机（筛片机、吸尘器）是否与压片机连接。

6. 手动盘车检查机器运转是否正常。

7. 在压片机出口旁放好接收容器。

（二）开机运行

1. 将控制柜左侧的“电源”开关由“OFF”扳到“ON”的位置。压片机接通电源。触摸屏显示“初始画面”。

2. 将使用中的冲头过载压力设置为安全工作压力。即根据冲头的直径和形状调定液压的压力，并设置主压过载微动开关（右出料机构主压过载微动开关设置需将电控柜移开）。

3. 将主设置和夯击设置中的冲头穿透深度设定为同一数值。

4. 将最终压片厚度设置为要求压片厚度的2倍。将夯击压片厚度设置为预期最终压片厚度的3倍左右。

5. 按估算值设置重量调整量。如果没有把握，就采用较低的值。

6. 将送料器速度设置为最低速。

7. 通过自动上料系统将料斗内加入药粉。在“生产状态”的“控制子画面”，在加料允许的情况下，按“加料点动”，让加料器空转约1min，使药粉充满加料器。

8. 用手轮旋转冲盘，如有必要，调整重量控制器和压片厚度控制器直至生产出坚固得足以拿起的压片。

9. 开启主电机并调节速度到最小输出。同时进行重量取样并根据需要调整重量控制器直到机器两侧的压片重量正确并保持一致。

10. 减少压片厚度控制器的数值以获得所需的压片厚度或硬度。

11. 将速度增加到所需要的输出值。

12. 主机运行：根据要求完成以上的操作后，在“生产状态”画面，点击“压力查询”

画面。进入此画面后，可根据PLC运算的结果进行参数设置“标准压力”“标准偏差”“单冲最大压力”“单冲最小压力”及“预置产量”。

13. 待设备运行稳定PLC读数变化不大时可在此画面的下侧直接点击“自动”，设备将进入自动运行状态。

14. 进入自动状态后，不要改变药片的厚度控制刻度、预压刻度、平移深度。如果检测药片的重量偏重可以直接调整减小“标准压力”，反之增加“标准压力”。

15. 机器正常运转待片重基本稳定后，随时观察药片情况，按工艺要求监测片重差异，记录片重。

（三）停机

1. 当物料生产完毕后，点击停止。

2. 压片机停止工作，关闭总电源。

3. 将压好的片子贴上标签，运到周转站。

4. 将料斗内转台上剩余的物料清理到规定容器内，标识清楚。

5. 按【双出料高速压片机清洁规程】进行清洁。

（四）操作注意事项

1. 压片机在过载信号发出时切勿运行。

2. 如果使用的是直径较小的冲头，压力的读数切勿超过冲头最大安全负载。

3. “标准压力”一定要接近PLC运算的“平均压力”。

4. “标准偏差”一定要大于PLC运算的“平均偏差”。

5. “单冲最大压力”一定要大于PLC运算的“单冲最大压力”。

6. “单冲最小压力”一定要小于PLC运算的“单冲最小压力”。

7. “预置产量”不能为零。

8. 机器在压片过程中出现任何异常情况，应迅速按动急停按钮停机。

9. 在机器运转过程中不可将机器四周的有机玻璃门打开，若有问题要将机器停止后再进行查看。

10. 若出现电路异常，应立即关闭总电源。

五、清洁规程

1. 保证全部冲盘区域彻底清洁且无压片材料沉积物，检查模具槽的下面是否干净。

2. 将漏斗、送料器及循环通道从机器取下。

3. 立即擦拭、刷去或用真空吸尘器打扫机器的明显多余材料，从顶部开始向下，包括护挡板和冲盘。

4. 用工具箱中提供的尼龙毛刷蘸取酒精清洁上导向板。特别要清洁位于导向孔上下端处的冲盘表面。

5. 使用不起毛的布擦干所有用液体清洗的零件。

6. 如果模具已移开，使用工具箱中提供的清洁工具擦净每个导向槽，并清洁模具座。

7. 使用一个硬尼龙刷蘸取适合于所要清除压片材料的溶剂，清洁下导向孔。

8. 清洁下导向孔上侧的凸缘。清洁位于下导向孔底部的冲盘下表面。

9. 将布穿过轨道来清洁下凸轮轨道。

六、维护保养规程

对下列零件和工位作定期检查和维护。

1. 上凸轮导轨上升侧与下降侧　该表面在与上冲头头部下侧接触的轨道段上应有一发亮的抛光面，可以显示有规律的正常磨损。如果该表面出现粗糙磨损迹象，则表明上冲头在冲盘导向孔里变紧。如果磨损得不是很严重，可以对冲盘导轨进行磨削，以确保能很好地保持角度。磨削后，应该用纱布修平并抛光该表面。

2. 压力辊与上下辊（主压及夯击）的外表面　该表面应完全平整光滑。如果该表面上有一系列的压痕或划痕，那么应该立刻更换压力辊或对其重新磨削。如果不这样做，将对上冲头头部造成无法补救的损坏。外表面损坏的原因可能是上冲头头损坏、缺少润滑油、使用的润滑油型号不对或冲头形状不对。

3. 上凸轮顶缘斜面　该面在斜面上应该有一个抛光面，在正常情况下，该凸轮仅需支撑上冲头的重量，要使用正确的润滑油。造成磨损的常见原因是上冲头过紧带来压力。纠正措施是清理斜面并排除磨损原因。

4. 下脱模凸轮的顶面　该面在下冲头路径上应该有一发亮的抛光面，与上冲头头部的顶部接触。在导轨中出现的磨损或划痕可能是由于下冲头过紧、缺少润滑油、使用的润滑油型号不正确或冲头头部损坏造成的。纠正措施是通过磨削和重新抛光清除磨损痕迹。

5. 下凸轮轨道　该轨道在与下冲头头部的下侧和顶部接触部分上应该有一发亮的抛光面。尤其应该注意的是退点。在该点，冲头头部与轨道间应该有小于1mm的垂直测量间隙。如果该测量值过大，或冲头头部下侧接触的轨道下侧上出现了磨损，则表明有磨损情况发生。磨损原因可能是缺少润滑油、使用的润滑油型号不正确或冲头头部损坏、下冲头过紧、冲头头部形状不对造成的。纠正措施是排除磨损原因，如果磨损严重，应该更换凸轮。

6. 重量调节斜板及重量调节头　这些零件在与下冲头头部的顶部接触处应该各有一发亮的抛光面。可以通过观察有无深的切槽或划痕来判断是否有磨损发生。磨损原因可能是缺少润滑油、使用的润滑油型号不正确或冲头头部损坏、下冲头过紧、冲头头部形状不对造成的。纠正措施是如果磨损不太严重，应进行清理并重新抛光；如果磨损很严重，应该更换，并排除磨损原因。

7. 冲头和模具　冲头和模具保存的不好可能会导致机器上各种零件的不必要磨损。尤其需要认真检查冲头头部。不管冲头头部在端面上是否出现了划痕还是存在切屑，都应该立即加以清理，否则将损坏压力辊外表面、脱模凸轮及重量调节凸轮。

七、生产记录

压片批生产记录见表4-12，压片岗位清场记录见表4-13。

表4-12　压片批生产记录

产品名称	规格	批号	温度	相对湿度
生产日期				

生产前检查

序号	操作指令及工艺参数	工前检查及操作记录		检查结果	
1	确认是否穿戴好工作服、鞋、帽等进入本岗位	□是	□否	□合格	□不合格
2	确认无前批（前次）生产遗留物和文件、记录	□无	□有	□合格	□不合格
3	场地、设备、工器具是否清洁并在有效期内	□是	□否	□合格	□不合格
4	检查设备是否完好，是否清洁	□是	□否	□合格	□不合格
5	是否换上生产品种状态标识牌	□是	□否	□合格	□不合格

检查时间	年 月 日 时 分至 时 分	检查人		QA	

物料记录

物料名称	物料重量	片子总重量	残损量
称量人		复核人		QA	

片重差异	片重 / 时间	每格时间													分钟
															每格重量 mg
															压片情况
															设备运转情况
															备注

总重量（kg）		总数量（万片）	

$$物料平衡=\frac{成品片重量+不合格品重量+残损量+取样量}{领取颗粒重量+辅料重量}\times100\%=\frac{\qquad}{\qquad}\times100\%=$$

物料平衡限度为98.0%~100.0%

生产管理员：　　　　　　QA检查员：

表 4-13　压片岗位清场记录

品名	规格	批号	清场日期	有效期			
			年　月　日	至　年　月　日			
基本要求	1. 地面无积粉、无污斑、无积液；设备外表面见本色，无油污、无残迹、无异物						
	2. 工器具清洁后整齐摆放在指定位置；需要消毒灭菌的清洗后立即灭菌，标明灭菌日期						
	3. 无上批物料遗留物						
	4. 设备内表面清洁干净						
	5. 将与下批生产无关的文件清理出生产现场						
	6. 生产垃圾及生产废物收集到指定的位置						
清场项目	项目	合格（√）	不合格（×）	清场人	复核人		
	地面清洁干净，设备外表面擦拭干净						
	设备内表面清洗干净，无上批物料遗留物						
	物料存放在指定位置						
	与下批生产无关的文件清理出生产现场						
	生产垃圾及生产废物收集到指定的位置						
	工器具、洁具擦拭或清洗干净，整齐摆放在指定位置，需要消毒灭菌的清洗后立即消毒灭菌，标明灭菌日期						
	更换状态标识牌						
备注							

负责人：　　　　　　QA：

任务8-7　包衣

一、任务描述

用BGB-150B高效包衣机，按《BGB-150B高效包衣机操作规程》进行操作。将氧氟沙星基片包薄膜衣。

（一）配制包薄膜衣材料

1. 将羟丙甲纤维素和聚乙二醇6000混合，先用0.5kg热水溶解，再加入1.75kg纯化水全部溶解，放置12h备用。

2. 将上述溶液加入聚山梨酯-80，混合均匀，取0.5kg加25g滑石粉过胶体磨作隔离液。

3. 再取出0.5kg过胶体磨留作打光液。

4. 余液加入滑石粉、二氧化钛，混匀后过胶体磨，作为薄膜衣液。

（二）方法

1. 用3%聚丙烯树脂Ⅱ乙醇溶液30ml，将锅底喷均匀，风干，开启排风机，将基片装入高效

包衣机，吸出细粉，点动包衣锅，预热基片至出口温度为40℃，包隔离层，锅速（3r/min）至片角光滑，低速启动，转为高速（3～8r/min），喷液速度9.6～19.2kg/h；出口温度30～40℃，压缩空气（4～6kg），蒸汽压力2～5kg。

2. 生产中应随时检查包衣片外观，要求喷至片面光滑，成膜完整光洁，薄厚一致，无粘连，无缺损皱纹，色泽均匀并根据相应情况适当调整包衣锅温度、转速、喷液速度。

二、岗位职责

1. 进岗前按规定着装，进岗后做好厂房、设备清洁卫生，并做好操作前的一切准备工作。

2. 根据生产指令，按规定程序领取物料及包衣材料。

3. 严格按薄膜衣配制工艺处方及其标准操作程序配制包衣液。

4. 按处方工艺要求和高效包衣标准操作程序进行包衣。

5. 包衣过程中严格检查包衣片外观、色泽及片子增重，确保包衣片符合质量要求。

6. 包衣完毕，按规定进行干燥处理。

7. 认真填写各种原始操作记录。

8. 工作期间严禁脱岗、串岗，不做与岗位工作无关之事。

9. 工作结束或更换品种时，严格按本岗位清场标准操作规程清场，经质监员检查合格后，挂标识牌。

10. 经常检查设备运转情况，注意设备保养，操作时发现故障应及时上报。

三、岗位操作法

（一）生产前准备

1. 根据生产计划提前一天配制好薄膜包衣液。

2. 按人员净化程序进入操作间，必须戴口罩、手套。

3. 检查生产所用的一切用具是否干净、齐全，操作间设备的清洁度和清洁标识牌；有无QA监督员签发的清场合格证。

4. 凭生产指令领取被包衣的片芯，包衣用辅料及所需的工器具；检查片芯有无半成品检验合格单，品名、规格、批号、数量等是否与递交单相符；检查所领工器具是否清洁。

5. 检查高效包衣机是否正常，包括电源、压缩空气等。

6. 取下设备的清洁标识牌放到指定的位置，挂上生产标识牌。

（二）操作

1. 按《BGB-150B高效包衣机操作规程》的要求进行操作。

2. 每次按工艺用量称取被包衣中间产品，将其放入包衣滚筒内。

3. 按工艺要求设置包衣过程的各段工艺作业时间。

4. 开启主机使包衣滚筒运转及开启热风对片芯进行预热。

5. 待片芯温度达到工艺要求时，开启输浆泵，开始喷洒薄膜衣液。

6. 注意应将喷枪的喷雾气压和喷雾角度仔细调整一致，同时调整好蠕动泵转速和浆料

调节器，以能达到工艺要求的理想雾化状态。

7. 待将薄膜衣液喷洒完毕，达到工艺要求时，用冷风对薄膜衣片进行冷却，冷却后按“总停”停止操作。

（三）清场

1. 将薄膜衣片用洁净、干燥的布袋装好，称重、填写货位卡，放在包衣片贮存间待检。

2. 高效包衣机按《BGB-150B高效包衣机清洁操作规程》进行清洁。按《清场操作规程》进行清场。

（四）结束

1. 做好生产记录、清场记录和包衣机清洁记录。

2. 在包衣间挂上“已清场”的状态标识。

四、操作规程

（一）开机前准备

1. 接通高效包衣机电源，按“电源开”键，指示灯亮。

2. 设定热风温度为50～60℃，开“包衣机开”键、“排风开”“热风开”键，使包衣机以（3～4r/min）低速转动，充分预热后停机。

（二）开机运行

1. 加入待包衣片，按“包衣机开”“排风开”键，3～4 r/min转动除去片子表面粉尘。按“热风开”键，使片子充分预热，排风到40～45℃。

2. 将喷枪及连线装置旋入包衣机内，调整好喷枪在筒内位置，固紧螺母。

3. 调整包衣锅转速7～8转，开“热风开”“排风开”键，打开雾化气泵，按“喷枪”键启动蠕动泵进行喷雾包衣。

4. 控制片温40℃，喷完指令规定的膜衣溶液，使片子充分干燥。

5. 喷入已配好的打光液，直至喷完，片子表面光滑，薄膜均匀完整，使片子充分干燥后，降至室温。

（三）停机

1. 包衣过程完成后，先将蠕动泵的转速调到“反转”，将包衣液从喷枪中抽回，再关闭蠕动泵电源，并关闭喷枪信号器及雾化气泵气源开关。

2. 调整转速3～5 r/min，继续吹热风使片子充分干燥，设定热风温度与室温相同，关热风键，吹排风，使片温至室温。

3. 按“排风关”键，按“包衣机关”键，装上内外出料器，按包衣机点动键，卸出药片，装入放有洁净塑料袋的不锈钢桶中，称重，贴好物料标签。

（四）注意事项

1. 严格控制温度在工艺要求的范围内。

2. 调节好喷枪的喷雾角度等，达到理想的雾化状态，方可使片面均匀地吸收薄膜衣液。

3. 薄膜衣液在包衣过程中只需保持常温，电加热搅拌保温罐加热器不需使用，该罐不要接上电源，只要向气动马达通上压缩空气，保证搅拌器正常工作即可。

4. 操作异常情况处理：当自动操作出现故障或不能达到工艺要求时，必须采用手动操作。

五、清洁规程

（一）清洁准备

包衣完毕，切断电源，清除设备外部粉尘及废弃物，连接好排污管，开始对设备进行清洁。

（二）搅拌桶、蠕动泵、喷枪及硅胶管的清洁

1. 先排尽搅拌桶内的保温水，用饮用水将保温桶冲洗干净，并将水排尽。

2. 保温内桶先加入一定量饮用水，加入清洗剂，用带柄软刷将内壁刷洗干净，清除污水，并用饮用水冲洗。

3. 加入一定量饮用水和清洗剂，开动搅拌，出料口接蠕动泵和喷枪，开启蠕动泵，打开喷枪，对硅胶管、蠕动泵、喷枪及喷雾管路进行喷射清洗。

4. 换上饮用水反复喷洗，清洗干净后，再换上纯化水清洗，最后用75%乙醇对整个喷雾装置进行清洗、消毒。

（三）主机的清洁

1. 关闭排污管，接通饮用水进水管，打开阀门，将水加入包衣滚筒内，当主机积水盘达到一定水位时，加入清洗剂进行洗涤。

2. 洗涤完毕，打开排污管排污，用饮用水反复冲洗设备各部位。

3. 清洗干净后，接纯化水管进行清洗，最后用75%乙醇对设备各部位进行喷洗、消毒，排尽污水。

4. 用洁净干抹布将设备外表面擦干，设备主体、喷枪等用热风烘干备用。

5. 设备上可拆卸部件送清洁间按容器具清洁标准操作程序进行清洁。

（四）清洁完毕

1. 填写清洁记录，报质监员检查，检查合格挂已清洁牌。

2. 下次包衣前用75%乙醇擦拭包衣设备内外表面，然后用热风吹干方可投入生产。

3. 若设备在清洁后一周内未用，应在生产前重新按清洁程序进行清洁，达到工艺卫生要求后，方可进行生产。

4. 主机进风系统中效过滤器及排风系统除尘过滤装置每个生产月清洁1次，清洁时将过滤器拆下送清洗间先用饮用水反复冲洗，然后用饮用水、清洁剂反复揉洗，挤干后用纯水漂洗15min，最后用75%乙醇浸泡消毒挤干后晾干并安装好。

六、维护保养规程

1. 检查减速机油位、检查密封条是否损坏。

2. 检查各紧固件是否松动、检查各气、液管路是否有泄漏。

3. 检查有无异常震动及杂音。

4. 经常清除设备的油渍及尘埃。

5. 包衣锅及包衣介质喷滴系统工作后应及时清洗干净。

6. 包衣机主机中的减速机用油浸式润滑推荐使用150号工业齿轮油。首次加注润滑油经100～250h运转之后应更换新油，以后每运转1000h再更换润滑油。

7. 主轴轴承装配时要填满锂基润滑脂，中修时更换油脂。

8. 滚筒的前支撑的两个支撑滚轮在出厂时已填满锂基润滑脂，设备中修时重新更换润滑脂。

9. 糖浆蠕动泵和薄膜蠕动泵所用硅胶管在滚轮接触段加硅铜脂或滑石粉润滑。

10. 每次清洗主机后，应及时将清洗站过滤器清洗干净。过滤器位于清洗站与主机连接的排水管路中。

七、生产记录

包衣批生产记录见表4-14，包衣岗位清场记录见表4-15。

表4-14　包衣批生产记录

产品名称	规格	批号	温度	相对湿度
生产日期				

生产前检查					
序号	操作指令及工艺参数	工前检查及操作记录		检查结果	
1	确认是否穿戴好工作服、鞋、帽等进入本岗位	□是	□否	□合格	□不合格
2	确认无前批（前次）生产遗留物和文件、记录	□无	□有	□合格	□不合格
3	场地、设备、工器具是否清洁并在有效期内	□是	□否	□合格	□不合格
4	检查设备是否完好，是否清洁	□是	□否	□合格	□不合格
5	是否换上生产品种状态标识牌	□是	□否	□合格	□不合格
检查时间	年　月　日　时　分至　时　分	检查人		QA	

包衣液配制记录					
物料名称	批号或检验单号	使用量	领用量	剩余量	制浆量
包衣液总重（kg）					
称量人		复核人		QA	

续表

包衣操作记录										
次数	时间	包衣阶段	浆液名称	用量（ml）	加热温度（℃）	进风温度（℃）	出风温度（℃）	片温（℃）	空压（kg/cm2）	转速（r/min）
包衣液使用量						包衣片重量				
废料量						取样量				

$$物料平衡 = \frac{成品片重量+不合格品重量+残损量+取样量}{领取颗粒重量+辅料重量} \times 100\% = \frac{\quad}{\quad} \times 100\% =$$

$$收率 = \frac{合格品数}{理论产量} \times 100\% = \frac{\quad}{\quad} \times 100\% =$$

物料平衡限度为 98.0%~100.0%；收率限度为 85.0%~115.0%

生产管理员： QA 检查员：

表 4–15　包衣岗位清场记录

品名	规格	批号	清场日期	有效期	
			年 月 日	至 年 月 日	
基本要求	1. 地面无积粉、无污斑、无积液；设备外表面见本色，无油污、无残迹、无异物				
	2. 工器具清洁后整齐摆放在指定位置；需要消毒灭菌的清洗后立即灭菌，标明灭菌日期				
	3. 无上批物料遗留物				
	4. 设备内表面清洁干净				
	5. 将与下批生产无关的文件清理出生产现场				
	6. 生产垃圾及生产废物收集到指定的位置				
清场项目	项目	合格（√）	不合格（×）	清场人	复核人
	地面清洁干净，设备外表面擦拭干净				
	设备内表面清洗干净，无上批物料遗留物				
	物料存放在指定位置				
	与下批生产无关的文件清理出生产现场				
	生产垃圾及生产废物收集到指定的位置				
	工器具、洁具擦拭或清洗干净，整齐摆放在指定位置，需要消毒灭菌的清洗后立即消毒灭菌，标明灭菌日期				
	更换状态标识牌				
备注					

负责人： QA：

任务评价

一、技能评价

氧氟沙星片生产的技能评价见表4-16。

表4-16　氧氟沙星片生产的技能评价

测试项目		评分细则	评价结果	
			班组评价	教师评价
实训操作	压片操作（30分）	1. 开启设备前能够检查设备（5分）		
		2. 能够按照操作规程正确操作设备（10分）		
		3. 能注意设备的使用过程中各项安全注意事项（5分）		
		4. 能正确填写物料周转标签（5分）		
		5. 能完整记录操作参数及操作过程（5分）		
	包衣操作（30分）	1. 开启设备前能够检查设备（5分）		
		2. 能够按照操作规程正确操作设备（10分）		
		3. 能注意设备的使用过程中各项安全注意事项（5分）		
		4. 能正确填写物料周转标签（5分）		
		5. 能完整记录操作参数及操作过程（5分）		
	产品质量（10分）	1. 重量差异符合《药典》标准（5分）		
		2. 崩解时限符合《药典》标准（5分）		
	清场（10分）	1. 能够选择适宜的方法，并按顺序对设备、工具、容器、环境等进行清洗和消毒（5分）		
		2. 清场结果符合要求（5分）		
实训记录	完整性（10分）	1. 能完整记录操作参数（5分）		
		2. 能完整记录操作过程（5分）		
	正确性（10分）	1. 记录数据准确无误，无错填现象（5分）		
		2. 无涂改，记录表整洁、清晰（5分）		

二、知识评价

（一）选择题

1. 单项选择题

（1）用一步制粒机可完成的工序是（　　）

A. 粉碎→混合→制粒→干燥　　B. 混合→制粒→干燥

C. 过筛→制粒→混合→干燥　　D. 过筛→制粒→混合

（2）《中国药典》规定，普通片剂的崩解时限要求为（　　）

A. 15min　　B. 30min　　C. 45min　　D. 60min

（3）《中国药典》规定，薄膜衣片剂的崩解时限要求为（　　）

A. 15min　　B. 30min　　C. 45min　　D. 60min

（4）丙烯酸树脂Ⅳ号为药用辅料，在片剂中的主要用途为（　　）

A. 胃溶包衣材料　　B. 肠胃都溶型包衣材料
C. 肠溶包衣材料　　D. 包糖衣材料

（5）HPMCP可做为片剂的何种材料（　　）
A. 肠溶衣　　B. 糖衣　　C. 胃溶衣　　D. 崩解剂

（6）除哪种材料外，以下均为薄膜衣的材料（　　）
A. HPMC　　B. HPC　　C. PVP　　D. 川蜡

（7）以下哪种材料为不溶型薄膜衣的材料（　　）
A. HPMC　　B. EC　　C. PVP　　D. HPC

（8）以下关于片重差异限度规定中正确的是（　　）
A. 片重在0.30g以下，重量差异限度为±7.5%
B. 片重在0.30g以下，重量差异限度为±6.5%
C. 片重在0.30g以下，重量差异限度为±5.5%
D. 片重在0.30g以下，重量差异限度为±4.5%

（9）不用做片剂填充剂的是（　　）
A. 硬脂酸镁　　B. 乳糖　　C. 淀粉　　D. 糊精

（10）常用包衣方法不包括（　　）
A. 滚转包衣法　　B. 流化床包衣法
C. 压制包衣法　　D. 高效包衣机

2. 多项选择题

（1）包糖衣材料包括（　　）
A. 隔离层：常用的有10%～15%明胶浆等
B. 粉衣层：主要材料为糖浆和滑石粉
C. 糖衣层：常用65%（g/g）或85%（g/ml）糖浆
D. 有色糖衣层：常用着色糖浆
E. 打光剂：一般用四川产的川蜡

（2）片剂包衣的目的包括（　　）
A. 改善片剂外观便于识别，增加用药的安全性
B. 掩盖药物的不良臭味
C. 提高药物的稳定性，衣层可起到防潮、避光、隔绝空气的作用
D. 控制药物在胃肠道的一定部位释放或缓慢释放
E. 防止药物配伍变化

（3）对于片剂崩解时限检查正确的是（　　）
A. 普通压制片15min全部崩解　　B. 薄膜衣片30min全部崩解
C. 糖衣片45min全部崩解　　D. 舌下片5min全部崩解
E. 可溶片3min全部崩解

（4）需作崩解时限检查的片剂是（　　）
A. 肠溶衣片　　B. 普通压制片　　C. 缓控释片
D. 糖衣片　　E. 含片

（5）高效包衣机整机组成包括（　　）

A. 主机　　B. 热风机　　C. 除尘排风机

D. 糖浆气动搅拌机　　E. 控制面板

（6）以下哪些既是片剂的黏合剂，又可作薄膜衣材料（　　）

A. 乙基纤维素　　B. 羟丙甲纤维素

C. 交联聚维酮　　D. 聚丙烯酸树脂Ⅳ号

E. 聚维酮

（7）常见薄膜衣材料中，属于水溶性的是（　　）

A. CA　　B. HPC　　C. HPMC　　D. PVP　　E. PVPP

（8）下列薄膜衣材料中，属于肠溶型的有（　　）

A. EC　　B. HPMC　　C. CAP　　D. HPMCP　　E. PVP

（9）制剂生产中常用的包衣方法有哪些（　　）

A. 喷雾包衣法　　B. 流化包衣法　　C. 压制包衣法

D. 高效包衣法　　E. 滚转包衣法

（10）以下关于高效包衣机的操作叙述正确的是（　　）

A. 包衣开始前需进行空机运转并对包衣锅进行预热

B. 喷入包衣液前需对片床进行预热

C. 包衣液应分次喷入，每喷一次干燥一定时间，以使衣层固化

D. 包衣结束需对包衣片继续干燥一定时间

E. 包衣锅转速需根据所喷包衣液及速度适当进行调整

（二）简答题

1. 简述包衣机的工作原理。
2. 简述压片岗位操作法。
3. 简述包薄膜衣的常用材料。

（三）案例分析题

1. 某药厂压片车间的操作工人在用旋转式压片机压片时，出现黏冲的问题。请问这是为什么？应如何预防和解决？

2. 请对氧氟沙星片进行处方分析并写出制备工艺流程。

氧氟沙星	1000g
淀粉	800g
乳糖	400g
糊精	200g
羟丙甲纤维素	86g
聚乙二醇6000	39g
聚山梨酯80	290ml
二氧化钛	60g
滑石粉	65g
纯化水	1950g
共制	10000片

（郝晶晶）

项目五　胶囊剂的生产

学习目标

知识目标

通过氧氟沙星胶囊、维生素E软胶囊的生产任务，掌握胶囊剂的概念、特点、分类及制备工艺；熟悉胶囊囊材组成与规格、胶囊剂的质量要求及质量检查项目；了解硬胶囊充填机、滚模式软胶囊机的结构及工作原理。

技能目标

通过完成本项目任务，熟练掌握硬胶囊、软胶囊的生产过程、各岗位操作及清洁规程、设备维护及保养规程；掌握胶囊充填机、胶囊抛光机、化胶罐、滚模式软胶囊机等设备的操作、清洁和日常维护及保养；学会正确填写生产记录。

任务9　氧氟沙星胶囊的生产

扫码“学一学”

扫码“看一看”

·任务资讯·

一、胶囊剂的概述

（一）胶囊剂的概念

胶囊剂系指原料药物或与适宜的辅料充填于空心胶囊或密封于软质囊材中制成的固体制剂，主要供口服用。空心胶囊的主要材料为明胶，也可用甲基纤维素、海藻酸盐类、聚乙烯醇、变性明胶及其他高分子化合物。

胶囊剂已成为使用广泛的口服制剂之一，许多国家胶囊剂的产量、产值仅次于片剂和注射剂。

（二）胶囊剂的特点

1. 胶囊剂的优点

（1）可具有各种颜色及印字，整洁美观，易于服用，携带方便。

（2）可掩盖药物的不良臭味。如奎宁、氯霉素、鱼肝油等有不良臭味，制成胶囊剂可得到有效的掩盖。

（3）可提高药物的稳定性。对光敏感或遇湿、热不稳定的药物，如维生素、抗生素等，可装入不透光的胶囊中，保护药物不受湿气、氧气、光线的作用，从而提高其稳定性。

（4）药物的溶出速率、生物利用度较高。胶囊剂在胃肠道中相对崩解快、溶出快、吸

收好，生物利用度较高。

（5）可弥补其他固体剂型的不足。含油量高或液态的药物，如维生素A、维生素E、牡荆油等，难以制成片剂，可制成胶囊剂；服用剂量小、难溶于水、胃肠道内不易吸收的药物，可将其溶于适宜的油中，再制成胶囊剂，以利吸收。

（6）可定时定位释放药物。可先将药物制成颗粒，然后用不同释药速度的材料包衣，按需要的比例混匀，装入空胶囊中，可制成缓释、控释、肠溶等多种类型的胶囊剂，如新康泰克缓释胶囊。

2. 不宜制成胶囊剂的情况

（1）药物的水溶液和稀乙醇溶液，它们可使胶囊壁溶解。

（2）易溶性药物或小剂量的刺激性药物，如溴化物、碘化物等，它们在胃中极易溶解，溶解后局部浓度过高而刺激胃黏膜。

（3）风化性药物，可使胶囊壁软化。

（4）吸湿性药物，可使胶囊壁干燥而变脆。

（5）小儿用药不宜制成胶囊剂。

（三）胶囊剂的分类

通常将胶囊剂分为以下几类。

1. 硬胶囊　通称为胶囊，系指采用适宜的制剂技术，将原料药物或与适宜辅料制成粉末、颗粒、小片、小丸、半固体或液体等，充填于空心胶囊中的胶囊剂。如头孢氨苄胶囊、地奥心血康胶囊等。随着制药技术的提高和设备的改进，近年来已有将油状液体、混悬液和糊状物充填于空心胶囊中的胶囊剂。

2. 软胶囊　又称胶丸，系指将一定量的液体药物直接包封，或将固体药物溶解分散在适宜的赋形剂中制备成溶液、混悬液、乳状液或半固体，密封于球形或椭圆形的软质囊材中的胶囊剂，可用滴制法或压制法制备。如维生素E胶丸、藿香正气软胶囊等。

3. 缓释胶囊　缓释胶囊系指在规定的释放介质中缓慢地非恒速释放药物的胶囊剂，缓释胶囊应符合缓释制剂的有关要求并应进行释放度检查，如布洛芬、泰诺等药品都有缓释胶囊制剂。

4. 控释胶囊　控释胶囊系指在规定的释放介质中缓慢地恒速释放药物的胶囊剂。控释胶囊应符合控释制剂的有关要求并应进行释放度检查。控释制剂血药浓度恒定，无“峰谷”现象，从而更好地发挥疗效。

5. 肠溶胶囊　肠溶胶囊系指硬胶囊或软胶囊用适宜的肠溶材料制备而得，或用经肠溶材料包衣的颗粒或小丸充填胶囊而制成的胶囊剂，肠溶胶囊不溶于胃液，但能在肠液中崩解而释放活性成分。

凡药物具有刺激性或臭味，或者遇酸不稳定，需要在肠内溶解而发挥疗效的，均可制成在胃内不溶而肠内崩解、溶化的肠溶胶囊，其制备有以下几种方法：①以肠溶材料制成空心胶囊；②用肠溶材料作外层包衣。

（四）胶囊剂的质量要求

胶囊剂在生产与贮藏期间均应符合下列有关规定。

1. 胶囊剂内容物不论其活性成分或辅料，均不应造成胶囊壳的变质。

2. 小剂量原料药物应用适宜的稀释剂稀释，并混合均匀。

3. 硬胶囊可根据下列制剂技术制备不同形式内容物充填于空心胶囊中。

（1）将药物粉末直接填充。

（2）将药物加适宜的辅料如稀释剂、助流剂、崩解剂等制成均匀的粉末、颗粒或小片。

（3）将普通小丸、速释小丸、缓释小丸、控释小丸或肠溶小丸单独填充或混合后填充，必要时加入适量空白小丸作填充剂。

（4）将药物制成包合物、固体分散体、微囊或微球。

（5）溶液、混悬液、乳状液等也可采用特制灌囊机填充于空心胶囊中，必要时密封。

4. 胶囊剂应整洁，不得有黏结、变形、渗漏或囊壳破裂现象，并应无异臭。

5. 胶囊剂的微生物限度应符合要求。

6. 根据原料药物和制剂的特性，除来源于动、植物多组分且难以建立测定方法的胶囊剂外，溶出度、释放度、含量均匀度等应符合要求。必要时，内容物包衣的胶囊剂应检查残留溶剂。

二、空心胶囊

（一）囊材

空心胶囊是由明胶或其他适宜的药用材料制成的具有弹性的空心囊状物。明胶应符合《中国药典》的相关规定，此外还应具有一定的黏度、胶冻力、pH值等性质。明胶的来源对其物理性质也有影响。以骨骼为原料制成的骨明胶质地坚硬、性脆、透明度差，而以猪皮为原料制成的猪皮明胶，可塑性好、透明度好。两种混合使用效果较好。

制备胶囊壳的材料除水溶性明胶，一般还加入一定比例的附加剂。为了增加空胶囊坚韧性和可塑性，可以加入少量甘油、羧甲基纤维素钠（CMC-Na）、羟丙基纤维素（HPC）、山梨醇等；为增加胶液的胶冻力可以加入一定量的琼脂；为了增加美观和辨识度，可以在胶液中加入着色剂（食用染料）；少量十二烷基硫酸钠能增加空胶囊的光泽；一些对光敏感的药物，可以在胶液中加入遮光剂（如二氧化钛等）；为防止胶囊在贮存中发生霉变，可以加入一些防腐剂（常用尼泊金类）；必要时也可以加入芳香性矫味剂等其他辅料。

（二）空心胶囊的选用

详见表5-1。

表5-1　常用空心胶囊的型号与容积

空胶囊的规格（号）	000	00	0	1	2	3	4	5
近似容积（ml）	1.40	0.95	0.68	0.50	0.37	0.30	0.21	0.13

我国药用明胶硬胶囊共分8个型号：000号、00号、0号、1号、2号、3号、4号、5号。但比较常用的是0~5号，其号数越大，容积越小。小容积胶囊为儿童用药或填充贵重药品。由于药物填充多用容积分剂量，而药物的密度、晶型、细度及剂量的不同，所占的容积也各不相同。因此，在制备胶囊时应按药物剂量及所占容积来选择合适的空胶囊。

此外，空心胶囊有普通型和锁口型两类。锁口型胶囊的囊帽和囊体有闭合用的槽圈，套合后不易松开，能保证在生产、贮存和运输过程中不漏粉。

（三）空心胶囊的制备

空心胶囊一般由专门的企业进行生产，生产采用的方法是栓模法，即将不锈钢制的栓模浸入明胶溶液中形成囊壳。

（四）空胶囊的质量与储存

空胶囊除应检查明胶本身的质量外，还应对外观、长度、厚度、臭味、水分、脆碎度、溶化时限、炽灼残渣、微生物等检查。

空胶囊应贮存于密闭容器中，避光，环境温度在15～25℃最佳，相对湿度30%～40%。

三、胶囊剂的内容物

硬胶囊可制备成不同形式的内容物充填于空心胶囊中。一般药物粉碎至适当粒度能满足硬胶囊剂填充要求的，可以直接填充。但更多的情况是在药物中添加适量的辅料后，才能满足生产或治疗的要求。胶囊剂常用的辅料有稀释剂，如淀粉、微晶纤维素、蔗糖、乳糖、氧化镁等，润滑剂如硬脂酸镁、滑石粉、二氧化硅、微粉硅胶等。添加的辅料可采用与药物混合的方法，亦可采用与药物一起制粒的方法，然后再进行填充。

1. 药物为粉末时 当主药剂量小于所选用胶囊充填量的1/2时，通常需要加入淀粉类、PVP等稀释剂；当主药为粉末或针状结晶、引湿性药物时，流动性差，给填充操作带来困难，常加入微粉硅胶或滑石粉等润滑剂，以改善其流动性。

2. 药物为颗粒时 许多胶囊剂是将药物制成颗粒、小丸后再充填入胶囊壳内；以浸膏为原料的中药颗粒剂，引湿性强，富含黏液质及多糖类物质，可加入无水乳糖、微晶纤维素、预胶化淀粉等辅料以改善其引湿性。

3. 药物为液体或半固体时 向硬胶囊内充填液体药物，需要解决液体从囊帽与囊体接合处的泄漏问题，一般采用增加充填物黏度的方法，可加入增稠剂如硅酸衍生物等，使液体变为非流动性软材，然后灌装入胶囊中。在填充药物的过程中，要经常检查胶囊的装量差异限度是否符合药典的相关规定。

由于胶囊剂的囊材主要成分是明胶，具脆性和水溶性，若填充的药物是水溶液或稀乙醇溶液，可能使胶囊壁溶化；若填充吸湿性很强的药物，可使胶囊壁干燥脆裂；若填充风化性药物可使胶囊壁软化。因此，具有这些性质的药物不宜制成胶囊剂。但若采取相应措施，如加入少量惰性油与吸湿性药物混匀后，则可延缓或预防胶囊壁变脆，也能制成胶囊剂。

四、氧氟沙星胶囊剂的制备

硬胶囊剂的生产过程中应采取有效措施防止交叉污染，生产环境的空气洁净度要求达到D级。其生产工艺见图5-1。

扫码“看一看”

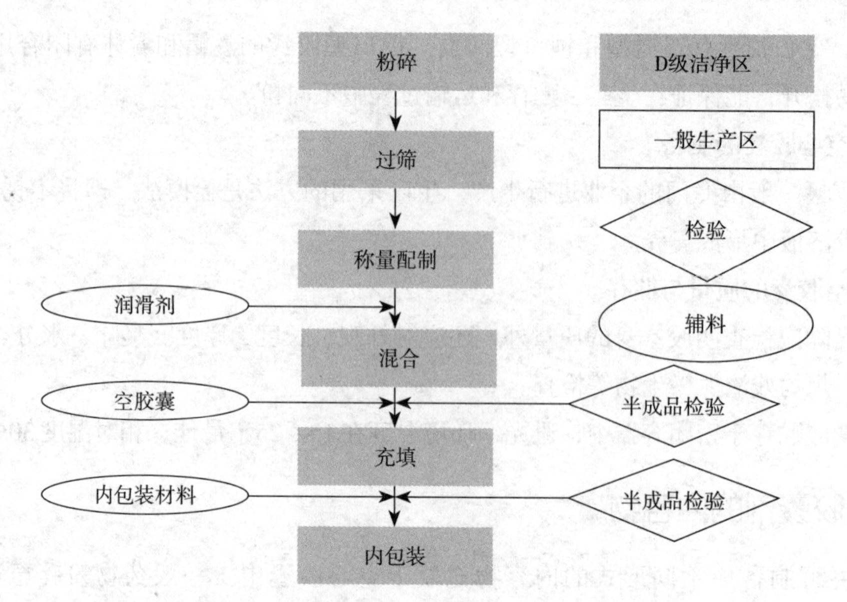

图5-1 内容物为粉末的胶囊剂制备工艺流程图

（一）粉碎、过筛、称量配制、混合

参见项目二散剂的生产。

（二）充填

硬胶囊的生产现在已普遍采用全自动胶囊充填机充填药物。将药物与赋形剂混匀，放入加料器中用充填机进行充填。可按内容物的状态和流动性能选择适当的充填方式和机型，以确保生产操作和装量差异符合要求。目前充填机的式样虽很多，但是充填过程一般都包括以下几步。

1. 空心胶囊的定向排列 从空胶囊盛装罐落下的杂乱无序的空胶囊经过排序与定向装置后，均被排列成胶囊帽向上的状态，并逐个落入回转台的囊板孔中。

2. 囊帽和囊体的分离 拔囊装置利用真空吸力使胶囊落入下囊板孔中，而胶囊帽则留在上囊板孔中。

3. 充填药料 上囊板不动，下囊板向下向外移动，并使胶囊体的上口置于定量填充装置下方，定量填充装置将药物填充进胶囊体。

4. 剔废 剔除装置将未拔开的空胶囊从上囊板孔中剔出去。

5. 囊帽和囊体套合 上、下囊板孔的轴线对正，并通过外加压力使胶囊帽与胶囊体闭合。

6. 成品排出 闭合胶囊被出囊装置顶出囊板孔，并经出囊滑道进入胶囊收集装置。最后，清洁装置将上、下囊板孔中的药粉、胶囊皮等污染物清除。随后进入下一个操作循环。

（三）内包装

胶囊检测合格后通过泡罩包装机进行内包装。

五、硬胶囊充填及抛光设备

（一）硬胶囊充填设备

硬胶囊剂制备以药物的充填操作最为重要，其操作可分为手工操作、半自动操作、全自动操作。

1. 胶囊充填板

（1）如图5-2所示，胶囊充填板结构包括：导向排列盘、帽板、体板、中间板、刮粉板。

图5-2 胶囊充填板实物图

（2）工作原理 实行整板自动排列、整板灌装药粉、整板盖帽锁合。①把导向板安置到帽板上，在导向板内倒入适量胶囊帽，来回晃动，使胶囊帽落入导向孔内，胶囊帽排列好后，倒出多余胶囊帽，取下导向板。②把导向板安置到体板上，在导向板内倒入适量胶囊体，来回晃动，使胶囊体落入导向孔内。胶囊帽排列好后，倒出多余胶囊体，取下导向板。③在排列好的体板上倒入药粉，用刮粉板来回刮动，使药粉装满各个胶囊体。④把中间板放到帽板上，中间板有摩擦的一面朝上。以体板在下帽板在上、中间板放在中间的形式，把三板对齐放好。⑤轻轻拍打一下，胶囊处于待套合状态。用力压下帽板，使胶囊相互套合。⑥取下帽板、中间板，可看到套合好的胶囊都在中间板上。翻过中间板，胶囊落下。

2. 半自动胶囊充填机

（1）结构 由播囊、充填、锁紧机构及空气控制系统构成，能分别自动完成胶囊的送进就位、分离、充填、锁囊等动作（图5-3）。

图5-3 半自动胶囊充填机实物图

（2）工作原理 播囊机构由单独电机带动凸轮，摇杆，棘轮机构进行运转，凸轮每旋转一周，棘轮推进一齿，同时凸轮带动摇杆使扇形齿轮运转一个循环，完成胶囊的排囊、调头、分离工作。充填结构把药料按顺序自动装入胶囊模具里的空胶囊内，料斗上装有无级调速电机，带动螺旋桨使药料强制灌入空胶囊。锁紧机构把已装满药料的胶囊进行锁紧，通过脚踏阀使顶胶囊气缸动作推动胶囊模具，使顶针复位将胶囊顶出，流入集囊箱里。空气控制系统使用的压力为0.4～0.7MPa，由气泵送来的压缩空气经三联件处理后送向脚踏阀和电磁阀。

3. 全自动胶囊充填机

（1）结构 全自动胶囊充填机，见图5-4，按照结构分为分度箱式和槽轮式。按其工作台运动形式分为间歇运转式和连续回转式，两者的工艺过程相似，仅其执行机构的动作有所差别。NJP-800型全自动胶囊充填机为分度箱式，由机架、传动系统、回转台部件、空胶囊排序与定向装置、拔囊装置、真空泵系统、颗粒填充装

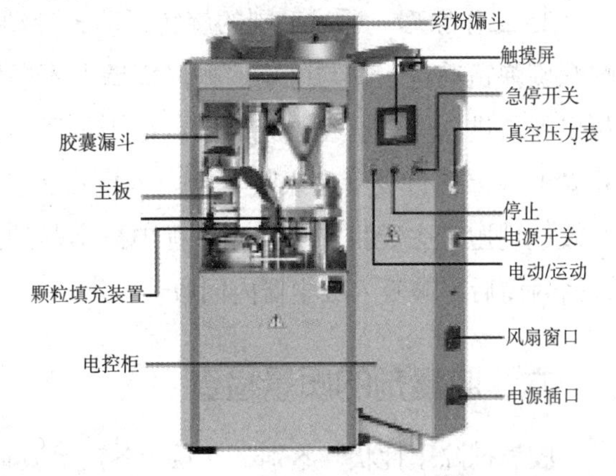

图5-4 全自动胶囊充填机实物图

置、粉末充填组件、剔除废囊装置、闭合胶囊装置、出囊装置、清洁吸尘装置和电气控制系统等部分组成。

（2）工作原理　采用精密分度、间歇运动、多站孔塞计量方式，自动完成硬胶囊的充填过程。机器在起动运转后，胶囊料斗内的胶囊会逐个的竖直进入分送装置的选送叉内。当选送叉向下运动时，将一排胶囊送入导槽内，经过拔叉的定向推出和选送叉的作用，会把每个胶囊按着帽在上体在下的方向装入模块孔内（图5-5），第一工位上，真空分离系统将胶囊顺入到模块孔中的同时将体和帽分开；第二工位上，下模块下降并向外伸出，与上模块错开，以备充填物料；第三工位是扩展备用工位，安装一定的装置可充填颗粒或微丸等物料；第四工位上，充填杆把压实的药柱推到胶囊体内。第六工位是把上模块中体和帽未分开的胶囊清除吸掉；第八工位上，下模块缩回上升与上模块并合一起，通过推杆作用使充填的胶囊扣合锁定，达到成品要求；第九工位是将扣合好的成品胶囊推出收集；第十工位，吸尘器将模块孔清理后进入下个循环。

（二）抛光设备

胶囊抛光机能除去胶囊表面上的粉尘，提高表面光洁度，广泛应用于工业生产。

1. 结构　抛光机主要由料斗、抛光筒、密封筒、毛刷、联轴器、分体式轴承座、电机、配电箱、去废头、出料斗和机架等组成（图5-6）。

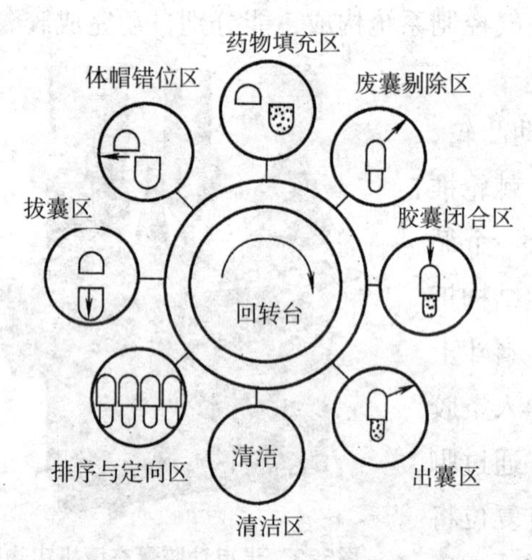

图5-5　回转台及各区域功能示意图

图5-6　胶囊抛光机实物图

2. 工作原理　通过毛刷的旋转运动，带动胶囊沿抛光筒管壁作圆周螺旋运动，使胶囊顺螺旋弹簧前进，在与毛刷、抛光筒壁的不断摩擦下，使胶囊壳外表抛光，被抛光的胶囊从出料口进入废斗。在去废器中，由于负压的作用，胶囊在气流作用下，重量轻的不合格胶囊上升，通过吸管进入吸尘器内，重量大的合格胶囊继续下落，通过活动出料斗出料，有效达到抛光去废目的。抛光过程中被刷落的药粉及细小碎片，通过抛光筒壁上的小孔进入密封筒后，被吸入吸尘器内回收。

六、胶囊剂的质量检查

胶囊剂除了性状、鉴别、含量等各产品具体要求检查的项目外，还应做以下检查。

1. 水分　中药硬胶囊剂应进行水分检查。取供试品内容物，照水分测定法（《中国药典》通则0832）测定。除另有规定外，不得超过9.0%。硬胶囊内容物为液体或半固体不检查水分。

2. 装量差异　根据《中国药典》照下述方法检查，应符合规定。

检查法　除另有规定外，取供试品20粒，分别精密称定重量后，倾出内容物（不得损失囊壳）；硬胶囊用小刷或其他适宜用具拭净，软胶囊用乙醚等易挥发性溶剂洗净，置通风处使溶剂自然挥尽；再分别精密称定囊壳重量，求出每粒内容物的装量与平均装量。每粒的装量与平均装量相比较，超出装量差异限度的胶囊不得多于2粒，并不得有1粒超出限度1倍。

表5-2　胶囊装量差异表

平均装量	装量差异限度
0.30g以下	±10%
0.30g及0.30g以上	±7.5%（中药±10%）

凡规定检查含量均匀度的胶囊剂可不进行装量差异的检查。

3. 崩解时限　按《中国药典》规定，取供试品6粒，置升降式崩解仪吊篮的玻璃管中（如胶囊漂浮于液面，可加挡板），启动崩解仪进行检查，硬胶囊剂应在30min内全部崩解。如有1粒不能完全崩解，应另取6粒复试，均应符合规定。

肠溶胶囊：除另有规定外，取供试品6粒，用上述装置和方法，先在盐酸溶液（9→1000）中不加挡板检查2h，每粒的囊壳均不得有裂缝或崩解现象；继将吊篮取出，用少量水洗涤后，每管加入挡板，再按上述方法，改在人工肠液进行检查，1h内应全部崩解。如有1粒不能完全崩解，应另取6粒复试，均应符合规定。

结肠肠溶胶囊剂：除另有规定外，取供试品6粒，用上述装置和方法，先在盐酸溶液（9→1000）中不加挡板检查2h，每粒的囊壳均不得有裂缝或崩解现象；将吊篮取出，用少量水洗涤后，再按上述方法，在磷酸盐缓冲液（pH6.8）中不加挡板检查3h，每粒的囊壳均不得有裂缝或崩解现象；然后将吊篮取出，用少量水洗涤后，每管加入挡板，再按上述方法，改在磷酸盐缓冲液（pH7.8）进行检查，1h内应全部崩解。如有 1粒不能完全崩解，应另取6粒复试，均应符合规定。

凡规定检查溶出度或释放度的胶囊剂，可不进行崩解时限的检查。

4. 微生物限度　以动物、植物、矿物质来源的非单体成分制成的胶囊剂，生物制品胶囊剂，照非无菌产品微生物限度检查：微生物计数法（《中国药典》通则1105)和控制菌检查(《中国药典》通则1106)及非无菌药品微生物限度标准(《中国药典》通则1107)检查，应符合规定。规定检查杂菌的生物制品胶囊剂，可不进行微生物限度检查。

七、胶囊剂的包装与贮存

胶囊剂的囊材性质决定包装材料与储存环境对胶囊剂质量的影响，因此必须选择适当的包装容器和贮藏环境。一般应选择密封性良好的玻璃容器、透湿系数小的塑料容器和泡罩型包装。除另有规定外，胶囊剂应密封贮存，其存放环境温度不高于30℃，湿度应适宜，防止受潮、发霉、变质。

工作任务

氧氟沙星胶囊的生产指令见表5-3。

表5-3 氧氟沙星胶囊的生产指令

文件编号：				生产车间：		
产品名称	氧氟沙星胶囊		规格	0.1g	理论产量	10000粒
产品批号			生产日期		有效期至	
序号	原辅料名称	处方量（g）	消耗定额			备注
			投料量（kg）	损耗量（kg）	领料量（kg）	
1	氧氟沙星	100	1.000	0.050	1.050	
2	淀粉	50	0.500	0.025	0.525	
3	微粉硅胶	20	0.200	0.010	0.210	
制成		1000粒	10000粒			
起草人		审核人			批准人	
日期		日期			日期	

任务分析

一、处方分析

氧氟沙星为主药，淀粉、微粉硅胶为辅料。其中淀粉为填充剂，微粉硅胶为润滑剂。

二、工艺分析

按照胶囊剂的生产过程，将工作任务细分为5个子工作任务，即任务9-1粉碎、过筛；任务9-2称量配制；任务9-3混合；任务9-4充填；任务9-5内包装（图5-7）。

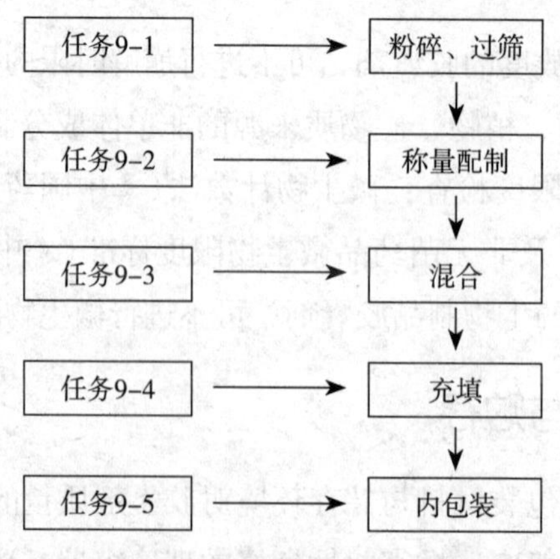

图5-7 氧氟沙星胶囊生产工艺分解图

三、质量标准分析

本品含氧氟沙星应为标示量的90.0% ~110.0%。

1. 性状　本品内容物为类白色至微黄色粉末或颗粒。

2. 鉴别

（1）称取本品内容物适量，加0.1mol/L盐酸溶液适量（每5mg氧氟沙星加0.1mo1/L盐酸溶液1ml）使溶解，用乙醇稀释制成每1ml中约含1mg的溶液，滤过，取续滤液作供试品溶液；照氧氟沙星项下的鉴别（1）项试验，显相同结果。

（2）在含量测定项下记录的色谱图中，供试品溶液主峰的保留时间应与对照品溶液主峰的保留时间一致。

（3）取本品的内容物适量，加0.1mol/L盐酸溶液溶解并稀释制成每1ml中约含氧氟沙星6μg的溶液，滤过，取续滤液，照紫外-可见分光光度法（《中国药典》）测定，在294nm的波长处有最大吸收。

以上（1）、（2）两项可选做一项。

3. 检查

（1）有关物质　取本品内容物适量，精密称定，按标示量加0.1mol/L盐酸溶液溶解并定量稀释制成每1ml中约含1.2mg的溶液，滤过，取续滤液作为供试品溶液；照氧氟沙星项下的方法测定，杂质A（238nm检测）按外标法以峰面积计算，不得过0.3%，其他单个杂质（294nm检测）峰面积不得大于对照溶液主峰面积的1.5倍（0.3%），其他各杂质峰面积的和（294nm检测）不得大于对照溶液主峰面积的3.5倍（0.7%）。

（2）溶出度　取本品，照溶出度测定法（《中国药典》），以盐酸溶液（9→1000）900ml为溶出介质，转速为每分钟50转，依法操作，经30min时，取溶液适量，滤过，精密量取续滤液2ml，置50ml量瓶中，用溶出介质稀释至刻度，摇匀，照紫外可见分光光度法（《中国药典》），在294nm的波长处测定吸光度；另取氧氟沙星对照品适量，精密称定，加溶出介质溶解并定量稀释制成每1ml中约含4.5μg的溶液，同法测定，计算每粒的溶出量。限度为标示量的80%，应符合规定。

（3）其他　应符合胶囊剂项下有关的各项规定（《中国药典》）。

4. 含量测定　取装量差异项下的内容物，混合均匀，精密称取适量（约相当于氧氟沙星0.2g），置100ml量瓶中，加0.1mol/L盐酸溶液溶解并稀释至刻度，摇匀，滤过，精密量取续滤液5ml，置50ml量瓶中，用0.1mol/L盐酸溶液稀释至刻度，摇匀，照氧氟沙星项下的方法测定，即得。

5. 类别　喹诺酮类抗菌药。

6. 规格　0.1g。

7. 贮藏　遮光、密封保存。

任务计划

按照硬胶囊剂生产岗位要求，将学生分成若干个班组，由组长带领本组成员认真学习各岗位职责，对工作任务进行讨论，并进行分工，对每位学生应完成的工作任务内容、完成时限和工作要求等做出计划（表5-4）。

表5-4 生产计划表

工作车间：		制剂名称：		规格：
工作岗位	人员及分工	工作内容	工作要求	完成时限

任务实施

任务9-1 粉碎、过筛

按生产指令单中领料量领取物料，用SXZ-515型旋振筛，按照《SXZ-515型旋振筛操作规程》分别将氧氟沙星、淀粉、微粉硅胶过100目，物料粒径大于100目时用SF-250型万能粉碎机，按照《SF-250型万能粉碎机操作规程》，将其进行粉碎，具体操作参见“项目二 散剂的生产，任务3-1粉碎、任务3-2过筛”。

任务9-2 称量配制

按照生产指令，使用电子秤称量氧氟沙星1.000kg、淀粉0.500kg、微粉硅胶0.200kg备用，具体操作参见“项目二 散剂的生产，任务3-3称量配制”。

任务9-3 混合

用SH-50型三维运动混合机，按照《SH-50型三维运动混合机操作规程》将处方中的氧氟沙星、淀粉、微粉硅胶混合备用，混合机时间15min。具体操作参见“项目二 散剂的生产，任务3-4混合”。

任务9-4 充填

一、任务描述

用NJP-800全自动胶囊充填机，按照《NJP-800全自动胶囊充填机操作规程》将氧氟沙星、淀粉、微粉硅胶的混合物料充填胶囊，并用胶囊抛光机进行抛光。

二、岗位职责

1. 严格执行《胶囊充填抛光岗位操作法》《胶囊充填设备操作规程》和《胶囊抛光设备标准操作规程》。

2. 负责胶囊充填抛光所用设备的安全使用及日常保养，防止发生安全事故。

3. 严格执行生产指令，保证胶囊充填所有物料名称、数量、规格等无误。

4. 自觉遵守工艺纪律，保证胶囊充填、抛光岗位不发生混药、错药或对药品造成污染。

5. 认真如实填写生产记录，做到字迹清晰、内容真实、数据完整、不得任意涂改和撕毁，做好交接记录，顺利进入下道工序。

6. 工作结束或更换品种时及时做好清洁卫生并按SOP进行清场，认真填写相应记录。做到岗位生产状态标识、设备状态标识、清洁状态标识清晰明了。

三、岗位操作法

（一）生产前准备

1. 检查操作间是否有清场合格标识，并在有效期内，检查工具、容器等是否清洁干燥，否则按清场标准程序进行清场并经QA检查合格后，填写清场合格证，方可进行下一步操作。

2. 检查设备是否有“合格”标识牌、“已清洁”标识牌，并对设备状况进行检查，确认设备正常，方可使用。

3. 调节电子天平，核对模具是否与生产指令相符，并仔细检查模具是否完好。

4. 根据生产指令填写领料单，并向中间站领取所需囊号的空心胶囊和药物粉末或颗粒，并核对品名、批号、规格、数量、检验合格报告等，无误后，进行下一步操作。

5. 按《胶囊充填抛光设备消毒操作规程》对设备、模具及所需容器、工具进行消毒。

6. 挂本次操作状态标识，进入操作程序。

（二）操作

1. 按胶囊充填设备操作规程依次装好各个部件，接上电源，连接空压机，调试机器，确认机器处于正常状态。

2. 让机器空运转，确认无异常后，将空心胶囊加入囊斗中，药物粉末或颗粒加入料斗，试充填，调节装量，检查外观、套合、锁口是否符合要求。确认符合要求并经QA人员确认合格。

3. 试充填合格后，机器进入正常充填。充填过程经常检查胶囊的外观、锁口以及装量差异是否符合要求，随时进行调整。

4. 及时对充填装置进行调整，以保证充填出来的胶囊装量合格。充填完毕，关机。

5. 用胶囊抛光机进行抛光，完成后将胶囊盛装于双层洁净物料袋，装入洁净周转桶，加盖封好后，挂称重贴签。及时准确填写生产记录，并进行物料平衡计算。填写请验单送检。

6. 运行过程中随时检查设备性能是否正常，一般故障自己排除；自己不能排除的，通知维修人员维修，正常后方可使用。

（三）清场

1. 回收剩余物料，交中间站，剩余空心胶囊退库，并填写生产记录。

2. 按《胶囊充填设备清洁规程》《操作间清洁规程》对设备、场地、用具、容器进行清洁消毒，经QA人员检查合格后，发清场合格证。

3. 填写清场记录，操作完工后填写生产记录。

四、操作规程

（一）开机前准备

1. 检查胶囊充填机各部件安装是否正常。

2. 检查胶囊充填机内是否有无关的器具或工具，若有应及时清除。

3. 检查机器防护罩是否处于关闭状态。

4. 在成品胶囊出口连接好胶囊抛光机或接收容器。

5. 向胶囊料斗内加入空胶囊，向填充料斗内加入待填充物料。

（二）开机运行

1. 旋转主电源开关至“ON”位置，系统通电。

2. 电脑自检结束后，系统进入监控系统初始页面。

3. 向外拔出急停按钮，使电控系统正常工作。

4. 确定无报警及其他异常情况后，即可进入生产运行操作界面，选择主机模式“点动”，料机模式“点动”打开真空泵、吸尘器进行试生产。

5. 根据生产指令调整装量使之符合要求。

6. 待调试正常后可进入生产运行选择主机模式“自动”，料机模式“自动”，触摸“主机启动”按钮，可进行连续生产。

7. 生产过程中监测装量差异，定时取样进行称量，并做好记录。

（三）停机

1. 待生产完成后，首先选择“主机降速”然后选择“主机关闭“按钮，最后关闭吸尘器、真空泵。

2. 旋转主电源开关至“OFF”位置，系统断电。

3. 按《胶囊充填机清洁规程》对胶囊充填机进行清洁。

五、清洁操作规程

1. 升起药粉料斗，并取出。

2. 用吸尘器吸去药池内的药粉，取下药粉传感器。

3. 用手转动主电机轮轴，使充填杆座运行到最高位置。

4. 松开并拧下压板旋钮，将压板、夹持器体和充填杆向上提起拿下。

5. 卸下充填杆座。

6. 拧下盖板两端的四个紧固螺钉，再取下盛粉环外的挡板，将盖板取下。

7. 用专用的扳手卸下三个紧固计量盘的螺钉，取下盛粉环与计量盘。

8. 松开盛粉环的三个紧固螺钉，将盛粉环慢慢提离计量盘。

9. 将铜环取下，将座体内的药粉清除干净。

10. 将药粉斗、计量盘、盛粉环、刮粉器、充填杆等取下的零部件先用纯化水擦拭干净，再用酒精擦拭消毒。

11. 然后按照相反的顺序将各个零部件装回。

12. 注意安装好计量盘后，三个紧固螺钉不要拧紧，要把计量盘调试杆分别插入充填杆座的不同位置的孔中，此时要转动计量盘使调试杆顺利的插入孔中，然后拧紧三个紧固螺钉，如果紧固后调试杆不能够顺利通过计量盘孔，则需要重新调整。

13. 台面上未拆下的部件可先用细布润湿后擦拭干净，再用细布蘸酒精擦拭消毒。

六、维护保养规程

1. 机器正常工作时间较长时，要定期对与药粉直接接触的零部件拆下进行清理，包括：药粉斗、计量盘、盛粉环、刮粉器、充填杆、模块、推杆等。

2. 台面上的部件可先用细布润湿后擦拭干净，再用细布或脱脂棉蘸酒精擦拭消毒。

3. 机器台面下的传动部件要经常擦净油污，使观察运转情况更清楚。

4. 真空系统的过滤器要定期打开，清理堵塞的污物。当发现真空度不够、胶囊打不开时也要清理过滤器。

5. 凸轮、滚轮工作面，轴承，链条必须定期清洗润滑。

（1）凸轮的表面每周涂一次润滑脂。

（2）机器台面下各连杆的关节轴承每周要滴润滑油。

（3）各种轴承要根据运转情况加以清洗，加入润滑脂。密封轴承可滴润滑油。

（4）转动链条要每周检查一次松紧度，并涂润滑油或润滑脂，十工位和六工位分度箱每月要检查一次油量，不足时要及时补充，每半年要更换一次润滑油。

（5）转盘下和计量盘下的工位分度箱，必须在专业技术人员指导下进行拆卸和维护。

七、生产记录

胶囊充填、抛光生产记录见表5-5，胶囊装量差异检查记录见表5-6、岗位清场记录见表5-7。

表5-5　胶囊充填、抛光生产记录

工序名称		生产时间		
室内温度		相对湿度		
品名		批号		规 格	
含量测定		水分		检验人	
理论囊重		应填充数量			
装量差异范围：		计算人：		复核人：	

续表

生产前检查			
序号	操作指令及工艺参数	工前检查及操作记录	检查结果
1	确认是否穿戴好工作服、鞋、帽等进入本岗位	□是 □否	□合格 □不合格
2	确认无前批(前次)生产遗留物和文件、记录	□是 □否	□合格 □不合格
3	场地、设备、工器具是否清洁并在有效期内	□是 □否	□合格 □不合格
4	检查设备是否完好，是否清洁	□是 □否	□合格 □不合格
5	是否换上生产品种状态标识牌	□是 □否	□合格 □不合格
检查时间 年 月 日 时 分至 时 分		检查人	QA

胶囊壳（万粒）				
批 号	型号	领用数	实用数	结余数

粉末（kg）					
领用数量	实用数量	结余数量	残损数量	称量人	复核人

装量检查记录									
机台号	时间								操作人
	装量								
	时间								
	装量								
平均装量				检查人					

抛光			
合格品数量		抛光操作人	

$$收得率 = \frac{合格品数量}{应填数量} \times 100\% = \frac{\qquad}{\qquad} \times 100\% =$$

$$物料平衡 = \frac{胶囊总重量+余粉重量+废弃粉重+废弃胶囊重}{总混颗粒重量+空胶囊重+结存胶囊重} \times 100\% = \frac{\qquad}{\qquad} \times 100\% =$$

操作人		班组长		QA	

表5-6 胶囊装量差异检查记录

品名		批号		规格			生产日期	
20粒胶囊重				20粒空胶囊重			平均装量	
序号	单粒胶囊重	单粒空胶囊重	单粒胶囊装量	装量差异	序号	单粒胶囊重	单粒空胶囊重	单粒胶囊装量	装量差异
1					11				
2					12				
3					13				
4					14				
5					15				
6					16				

续表

序号	单粒胶囊重	单粒空胶囊重	单粒胶囊装量	装量差异	序号	单粒胶囊重	单粒空胶囊重	单粒胶囊装量	装量差异
7					17				
8					18				
9					19				
10					20				

$$装量差异=\frac{单粒胶囊装量-平均装量}{平均装量}\times 100\%=$$

判断依据	超出装量差异限度的胶囊不得多于2粒，并不得有1粒超出限度1倍
测定结果	
结果判定	□合格　　　　□不合格

表5-7　岗位清场记录

品名	规格	批号	清场日期	有效期
			年　月　日	至　年　月　日

基本要求	1. 地面无积粉、无污斑、无积液；设备外表面见本色，无油污、无残迹、无异物
	2. 工器具清洁后整齐摆放在指定位置；需要消毒灭菌的清洗后立即灭菌，标明灭菌日期
	3. 无上批物料遗留物
	4. 设备内表面清洁干净
	5. 将与下批生产无关的文件清理出生产现场
	6. 生产垃圾及生产废物收集到指定的位置

	项目	合格（√）	不合格（×）	清场人	复核人
清场项目	地面清洁干净，设备外表面擦拭干净				
	设备内表面清洗干净，无上批物料遗留物				
	物料存放在指定位置				
	与下批生产无关的文件清理出生产现场				
	生产垃圾及生产废物收集到指定的位置				
	工器具、洁具擦拭或清洗干净，整齐摆放在指定位置，需要消毒灭菌的清洗后立即消毒灭菌，标明灭菌日期				
	更换状态标识牌				
备注					
QA		负责人			

任务9-5　内包装

用LSB-W-I型泡罩包装机，按照《泡罩包装机操作规程》将充填好的胶囊进行内包装。

具体操作参见“项目四 片剂的生产，任务7-5内包装”。

任务评价

一、技能评价

氧氟沙星胶囊生产的技能评价见表5-8。

表5-8　氧氟沙星胶囊生产的技能评价

<table>
<tr><th colspan="2" rowspan="2">评价项目</th><th rowspan="2">评价细则</th><th colspan="2">评价结果</th></tr>
<tr><th>班组评价</th><th>教师评价</th></tr>
<tr><td rowspan="4">实训操作</td><td rowspan="4">充填抛光操作（40分）</td><td>1. 开启设备前能够检查设备（10分）</td><td></td><td></td></tr>
<tr><td>2. 能够按照操作规程正确操作设备（10分）</td><td></td><td></td></tr>
<tr><td>3. 能注意设备的使用过程中各项安全注意事项（10分）</td><td></td><td></td></tr>
<tr><td>4. 操作结束将设备复位，并对设备进行常规维护保养（10分）</td><td></td><td></td></tr>
<tr><td rowspan="4">实训操作</td><td rowspan="2">产品质量（15分）</td><td>1. 性状、装量差异等符合要求（8分）</td><td></td><td></td></tr>
<tr><td>2. 收率、物料平衡符合要求（7分）</td><td></td><td></td></tr>
<tr><td rowspan="2">清场（15分）</td><td>1. 能够选择适宜的方法对设备、工具、容器、环境等进行清洗和消毒（8分）</td><td></td><td></td></tr>
<tr><td>2. 清场结果符合要求（7分）</td><td></td><td></td></tr>
<tr><td rowspan="4">实训记录</td><td rowspan="2">完整性（15分）</td><td>1. 能完整记录操作参数（8分）</td><td></td><td></td></tr>
<tr><td>2. 能完整记录操作过程（7分）</td><td></td><td></td></tr>
<tr><td rowspan="2">正确性（15分）</td><td>1. 记录数据准确无误，无错填现象（8分）</td><td></td><td></td></tr>
<tr><td>2. 无涂改，记录表整洁、清晰（7分）</td><td></td><td></td></tr>
</table>

二、知识评价

（一）选择题

1. 单项选择题

（1）下列关于胶囊剂的概念正确叙述是(　　)

A. 系指将药物填装于空心硬质胶囊中制成的固体制剂

B. 系指将药物填装于弹性软质胶囊中而制成的固体制剂

C. 系指原料药物或与适宜的辅料充填于空心胶囊或密封于软质囊材中制成的固体制剂

D. 系指将药物填装于空心硬质胶囊中或密封于弹性软质胶囊中而制成的固体或半固体制剂

（2）除另有规定外，胶囊剂应密封贮存，其存放环境温度不高于(　　)

A.15℃　　B.20℃　　C.25℃　　D.30℃

（3）制备空胶囊时，明胶中加入甘油是为了(　　)

A. 增加空胶囊的韧性及可塑性　　B. 起防腐作用
C. 减少明胶对药物的吸附　　D. 延缓明胶溶解

(4)下列关于胶囊剂特点的叙述，错误的是(　　)
A. 可掩盖药物的不良臭味　　B. 可提高药物的稳定性
C. 可避免肝脏的首过效应　　D. 可弥补其他固体剂型的不足

(5)不宜制成胶囊剂的药物是(　　)
A. 阿莫西林　　B. 氧氟沙星　　C. 鱼肝油　　D. 溴化钠

(6)不是胶囊剂质量评价项目的是(　　)
A. 崩解度　　B. 溶出度　　C. 硬度　　D. 装量差异

(7)一般硬胶囊剂的崩解时限为(　　)
A. 15min　　B. 20min　　C. 30min　　D. 45min

(8)硬胶囊壳中不需填加的是(　)
A.崩解剂　　B.增稠剂　　C.遮光剂　　D.着色剂

(9)0.30g/粒的胶囊剂装量差异限度为(　　)
A. ± 3%　　B. ± 5%　　C. ± 7.5%　　D. ± 10%

(10)胶囊机剔废工位的作用是(　　)
A. 剔除破碎的胶囊　　B. 剔除完好的但没有拔开的空胶囊
C. 剔除未填满物料的胶囊　　D. 剔除坏的胶囊体

2. 多项选择题

(1)氧氟沙星胶囊剂的质量标准包括(　　)
A. 性状　　B. 鉴别　　C. 溶出度检查
D. 含量测定　　E. 溶散时限

(2)属于氧氟沙星胶囊生产工艺的是(　　)
A. 粉碎　　B. 制粒　　C. 混合
D. 药物充填　　E. 内包装

(3)氧氟沙星胶囊生产中使用了哪些辅料(　　)
A. 润湿剂　　B. 润滑剂　　C. 填充剂
D. 崩解剂　　E. 遮光剂

(4)氧氟沙星胶囊处方分析正确的是(　　)
A. 氧氟沙星为主药　　B. 淀粉为填充剂
C. 微粉硅胶为增塑剂　　D. 淀粉为崩解剂
E. 微粉硅胶为润滑剂

(5)下列哪些情况不宜制成胶囊剂(　　)
A. 药物的水溶液和稀乙醇溶液　　B. 易溶性药物或小剂量的刺激性药物
C. 风化性药物　　D. 吸湿性药物
E. 小儿用药不宜制成胶囊剂

(6)胶囊剂在生产与贮藏期间均应符合下列哪些有关规定(　　)

A. 胶囊剂内容物不论其活性成分或辅料，均不应造成胶囊壳的变质

B. 硬胶囊可制备成不同形式内容物充填于空心胶囊中

C. 小剂量药物，应先用适宜的稀释剂稀释，并混合均匀

D. 胶囊剂应整洁，不得有黏结、变形、渗漏或囊壳破裂现象，并应无异臭

E. 胶囊剂的溶出度、释放度、含量均匀度、微生物限度等应符合要求。必要时，内容物包衣的胶囊剂应检查残留溶剂

（7）硬胶囊剂的内容物可以为（　　）

A. 粉末　　B. 颗粒　　C. 小丸　　D. 油溶液　　E. 纯化水

（8）下列胶囊制备过程中哪些操作应在D级洁净区内完成（　　）

A. 粉碎　　B. 混合　　C. 填充　　D. 外包装　　E. 内包装

（9）对于硬胶囊剂论述正确的是（　　）

A. 胶囊剂的规格为数字越大，容积越大

B. 囊材中含有明胶、甘油、二氧化钛、食用色素等

C. 填充的药物一定是粉末

D. 充填好的胶囊需要除粉和打光

E. 胶囊充填时必须考虑药物性质

（10）下列关于空胶囊叙述正确的是（　　）

A. 空胶囊共有8种规格，但常用的为0～5号

B. 空胶囊随着号数由小到大，容积由小到大

C. 制备空胶囊的明胶是由动物的骨和皮熬制而成的

D. 空胶囊制备时不需要加入防腐剂

E. 应按药物规定剂量所占容积来选择最小空胶囊

（二）简答题

1. 什么是胶囊剂？简述胶囊剂的特点。

2. 简述硬胶囊剂的生产工艺流程。

3. 请简要写出全自动胶囊充填机的标准操作规程。

（三）案例分析题

某药厂生产硬胶囊时胶囊充填量发生了改变，如何调试到适宜的充填量？

扫码“学一学”

任务10　维生素E软胶囊的生产

任务资讯

一、软胶囊概述

（一）软胶囊的概念

软胶囊系指将一定量的液体原料药物直接包封，或将固体原料药物溶解或分散在适宜

的辅料中制备成溶液、混悬液、乳状液或半固体，密封于软质囊材中的胶囊剂。软胶囊剂也称为胶丸，可用滴制法或压制法制备。软质囊材一般是由胶囊用明胶、甘油或其他适宜的药用辅料单独或混合制成。

（二）软胶囊的特点

液体油性药物可直接封入胶囊，无需使用吸附、包合之类的添加剂；密封性好，胶囊强度和膜遮光性高，内容物可长期保持稳定；摄取后，内容物迅速释放，体内生物利用度高；填充物均一性好，含量偏差非常低；能遮盖某些内容物异臭，异味；胶囊皮膜的味、色、香、透明度、光泽性均可自由选择，与其他圆形物制品相比，外观光泽好，引人注目。

油性药物及低熔点药物、对光敏感遇湿热不稳定或者易氧化的药物、具不良气味的药物及微量活性药物、具有挥发性成分的药物和生物利用度差的疏水性药物等可制成软胶囊。

（三）软质囊材的组成

软胶囊的囊壳主要由明胶、增塑剂、水三者所构成，常用的增塑剂有甘油、山梨醇或两者的混合物，其他辅料如防腐剂（可用尼泊金类，用量为明胶量的0.2%~0.3%）、遮光剂、色素等。囊壳的弹性与干明胶、增塑剂和水所占的比例有关，通常干明胶、增塑剂、水三者的重量比为1：（0.4～0.6）：1，若增塑剂用量过低（或过高），则囊壁会过硬（或过软）。增塑剂的用量可根据产品主要销售地的气温和相对湿度进行适当调节，比如我国南方的气温和相对湿度一般较高，因此增塑剂用量应少一些，而在北方增塑剂用量应多一些。

（四）软胶囊填充物的质量要求

软胶囊可填充对明胶无溶解作用或无影响明胶性质的各种油类、液体药物、半固 体药物。可作为药物的溶剂或混悬液介质的有植物油、PEG400、乙二醇、甘油等。常用的助悬剂有：蜂蜡、1% ～15% PEG4000或PEG6000。此外，可添加抗氧剂、表面活性剂，以提高其稳定性与生物利用度。由于软质囊材以明胶为主，因此对蛋白质性质无影响的药物和附加剂才能填充，填充物多为液体，pH以4.5～7.5为宜，否则易使明胶水解或变性，导致泄漏或影响崩解和溶出，可选用磷酸盐、乳酸盐等缓冲液调整。必须注意的是：液体药物如含水量在5%以上或为水溶性、挥发性、小分子有机物如乙醇、酮、酸、酯等能使囊材软化或溶解，醛可使明胶变性，均不宜制成软胶囊。制备中药软胶囊时，应注意除去提取物中的鞣质，因鞣质可与蛋白质结合为鞣性蛋白质，使软胶囊的崩解度受到影响。

二、软胶囊的制备

软胶囊常用的制备方法有压制法和滴制法，压制法制备的软胶囊中间有压缝，可根据模具的形状来确定软胶囊的外形，常见的有橄榄形、椭圆形、球形、鱼雷形等；滴制法制备的软胶囊呈球形且无缝。软胶囊剂的生产工艺流程见图5-8。

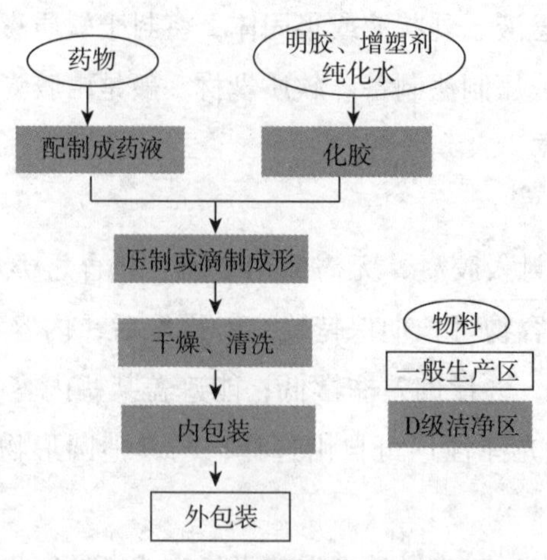

图5-8　软胶囊剂生产工艺流程

（一）化胶

软胶囊化胶是指将明胶、水、甘油及防腐剂、色素等辅料，使用规定的化胶设备，煮制成适用于压制软胶囊的明胶液。明胶液经检查合格后方可使用。

（二）配制

软胶囊内容物配制是指将药物及辅料通过调配罐、胶体磨、乳化罐等设备制成符合软胶囊质量标准的溶液、混悬液或乳浊液内容物，药液经检查合格后方可使用。

（三）压制或滴制成形

1. 压制法（有缝胶丸）　压制法系将明胶、甘油、水等混合溶解为明胶液，并制成胶皮，再将药物置于两块胶皮之间，用钢模压制而成。压制法可分为平板模式和滚模式两种，生产中普遍使用滚模式。

2. 滴制法（无缝胶丸）　滴制法是由具有双层喷头的软胶囊机完成。配制好的明胶液和药液分别盛装于明胶液槽和药液槽内，经柱塞泵吸入并计量后，明胶液从外层、药液从内层喷头喷出，两相必须在严格同心条件下有序同步喷出，才能使明胶液将药液包裹于中心，然后滴入与胶液不相溶的冷却液（常为液状石蜡）中，由于表面张力作用形成球形，经冷却后凝固成球形的软胶囊。

（四）干燥

干燥是软胶囊剂的制备过程中不可缺少的过程。在压制或滴制成形后，软胶囊胶皮内含有40%~50%的水分，未具备定型的效果，生产时要进行干燥，使软胶囊胶皮的含水量下降至10%左右。因胶皮遇热易熔化，干燥过程应在常温或低于常温的条件下进行，即在低温低湿的条件下干燥，除湿的效果将直接影响软胶囊的质量。软胶囊剂的干燥条件是：温度20～24℃、相对湿度20%左右。压制成形的软胶囊可采用滚筒干燥，动态的干燥形式有利于提高干燥的效果；滴制成形的软胶囊可直接放置在托盘上干燥。为保障干燥的效果，干燥间通常采用平行层流的送回风方式。

（五）清洗

为除去软胶囊表面的润滑液，在干燥后应用95%乙醇或乙醚进行清洗，清洗后在托盘上静置，使清洗剂挥干。

（六）包装

软胶囊剂易受温度、湿度的影响。在温度较高，相对湿度大于60%的环境中，软胶囊易变软、黏连，甚至会溶化；而过分干燥的环境会使胶囊壳失去水分而脆裂。因此选择合适的包装及贮存条件非常重要。

一般软胶囊剂可采用密封性较好的玻璃瓶、塑料瓶或铝塑复合泡罩等包装。内包装的生产环境应符合《药品生产质量管理规范》。

三、软胶囊剂的常用设备

制备软胶囊常用的设备有：明胶液配制设备、药液配制设备、软胶囊压（滴）制设备、软胶囊干燥系统和超声波洗丸机等。

（一）水浴式化胶罐

水浴式化胶罐其实物图见图5-9，其一般化胶量200～700L，采用水平传动、摆线针轮减速器减速、圆锥齿轮变向、结构紧凑、传动平稳；搅拌器采用套轴双桨、由正转的两层平桨和反转的三层锚式桨组成，搅动平稳，均质效果好。罐体与胶液接触部分由不锈钢制成。罐外设有加热水套、用循环热水对罐内明胶进行加热，温升平稳。罐上还设有安全阀、温度计和压力表等。

图5-9　水浴式化胶灌实物

（二）滚模式软胶囊机

1. 主要结构　滚模式软胶囊机是采用模压法生产软胶囊剂的专用设备，主要由主机、软胶囊输送机、定型干燥机、电气控制系统、明胶贮桶和药液贮桶等组成，其中主机包括机座、机身、机头、供料系统、油滚、下丸器、明胶盒、润滑系统等，其结构与工作原理如图5-10所示。

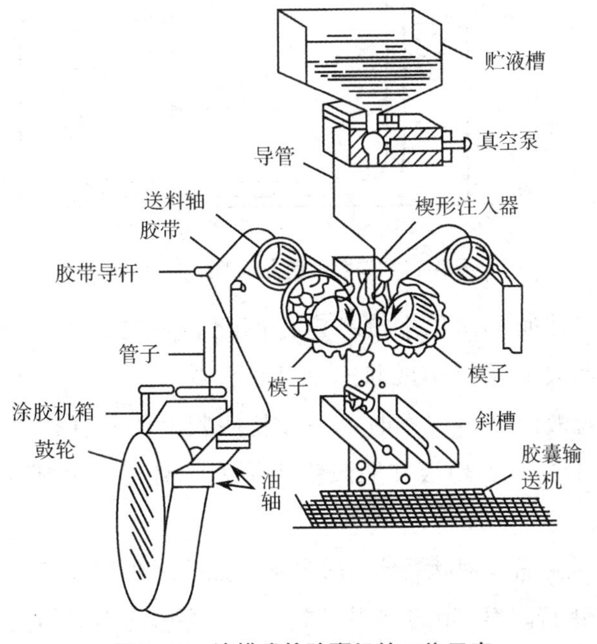

图5-10　滚模式软胶囊机的工作示意

2. 工作原理 工作时，明胶桶中的明胶液经两根输胶管分别通过两侧预热的涂胶机箱将明胶液涂布于温度16～20℃的鼓轮上。随着鼓轮的转动，并在冷风的冷却作用下，明胶液在鼓轮上定型为具有一定厚度的均匀的明胶带。两边所形成的明胶带分别由胶带导杆和送料轴送入两滚模之间。同时，药液由贮液槽经导管进入温度为37～40℃的楔形注入器中，并被注入旋转滚模的明胶带内，注入的药液体积由计量泵的活塞控制。当明胶带经过楔形注入器时，其内表面被加热至37～40℃而软化，已接近于熔融状态，因此，受药液压力作用和轮状模子连续转动，将胶带和药液压入两滚模的凹槽中，使胶带呈两个半球形含有药液的半囊。此后，滚模继续旋转所产生的机械压力将两个半囊压制成一个整体软胶囊，并在37～40℃发生闭合而将药液封闭于软胶囊中。随着滚模的继续旋转或移动，软胶囊被切离胶带，依次落入导向斜槽和胶囊输送机，并由输送机送出。

（三）滴制式软胶囊机

滴制式软胶囊机是滴制法生产软胶囊剂的专用设备，主要由滴制部分、冷却部分、电气控制部分、干燥部分等组成，其结构和工作原理如图5-11所示。

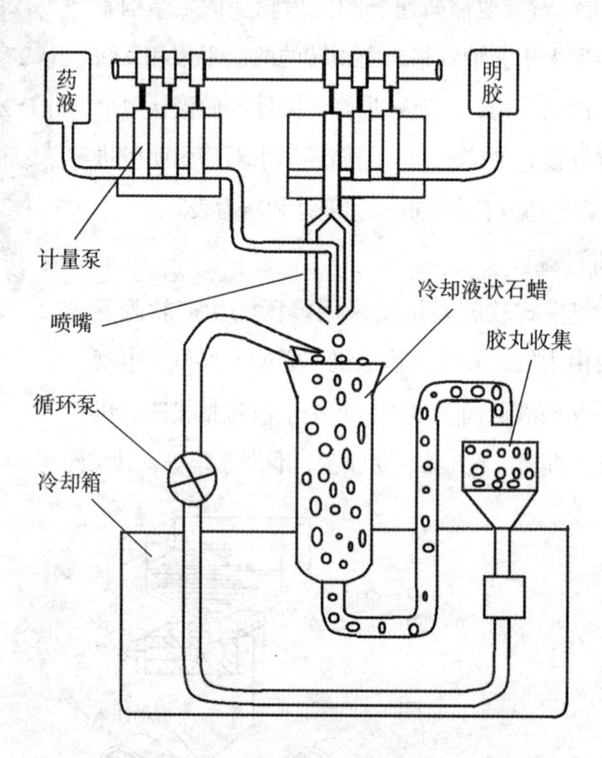

图5-11 软胶囊滴丸机的结构和工作原理

明胶液由明胶、甘油和纯化水按一定比例配制而成。明胶液贮槽外设有可控温电加热装置，以使明胶液保持熔融状态。药液贮槽外也设有可控温电加热装置，其目的是控制适宜的药液温度。工作时，一般将明胶液的温度控制在75～80℃，药液的温度宜控制在60℃左右。药液和明胶液由活塞式计量泵完成定量，常用三活塞计量泵。

冷却柱中的冷却液通常为液状石蜡，其温度一般控制在13～17℃。在冷却箱内通入冷冻盐水可对液状石蜡进行降温。由于液状石蜡由循环泵输送至冷却柱，其出口方向偏离柱心，故液状石蜡进入冷却柱后即向下作旋转运动。

工作时，明胶液和油状药液分别由计量泵的活塞压入喷嘴的外层和内层，并以不同的速度喷出。当一定量的油状药液被定量的明胶液包裹后，滴入冷却柱。在冷却柱中，外层明胶液被冷却液冷却，并在表面张力的作用下形成球形，逐渐凝固成胶丸。胶丸随液状石蜡流入过滤器，并被收集于滤网上。所得胶丸经清洗、烘干等工序后即得成品软胶囊制剂。

四、软胶囊的质量检查

胶囊剂的质量检查包括外观、水分、装量差异、崩解度与溶出度等。《中国药典》制剂通则项下软胶囊检查方法如下：

1. 装量差异　根据《中国药典》照下述方法检查，应符合规定。

检查法　除另有规定外，取供试品20粒，分别精密称定重量后，倾出内容物（不得损失囊壳），软胶囊用乙醚等易挥发性溶剂洗净，置通风处使溶剂自然挥尽；再分别精密称定囊壳重量，求出每粒内容物的装量与平均装量。每粒的装量与平均装量相比较，超出装量差异限度的胶囊不得多于2粒，并不得有1粒超出限度1倍（表5-9）。

表5-9　胶囊装量差异表

平均装量	装量差异限度
0.30g以下	±10%
0.30g及0.30g以上	±7.5%

凡规定检查含量均匀度的胶囊剂可不进行装量差异的检查。

2. 崩解时限　按《中国药典》规定，取供试品6粒，置升降式崩解仪吊篮的玻璃管中（如胶囊漂浮于液面，可加挡板），启动崩解仪进行检查，软胶囊应在1小时内全部崩解，以明胶为基质的软胶囊可改在人工胃液中进行检查。如有1粒不能完全崩解，应另取6粒复试，均应符合规定。

凡规定检查溶出度或释放度的胶囊剂，可不进行崩解时限的检查。

3. 微生物限度　以动物、植物、矿物质来源的非单体成分制成的胶囊剂，生物制品胶囊剂，照非无菌产品微生物限度检查：微生物计数法（《中国药典》通则1105）和控制菌检查（《中国药典》通则1106）及非无菌药品微生物限度标准（《中国药典》通则1107）检查，应符合规定。规定检查杂菌的生物制品胶囊剂，可不进行微生物限度检查。

五、软胶囊的包装与贮存

除另有规定外，应密封贮存，其存放环境温度不高于30℃，湿度应适宜，防止受潮、发霉、变质。肠溶或结肠溶明胶胶囊应在密闭，10～25℃，相对湿度35%~65%条件下保存。

工作任务

维生素E软胶囊的生产指令如表5-10所示。

表5-10　维生素E胶丸的生产指令

文件编号				生产车间		
产品名称	维生素E软胶囊		规格	100mg	理论产量	10000粒
产品批号			生产日期		有效期至	
序号	原、辅料名称	处方量（g）	消耗定额			
			投料量（kg）	损耗量（kg）	领料量（kg）	备注
1	维生素E	100	1.000	0.050	1.050	
2	大豆油	300	3.000	0.150	3.150	
3	明胶	400	4.000	0.200	4.200	
4	甘油	200	2.000	0.100	2.100	
5	水	400	4.000	0.200	4.200	
6	姜黄素	4	0.400	0.002	0.042	
制成		1000粒	10000粒			
起草人		审核人			批准人	
日期		日期			日期	

任务分析

一、处方分析

维生素E为主药，大豆油为溶剂，明胶为囊壳材料，甘油为增塑剂，水为溶剂，姜黄素为着色剂。

二、工艺分析

按照软胶囊剂的生产过程，将工作任务细分为4个子工作任务，即任务10-1 化胶；任务10-2内容物的配制；任务10-3压制成形；任务10-4干燥与清洗。见图5-12。

三、质量标准分析

本品含合成型或天然型维生素E（$C_{31}H_{52}O_3$）应为标示量的90.0% ~110.0%。

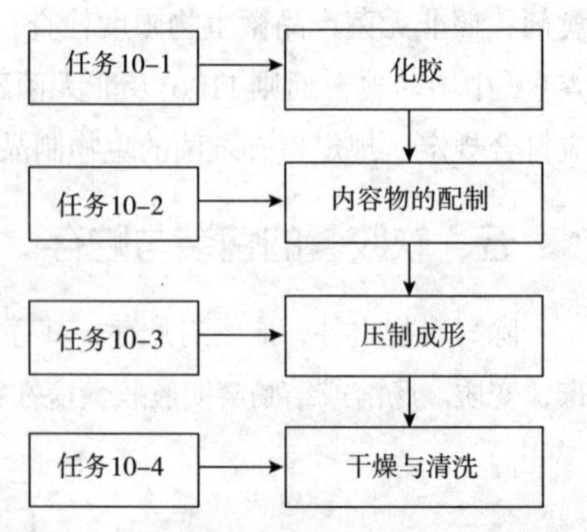

图5-12　维生素E软胶囊生产工艺分解示意图

1. 性状　本品内容物为淡黄色至黄色的油状液体。

2. 鉴别

（1）取本品的内容物，照维生素E鉴别（1）项试验，显相同的反应。

（2）在含量测定项下记录的色谱图中，供试品溶液主峰的保留时间应与对照品溶液主峰的保留时间一致。

3. 检查

（1）比旋度　避光操作。取本品的内容物适量（约相当于维生素E 400mg），精密称定，照维生素E比旋度项下的方法测定，比旋度（按d-α-生育酚计）不得低于+24°（天然型）。

（2）有关物质　取本品内容物适量（相当于维生素E 25mg），加正己烷10ml，振摇使维生素E溶解，滤过，取滤液作为供试品溶液；精密量取1ml，置100ml棕色量瓶中，用正己烷稀释至刻度，摇匀，作为对照溶液。照维生素E有关物质项下的方法试验，供试品溶液的色谱图中如有杂质峰，α-生育酚（相对保留时间约为0.87）峰面积不得大于对照溶液主峰面积1.0%，其他单个杂质峰面积不得大于对照溶液主峰面积的1.5倍（1.5%），各杂质峰面积的和不得大于对照溶液主峰面积的2.5倍（2.5%）。

（3）其他　应符合胶囊剂项下有关的各项规定（《中国药典》通则0103）。

4. 含量测定　取装量差异项下的内容物，混合均匀，取适量（约相当于维生素E20mg），精密称定，照维生素E含量测定项下的方法测定，计算，即得。

5. 类别　同维生素E。

6. 规格　（1）5mg；（2）10mg；（3）50mg；（4）100mg。

7. 贮藏　遮光，密封，在干燥处保存。

任务计划

按照软胶囊剂生产岗位要求，将学生分成若干个班组，由组长带领本组成员认真学习各岗位职责，对工作任务进行讨论，并进行人员分工，对每位员工应完成的工作任务内容、完成时限和工作要求等做出计划，其生产计划表参见表5-11。

表5-11　生产计划表

工作车间：		制剂名称：	规格：	
工作岗位	人员及分工	工作内容	工作要求	完成时限

任务实施

任务10-1　化　胶

一、任务描述

按照《软胶囊化胶操作法》及《HJG-700A化胶罐操作规程》，按明胶：甘油：水=2：1：2的量称取明胶、甘油、水，和甘油、明胶、水总量的0.4%的姜黄素；明胶先用约80%水浸泡使其充分溶胀后；将剩余水与甘油混合，置煮胶锅中加热至70℃，加入明胶液，搅拌使之完全熔融均匀1～1.5h，加入姜黄素，搅拌使混合均匀，放冷，保温60℃静置，除去上浮的泡沫，滤过，测定胶液黏度，使胶液黏度约为40mps^{-1}。

溶胶前根据领料单，核对各物料的品名、规格、批号、数量及产品合格证，并检查真空泵、空压机及其他计量器具，并确保其处于工作状态。

二、岗位职责

1. 严格执行《软胶囊化胶操作法》及《化胶罐操作规程》。

2. 负责化胶设备的安全使用及日常清洁、保养，保障设备的良好状态，防止生产安全事故的发生。

3. 严格按生产指令核对配制胶液的物料名称、数量、规格、外观无误。

4. 认真检查化胶罐是否清洁干净以及清场状态。

5. 自觉遵守工艺纪律，监控化胶罐的正常运行，发现偏差及时上报。

6. 认真如实填好生产记录，做到字迹清晰、内容真实、数据完整，不得任意涂改和撕毁，做好交接记录，不合格产品不能进入下道工序。

7. 工作结束或更换品种时应及时按有关规程进行清场工作，并做好清洁卫生，认真填写相应记录。做到岗位生产状态标识、设备及生产工具所处状态标识清晰明了。

三、岗位操作法

（一）生产前的准备

1. 复核清场情况

（1）检查生产场地无上一批生产遗留的胶液、生产工具、物料、废弃物、状态标识等。

（2）检查化胶工作间的门窗、天花板、墙壁、地面、灯罩、开关外箱、风口是否已清洁，无浮尘、无油污。

（3）文件检查，无上一批生产记录及与本批生产无关文件等。

（4）检查是否有上一次生产的《清场合格证》，且是否在有效期内，证上所填写的内容应齐全，有QA签字。

2. 接收生产指令

（1）工艺员发“软胶囊化胶工序生产记录”、物料标签、“运行中”标识。

（2）仔细阅读“批生产指令”的要求和内容。

（3）填写“运行中”标识的各项内容。

3. 设备、生产用具的准备

（1）按《化胶罐操作规程》检查。

（2）检查化胶罐及其附属设备（煮水锅、真空泵、冷热水循环泵、搅拌机、仪器、仪表工具）是否处于正常状态；化胶罐盖密封情况，开关灵敏正常；紧固件无松动，零部件齐全完好，润滑点已加油润滑，且无泄漏。

（3）检查化胶罐、生产用具是否已清洁、干燥；检查电子秤、流量计的计量范围是否符合生产要求，并清洁完好，有计量检查合格证，在规定的使用期内，并在使用前进行校正。

（4）检查煮水锅内水量是否足够（水位线应在视镜4/5处），如水量不足，应开启补水阀，补足水量。从安全角度考虑，水位不能超过视镜4/5处，以防通入蒸汽后造成锅内压力

过大而发生爆炸。

4. QA检查　由班组申请QA检查，检查合格后领取QA签发的《准产证》。

（二）操作

1. 在生产时所用的化胶罐挂上“运行中”标识，标识上应具备所生产物料品名、批号、规格、生产日期及填写人签名。

2. 开启循环水泵，然后开启蒸汽阀门，蒸汽与循环水直接接触并加热循环水。当循环水温度达到95℃时应适当减少蒸汽阀门的开启度（以排气口没有大量蒸汽溢出为准）。

3. 根据胶液配方及配制量，用流量计测量定量纯化水放入化胶罐内。

4. 开启热水循环泵，将煮水锅内热水循环至化胶罐夹层，加热罐内纯化水。

5. 按生产指令准确称量明胶、甘油。各成分比例为明胶：甘油：水=2：1：2。

6. 待化胶罐内纯化水温度达50～60℃时，关闭罐上的排气阀和上盖，开启搅拌机和真空泵，将称量好的明胶和甘油等原辅料用吸料管吸入化胶罐内，吸料完毕，关闭真空泵。

7. 待罐内明胶完全吸水膨胀，搅拌均匀。

8. 待罐内胶液达到65～70℃时，开启缓冲罐的冷却水阀门，然后开启真空泵，对罐内胶液进行脱泡。

9. 通过视镜观察罐内胶液的情况，脱泡至最少量为止。关闭真空泵，打开排气阀。

10. 如胶液需加入色素，此时将称量好的色素加入化胶罐内，继续搅拌15min至均匀后，关闭搅拌。

11. 测定黏度合格和气泡量均符合要求后，用60目双层尼龙滤袋滤过胶液到保温储胶罐中，50～55℃保温备用。

（三）清场

1. 生产用具按《软胶囊生产用具清洁规程》、设备按《化胶罐清洁规程》、生产环境按《D级洁净区清洁规程》进行清洁。按《化胶间清场规程》进行清场，并填写清场记录。

2. 为了保证清场工作质量，清场时应遵循先上后下，先里后外，一道工序完成后方可进行下道工序作业。

3. 清场后，填写清场记录，上报QA，经QA检查合格后挂《清场合格证》。

（四）记录

操作完工后填写批生产记录。如实填写各生产记录。

四、操作规程

（一）HJG-700A水浴式化胶罐操作规程

1. 开机前准备　使用前应注意检查各气阀有无泄漏，放胶阀是否灵敏可靠，各仪表是否正常，搅拌系统是否能正常运转，各机件有无松脱，发现异常情况应通知维修或设备管理人员处理后方可使用。

2. 加热操作

（1）开启循环水泵前，应先检查煮水锅水量是否足够（水位线应在视镜4/5处），如水量不足，应开启补水阀，补足水量。

（2）开启循环水泵。

（3）开启蒸汽阀门，蒸汽与循环水直接接触并加热循环水。当循环水温度达到95℃时应适当减少蒸汽阀门的开启度（以排气口没有大量蒸汽溢出为准）。

（4）经常检查煮水锅的温度，如超出要求及时做出调整。

（5）经常查看化胶罐夹层入口处安装的压力表，保证化胶罐夹层压力不得超过0.2MPa。

3. 投料

（1）往罐内注入本次化胶的用水量，同时开启热水循环泵。

（2）待热水循环泵启动15min后，启动搅拌桨运转搅拌。

（3）启动真空泵，利用真空管将各物料吸入化胶罐内，吸料完毕将控制阀门关闭。

4. 抽真空操作

（1）当化胶罐内胶液温度达65～70℃时，开启缓冲罐的冷却水阀门，然后开启真空泵，对罐内胶液进行脱泡。

（2）在明胶液黏度达到要求且气泡达最少量时，关闭真空泵。

5. 放胶液 用60目双层尼龙滤袋绑紧在化胶罐出胶液口，出液口下放置胶液保温桶，开启出液阀门，将胶液放出。

6. 安全操作注意事项

（1）经常检查化胶罐压力表及安全阀是否有效；生产过程中应经常观察化胶罐夹层压力，不可超过0.2MPa。

（2）化胶罐不可超载运行，容量以不超过锅内溶剂3/4为宜。

（3）开启真空泵脱泡时，化胶罐内胶液液面会上升，应经常观察液面，调节排空阀，不要让液面上升接近真空出口。

（4）胶液经滤网放出时温度较高，操作时要小心，慎防烫伤。

（二）VMP-60真空搅拌罐操作规程

1. 开机前准备

（1）使用前应注意检查各气阀有无泄漏，各仪表是否正常，搅拌系统是否能正常运转，各机件有无松脱，发现异常情况应通知维修或设备管理人员处理后方可使用。

（2）检查化胶罐夹套是否有水（纯化水），水位应漫至视镜高度2/3，若低于1/3，应及时补充。

2. 开机运行

（1）接通电源，设定加热温度为80℃。

（2）按比例称取原料（明胶、纯化水、增塑剂、防腐剂等）。

（3）将纯化水倒入化胶罐中。

（4）待桶内温度上升至约80℃，加入增塑剂、防腐剂（羟苯乙酯）并搅拌至完全溶解。

（5）将明胶投入，边加边用不锈钢棍搅拌均匀，防止结块。

（6）放入搅拌桨，盖要放平稳并扣紧，防止搅拌桨与桶内壁碰撞（注意：应先抽出吸液管，避免与运作的搅拌桨碰撞）。

（7）接通搅拌机电源，听搅拌桨运转声音是否正常（不正常应断电重盖）。

（8）80℃保温搅拌至胶液黏度测定符合要求，开启真空阀脱气，脱气过程胶液液面会上升，观察液面，调节排空阀，不要让液面上升接近真空出口。

（9）脱气后取样检查胶液是否无气泡，检查合格后停止搅拌，设定50～55℃保温（保温时间长，温度设置应稍低，防止黏度被破坏，临用前再升高）。

3. 安全操作注意事项

（1）严禁搅拌罐在夹套缺水条件下通电加热。

（2）插入搅拌桨进行搅拌操作前，必须先将吸液管移走，否则搅拌桨会与吸液管发生碰撞而损坏。

（3）在开启真空阀进行脱气操作时，随时观察胶液液面，调节排空阀防止胶液进入真空口。

五、清洁规程

（一）HJG-700A水浴式化胶罐清洁规程

1. 生产使用前清洁

（1）开启煮水锅的蒸汽开关和化胶罐的饮用水开关，往罐内通入4/5罐纯化水，启动搅拌桨，待纯化水被蒸汽加热至沸腾。

（2）保持罐内水慢沸半小时，进行清洁和消毒。

2. 生产结束清洁

（1）开启煮水锅的蒸汽开关和化胶罐的饮用水开关，往罐内通入4/5罐饮用水，启动搅拌桨，待饮用水被蒸汽加热至沸腾。

（2）控制蒸汽量，使罐内水保持慢沸1h，罐内壁黏附胶渍溶化，关闭蒸汽开关和搅拌。

（3）在罐底出胶口连接排水管，将排水管另一端放入地漏，开启排液口，将罐内的水全部排出，关闭排液口。

（4）重复以上操作，确定罐内干净没有残留物为止。

（5）用纯化水冲淋。

（6）用不掉毛尼龙刷刷洗排液口和吸液口。

（7）罐外挂“已清洁”标识，上面填写清洗人、清洗日期、有效期等。

3. 清洁效果评价　设备外无浮尘、无污渍，内部无残留胶渍和积水。

（二）VMP-60真空搅拌罐清洁规程

1. 生产使用前清洁

（1）打开罐盖，用纯化水冲淋罐内壁及罐盖。

（2）用饮用水擦拭罐外壁，至设备外无浮尘、无污渍。

2. 生产结束清洁

（1）关闭罐底的出液口，往罐内放入热水，用不掉毛尼龙刷刷洗，直至内部及罐底出液口上无残留胶渍，用纯化水冲淋。

（2）取出搅拌桨和吸液管，用热水冲洗，直至无残留胶渍，然后用纯化水冲淋。

（3）用饮用水擦拭罐外壁，至设备外无浮尘、无污渍。

（4）待搅拌桨、吸液管等部件干燥后，安装到罐上。

（5）罐外挂“已清洁”标识，上面填写清洗人、清洗日期、有效期等。

六、维护保养规程

1. 随时检查设备的润滑油是否足量，循环水是否流畅。
2. 设备外表及内部应洁净无污物聚集。
3. 每班开机前检查主轴等的磨损情况，发现机件磨损，立即修理、更换。
4. 随时检查各连接螺栓，发现松动及时紧固。

七、生产记录

化胶生产记录、岗位清场记录如表5-12、表5-13所示。

表5-12　化胶生产记录

工序名称：		生产时间： 年 月 日 时至 年 月 日 时				
品名		规格	批号		温度	相对湿度
执行文件，《化胶岗位操作法》						
生产前检查	1. 文件 合格□ 不合格□ 2. 现场 合格□ 不合格□ 3. 设备 合格□ 不合格□ 4. 物料 合格□ 不合格□	检查结果： 检查人： 复核人： QA： 日期： 年 月 日				
操作过程	物料名称	物料编码	批号	检验单号	领入量	投料量
	明胶					
	甘油					
	羟苯乙酯					
	纯化水					
	明胶 已加 □ 甘油 已加 □ 羟苯乙酯 已加 □ 色素 已加 □	开始加热时间	蒸汽压力（MPa）	罐内温度（℃）	真空度（MPa）	结束加热时间
	放料	胶液总量：共＿＿罐				
操作人：		复核人：		日期： 年 月 日		
	物料名称	使用量（kg）	损耗量（kg）	剩余量（kg）	去向	
	明胶					
	甘油					
	羟苯乙酯					
称量人；		复核人：		日期： 年 月 日 班		

续表

物料平衡	物料平衡计算公式： 限度范围： 明胶：　　　　结论： 甘油：　　　　结论： 羟苯乙酯：　　结论：				
操作人		班组长		QA	

表5-13 岗位清场记录

清场前品种		规格		批号	
房间名称		清洁剂或消毒剂			
清场日期		有效期			
检查项目	清场要求		清场情况		QA检查
物料	结料，剩余物料退料		按规定做□		合格□
中间产品	清点，送规定地点放置，挂状态标识		按规定做□		合格□
工具器具	冲洗、湿抹干净，放规定地点		按规定做□		合格□
清洁工具	清洗干净，放规定处干燥		按规定做□		合格□
容器管道	冲洗、湿抹干净，放规定地点		按规定做□		合格□
生产设备	湿抹或冲洗，标识符合状态要求		按规定做□		合格□
工作场地	漫抹或湿拖干净，标识符合状态要求		按规定做□		合格□
废弃物	清离现场，放规定地点		按规定做□		合格□
工艺文件	与续批产品无关的清离现场		按规定做□		合格□
注：符合规定在“□”中打“√”，不符合规定则清场至符合规定后在“□”中打“√”					
清场时间	年　月　日　班				
清场人员					
QA签名	年　月　日　班				
检查合格发放《清场合格证》，粘贴《清场合格证》					
备注					

任务10-2 内容物的配制

一、任务描述

按照《软胶囊内容物配制操作法》及《配制设备操作规程》，称量处方量的维生素E溶于等量的大豆油中，搅拌使其充分混匀，加入剩余的处方量的大豆油混合均匀，通过JM280QF型胶体磨研磨3次，真空脱气泡；在真空度0.10MPa以下和温度：90～100℃进行2h脱气。配料间保持室温18～25℃，RH50%以下。

二、岗位职责

1. 严格执行《软胶囊内容物配制操作法》及《配制设备操作规程》。

2. 负责配制设备的安全使用及日常清洁、保养。保障设备的良好状态，防止生产安全事故的发生。

3. 严格按照生产指令核对配制药液所有物料名称、数量、规格、外观无误。

4. 认真检查配制设备是否清洁干净，处于清场状态。

5. 自觉遵守工艺纪律，监控配制设备的正常运行。发现偏差及时上报。

6. 认真如实填好生产记录，做到字迹清晰、内容真实、数据完整，不得任意涂改和撕毁，做好交接记录，不合格产品不能进入下道工序。

7. 工作结束或更换品种时应及时做好清洁卫生并按有关规程进行清场工作，认真填写相应记录。做到岗位生产状态标识、设备及生产工具所处状态标识清晰明了。

三、岗位操作法

(一)生产前准备

1. 检查上次生产清场记录。

2. 检查配置操作间温度、相对湿度是否符合生产要求。

3. 检查配制操作间中有无上次生产的遗留物，有无与本批产品无关的物品、文件。

4. 检查磅秤、天平是否有效，调节零点。

5. 检查用具、容器是否干燥洁净。

6. 检查水、电、气供应是否正常。

7. 检查调配罐、胶体磨、乳化罐等设备是否运转正常。

8. 按生产指令领取物料，复核各物料的品名、规格、数量。

(二)操作

1. 将固体物料分别粉碎，过100目筛。

2. 液体物料过滤后加入调配罐中。

3. 将固体物料按照一定的顺序加入调配罐中，与液体物料混匀。

4. 将上一步得到的混合物视情况加入胶体磨或乳化罐中，进行研磨或乳化。

5. 将研磨或乳化后得到的药液过滤后用干净容器盛装，标明品名、规格、批号、数量。

(三)清场

1. 按《清场管理制度》《容器具清洁管理制度》《洁净区清洁规程》及《设备标准清洁规程》搞好清场工作。

2. 为了保证清场工作质量，清场时应遵循先上后下，先里后外，上道工序完成后方可进行下道工序作业。

3. 清场后，填写清场记录，上报QA，经QA检查合格后挂《清场合格证》。

(四)记录

操作完工后填写批生产记录。如实填写各生产记录。

四、操作规程

(一)调配罐操作规程

1. 开机前准备

(1)检查调配罐是否清洁，有无状态标识，并在有效期内。

（2）检查与调配罐连接的各管道与阀门是否完好，并调整到适当位置。

2. 开机运行

（1）各项检查无误后，加入物料，合上罐盖，开启搅拌机电源，按产品工艺要求，搅拌至药液混合均匀。

（2）配料完成后，关闭搅拌机电源。

（3）运行中应注意“停机加料，合盖运行”。

（二）胶体磨操作规程

1. 开机前准备

（1）检查设备标识牌为“正常”。连接好料斗、出料循环管，检查循环管阀门放料方向关闭，循环方向开通。

（2）磨片间隙调节。将两手柄旋松（反时针拧）然后顺时针转动调节环，用一只手伸入底座方口内转动电机风叶，当转动调节环感到有少许磨擦时马上停止。再反转调节环少许使磨片间隙大于对准数字，然后再顺时针旋紧手柄锁紧调节环，使磨片间隙固定。下次使用时，无需再调节，但运转后摩擦声音尖锐时，立即关机再调节。

2. 开机运行 接通电源后，投料入料斗内。通过调节出料阀改变设备运行状况及物料的颗粒细度，使用完毕，打开出料管，待物料出料完毕，关闭电源。

3. 操作注意事项

（1）设备无料空转时间不得超过5s。

（2）设备卫生清洁严禁带电进行，需切断电源。所用抹布应拧干，不得有水流下，料斗内严禁掉入硬的物体。严禁将搅拌棒、手等伸到正在运行的胶体磨内腔。

（3）胶体磨底座放平稳定，不得放在不平稳的物体上。

（4）启动时，若2次启动无效，通知工程组处理。不得在强行启动，以免损坏电机。运转过程中出现漏电、尖锐声、强烈震动等异常情况时，及时关闭电源，通知工程组处理。

五、清洁规程

（一）调配罐清洁规程

1. 每班生产结束后，关闭罐底放料球阀，打开纯化水阀，加入一定量的纯化水，再加入清洁剂，连续搅拌10min后，打开罐底放料阀，排除污水后，关闭放液阀，再加入纯化水连续冲洗至排出的水pH与加入的纯化水pH一致。

2. 与调料罐相关联的管道与调配罐一并循环清洗至合格。

（二）胶体磨清洁规程

1. 接通电源，加入纯化水至料斗内开机，打开出料口阀门至半开继续加入纯化水，保持料斗内水不少于料斗高度一半，半循环冲洗至出料口水干净。关闭出料口阀门，进行循环，循环2min，将出料口阀门打开，排尽纯化水。检测排出水是否洁净，拆开料斗、出料管和出料循环管、垫圈。

2. 用纯化水冲洗内部残留物料，然后用不锈钢钢丝球蘸清洁液刷洗物料斗、出料管和

出料循环管内外壁。

3. 用纯化水冲洗所有部件，至无清洁液臭味。

4. 将料斗、出料管和出料循环管、垫圈装回。

5. 开机用纯化水半循环冲洗至循环纯化水干净，放净磨内纯化水，停机。

6. 用75%乙醇约1000ml循环30s消毒。放尽磨内75%乙醇，停机。

7. 用洁净抹布把胶体磨表面擦拭干净，蘸75%乙醇，拧干，擦拭消毒。

六、维护保养规程

（一）调配罐维护保养规程

1. 设备工作时，3个月保养一次，轴承和齿轮传动部位加油脂润滑。

2. 罐体为不锈钢制作，换班时或下班必须做清洁工作，每批配料结束后进行清洗。

3. 清洁各模具、零件、清理设备表面黏接物时不许用金属工具铲刮。

4. 机器内部各处的粉末要定时清除，并检查所有螺钉，紧固有无松动、位移，并加以紧固。

（二）胶体磨维护保养规程

1. 保养周期　每半年保养一次。

2. 检查各机械部位的配合间隙，主轴运转偏离度。检查轴承磨损情况，加润滑油。

3. 检查所有电器元件各接头的紧固状况。线路的老化情况，有无损坏。检查电器各部位防水情况，接地良好。

4. 检查底座水槽内部排水是否通畅。

5. 检查水封密合情况，弹簧松紧度、齿轮磨损情况。检查主轴密封圈磨损情况。

6. 必要时作防锈处理。

七、生产记录

软胶囊内容物配制生产记录、岗位清场记录如表5-14、表5-15所示。

表5-14　软胶囊内容物配制生产记录

<table>
<tr><td colspan="3">工序名称：</td><td colspan="3">生产时间：　　年　月　日　时至　　年　月　日　时</td></tr>
<tr><td>品名</td><td></td><td>规格</td><td></td><td>批号</td><td></td></tr>
<tr><td colspan="2">操作步骤</td><td>记录</td><td>操作人</td><td>复核人</td></tr>
<tr><td rowspan="4">1. 生产前检查</td><td>文　件</td><td>已检查，符合要求□</td><td rowspan="4"></td><td rowspan="8"></td></tr>
<tr><td>现　场</td><td>已检查，符合要求□</td></tr>
<tr><td>设　备</td><td>已检查，符合要求□</td></tr>
<tr><td>物　料</td><td>已检查，符合要求□</td></tr>
<tr><td colspan="2">2. 检查房间温度、相对湿度</td><td>温度________℃
相对湿度________%</td><td></td></tr>
<tr><td colspan="2">3. 按生产指令领取物料，复核各物料的品名、规格、数量</td><td>物料1________kg
物料2________kg
物料3________kg</td><td></td></tr>
<tr><td colspan="2">4. 将固体物料分别粉碎，过100目筛</td><td>已粉碎□
已过筛□</td><td></td></tr>
<tr><td colspan="2">5. 液体物料过滤后加入调配罐中</td><td>已过滤□</td><td></td><td></td></tr>
</table>

续表

操作步骤	记录	操作人	复核人
6. 将固体物料按照一定的顺序加入调配罐中，与液体物料混匀	物料1、2、3均已加入□ 已混匀□		
7. 将混合物加入胶体磨或乳化罐中，进行研磨或乳化	已研磨□ 已乳化□		
8. 将研磨或乳化后得到的内容物过滤后用于净容器盛装，标明品名、规格、批号、数量	已标明□		
9. 生产结束清洁机器及工作间，清点工具，定位摆放	已清洁□		
10. 关闭水、电、气	已关闭□		

物料平衡计算公式：
限度范围：
维生素E：　　　　　　　　　　　　结论：
大豆油：　　　　　　　　　　　　　结论：
姜黄素：　　　　　　　　　　　　　结论：

操作人		班组长		QA	

表5-15　岗位清场记录

清场前品种		规格		批号	
房间名称		清洁剂或消毒剂			
清场日期		有效期			
检查项目	清场要求	清场情况	QA检查		
物料	结料，剩余物料退料	按规定做□	合格□		
中间产品	清点，送规定地点放置，挂状态标识	按规定做□	合格□		
工具器具	冲洗、湿抹干净，放规定地点	按规定做□	合格□		
清洁工具	清洗干净，放规定处干燥	按规定做□	合格□		
容器管道	冲洗、湿抹干净，放规定地点	按规定做□	合格□		
生产设备	湿抹或冲洗，标识符合状态要求	按规定做□	合格□		
工作场地	漫抹或湿拖干净，标识符合状态要求	按规定做□	合格□		
废弃物	清离现场，放规定地点	按规定做□	合格□		
工艺文件	与续批产品无关的清离现场	按规定做□	合格□		
注：符合规定在“□”中打“√”，不符合规定则清场至符合规定后在“□”中打“√”					
清场时间	年　月　日　班				
清场人员					
QA签名	年　月　日　班				

检查合格发放《清场合格证》，粘贴《清场合格证》

备注	

任务10-3 压制成形

一、任务描述

按照《软胶囊压制岗位操作法》及《RGY6X15F型软胶囊压制设备操作规程》，将上述胶液放入保温箱内，温度保持在80～90℃之间压制胶片；将制成合格的胶片及内容物药液通过自动旋转制囊机压制成软胶囊。自动旋转制囊机生产过程中，控制压丸温度35～40℃，滚模转速3r/min左右；控制室内温度在20～25℃。空气相对湿度40%以下。

二、岗位职责

1. 严格执行《软胶囊压制岗位操作法》及《软胶囊压制设备操作规程》。

2. 负责软胶囊压制所用设备的安全使用及日常清洁、保养，保障设备的良好状态，防止生产安全事故的发生。

3. 严格按照生产指令核对软胶囊压制所有物料名称、数量、规格、外观无误。

4. 认真检查软胶囊机是否清洁干净，处于清场状态。

5. 自觉遵守工艺纪律，监控软胶囊机的正常运行，确保软胶囊压制岗位不发生混药、错药或对药品造成污染。发现偏差及时上报。

6. 认真如实填好生产记录，做到字迹清晰、内容真实、数据完整，不得任意涂改和撕毁，做好交接记录，不合格产品不能进入下道工序。

7. 工作结束或更换品种时应及时做好清洁卫生并按有关规程进行清场工作，认真填写相应记录。做到岗位生产状态标识、设备及生产工具所处状态标识清晰明了。

三、岗位操作法

（一）生产前准备

1. 复核清场情况

（1）检查生产场地是否无上一批生产遗留的软胶囊、物料、生产用具、状态标识等。

（2）检查压丸操作间的门窗、天花板、墙壁、地面、地漏、灯罩、开关外箱、出风口是否已清洁，无浮尘、无油污。

（3）检查是否无上一批生产记录及与本批生产无关文件等。

（4）检查是否有上一次生产的《清场合格证》，且是否在有效期内，证上所填写的内容齐全，有QA签字。

2. 接收生产指令

（1）工艺员发“软胶囊压制工序生产记录”、物料标签、“运行中”标识（皆为空白）。

（2）仔细阅读“批生产指令”的要求和内容。

（3）填写“运行中”标识的各项内容。

3. 设备、生产用具准备

（1）准备所需模具、喷体及洁净胶盒等。

（2）检查生产用具、软胶囊压制设备是否清洁、完好、干燥。

（3）按《软胶囊机操作规程》进行配件安装和试运行，检查设备是否运作正常。

（4）检查电子秤、电子天平是否符合如下要求：计量范围符合生产要求，清洁完好，有计量检查合格证，并在规定的使用期内，且在使用前进行校正。

4. 物料的接收与核对

（1）对配料工序送来的药液，核对“中间产品递交许可证”上的产品名称、规格、有无QA签字，并复称重量。

（2）按“中间产品递交许可证”核对保温胶罐内胶液的名称、规格、有无QA签字、胶罐编号，清点个数。将胶罐进行保温，保温温度为50～60℃。

5. 检查

（1）检查操作间的室内温度及相对湿度是否符合工艺规程要求，并记录。

（2）检查操作人员的着装，应穿戴整齐、服装干净。

（3）由班组申请QA检查，检查合格后领取QA签发的《准产证》。

（二）操作

1. 加料

（1）用加料勺将药液倒入盛料斗，注意不要加得过满，盖上盖子。

（2）打开胶罐的放料口适当放出胶液，以保证胶液流出顺畅。

（3）将胶罐的放料口用胶管与主机箱连接，胶管外包裹胶套用以保温，胶盒温度设置为50～60℃。

（4）胶罐进气口连接压缩空气接口，压缩空气压力可根据胶液的黏稠度做适当调整。

2. 压制软胶囊

（1）按《软胶囊机操作规程》进行软胶囊机调试操作。

（2）根据工艺规程规定对喷体进行加热。

（3）调整转模压力，以刚好压出胶丸为宜，压力过大会损坏模具。

（4）根据工艺规程规定的内容物重进行装量调节。取样检测压出胶丸的夹缝质量、外观、内容物重，及时做出调整，直至符合工艺规程为止。

（5）正常开机，每小时每排胶丸取样，检查夹缝质量、外观、内容物重，每班检测胶皮厚度，并在批生产记录上记录，如有偏离控制范围的情况，应及时调整药液泵和胶皮涂布器。

（6）若在压制过程中，出现故障或意外停机后再开，须重复（4）的操作。

（7）开启转笼开关，边压制软胶囊边进行转笼定型干燥。

（8）生产过程中，定时将产生的胶网用胶袋盛装，放于指定地点，等待进一步处理。

（三）清场

1. 连续生产同一品种时，在规定的清洁周期将生产用具按《软胶囊生产用具清洁规程》进行清洁，设备按《软胶囊机清洁规程》进行清洁、生产环境按《D级洁净区清洁规程》进行清洁；非连续生产时，在最后一批生产结束后按以上要求进行清洁。每批生产结束后按《压丸间清场规程》进行清场。

2. 为了保证清场工作质量，清场时应遵循先上后下，先里后外，一道工序完成后方可进行下道工序作业。

3. 清场后，填写清场记录，上报QA，经QA检查合格后挂《清场合格证》。

（四）记录

操作完工后填写批生产记录。如实填写各生产操作记录。

四、操作规程

（一）开机前准备

1. 将控制箱、冷风机面板上的所有控制开关置于关断位置。

2. 检查传动系统箱内的润滑油是否足够（一般应注入约3L）。

3. 检查供料泵壳体内的石蜡油应浸没盘形凸轮滑块。

4. 检查主机左侧的润滑油箱内的石蜡油是否足够。

5. 安装转模及调整同步

（1）将准备压丸的转模装入定位轴上：①拆开门梁，将转模安装在相应的主轴上，使转模端面有刻线的一端朝外；②安装好转模后将门梁复位，将模具座上的定位销插入孔中，锁紧门梁和滚模。

（2）调整三个同步：①调整两转模同步，使模腔一一对应。旋转转模左边的加压旋钮，使两转模不加压力自然接触，松开机器背面对线机构的紧固螺钉，用对线扳手转动右主轴，使左右转模端面上的刻度线对准（最好以模腔边缘对齐为准），对准误差应不大于0.05mm，然后锁紧紧固螺钉。②调整转模与喷体同步。将喷体放下，以自重压在转模上（应在喷体与转模之间放一纸垫，以防互相摩擦损伤），通过微动操作主机运转，调整喷体端面刻线与转模端面上的刻线的相互位置，使喷体上喷孔置于模腔内，经供料泵注出的药液即可注入胶囊内，调整时必须考虑胶膜厚度的影响，使喷体刻线略低于转模刻线。③调整泵体与转模同步。脱开传动系统顶盖上的中介齿轮与变换齿轮，使其处于非啮合状态，转动供料泵方轴（由上向下观察顺时针方向转动），使供料泵前面的三根柱塞处于最前位置且消除盘形凸轮空行程（即柱塞即将向后推进），然后将中介齿轮与传动变换齿轮啮合，锁紧。

6. 将胶盒分别安装到左右胶皮轮上方，固定好。

7. 将控制箱上的选择开关拧到“I”位置，使机器通电。

8. 将引胶管的加热插头连接到主机上，对引胶管进行加热。

9. 在确认保温胶桶内的明胶液可顺利流出胶桶后，将引胶管的接头接在保温胶桶的出胶口上。

10. 将喷体加热棒、传感器和胶盒加热棒、传感器分别插入喷体和胶盒，插头连接到相应的插座位置上。

11. 将左右胶盒的温控仪的目标温度调至52～56℃。

12. 将压缩空气胶管插入保温胶罐的接口上，开启胶罐盖上的进气阀，开启胶罐出胶阀，罐内的明胶液受压而流进左右胶盒内（注意保持罐内气压在0.015~0.04MPa范围内）。

（二）开机运行

1. 调节机器的速度控制旋钮，使机器按一定转速运转。

2. 将左右胶盒的出胶挡板适量开启，明胶液均匀涂布在转动的胶皮轮上形成胶皮。

3. 开启冷风机，并调节冷风机的出风量，以胶皮不黏在胶皮轮上为宜（视室温等实际情况而定）。

4. 将胶皮轮带出的胶皮送入胶皮导轮，然后进入模具，胶皮从模具挤出后，用镊子引导胶皮进入下丸器的胶丸滚轴及拉网轴，最后送入废胶桶。

5. 检查胶皮的厚度，视实际情况调节胶箱出胶挡板的开启度，以调节胶皮厚度至0.80mm左右（应使胶皮厚度两边均匀）。

6. 检查胶网的输送情况，若正常，放下喷体，使喷体以自重压在胶皮上。

7. 设定喷体温控仪的目标温度为32～38℃（温度视室温、胶皮厚等情况而定），开启喷体加热开关，插在喷体上的发热棒受电加热。

8. 调节模具的加压旋钮，令左右转模受力贴合，调节量以胶皮刚好被转模切断为准，注意模具过量的靠压会损坏。

9. 待喷体加热至目标温度后，将喷体上的滑阀开关杆向内推动，接通料液分配组合的通路，定量的药液喷入两胶皮之间，通过模具压成胶丸。此时应检查每个喷孔对应的胶丸装量（即内容物重），及时修正柱塞泵的喷出量（通过转动供料泵后面调节手轮进行调节，改变柱塞行程，进而改变装量）。

10. 启动干燥转笼，使S4旋钮置于“L”，将压出的符合要求的软胶囊送入笼内。

（三）停机

1. 将喷体开关杆向外拉动，切断料液通路，关闭喷体加热，将喷体升起架在喷体架上。

2. 松开模具加压旋钮，使两转模分开。

3. 关闭压缩空气开关，开启胶桶盖上的排气阀，拆掉压缩空气管，拔除引胶管加热开关。

4. 关闭左右胶盒、胶桶、冷风机的开关。

5. 继续运转主机，排净胶盒内胶液及胶皮轮上胶皮，然后停止主机。

6. 在转笼出口处放上接胶丸容器，将转笼上的S4旋钮置于“R”，转笼正转，使胶丸自动排出转笼。

7. 关闭所有电机电源、总电源。

（四）操作注意事项

1. 模具及喷体为精密部件，必须轻拿轻放，严禁在模具转动时持硬物在其上方操作，发现喷体出料孔堵塞时，必须停机后方可进行清理，否则容易夹伤手指和损坏模具；如发现模具腔内有胶皮黏附时，不能用手或镊子在模具上方挑出，以防伤及人手或损坏模具。

2. 每次启动主机前确认调速旋钮处于零。

3. 拆装模具及料液泵等部件时，不得两人同时操作，避免因操作不协调而发生伤人或设备事故。

4. 严禁喷体在不接触胶皮的情况下通电加热。

5. 机器运转时操作人员不得离开，经常检查设备运转情况，在压制生产过程中遇到以下情况必须停机处理：

（1）剥丸器及拉网花轴缠住胶网或胶皮。

（2）喷体堵塞。

（3）在模具上方进行一切持硬物的操作。

（4）胶皮过黏，经调节后仍不能做正常的生产。

6. 胶罐上机使用时，应常检查罐内压力是否超过规定值，以防因压力过大将罐盖炸飞伤人。

7. 干燥转笼转动换向时，必须等转笼完全静止后方可进行换向操作，严禁突然换向，否则可能导致电器元件损坏。

8. 工作完毕停机后，及时把所有电加热附件的电源插头拨出。

五、清洁规程

（一）转换生产品种、规格时的清洁程序

1. 生产结束后，将剩余的明胶及物料等从机器上清除下来，按规定处理。将模具、喷体、泵体、输料柱塞、料斗、胶盒、引胶管、干燥转笼等拆下。

2. 将拆下的机械部件拆散，用洗涤剂溶液仔细清洗干净，至无生产时的遗留物，然后用大量饮用水冲洗至水清澈无泡沫，再用纯化水冲洗2次；待水挥发后，用75%乙醇溶液浸泡冲洗；挥发多余乙醇后，将泵体、输料柱塞浸入液状石蜡，均匀沾满液状石蜡后，重新装机，其余部件晾干后，按规定收藏，保存于工具间。

3. 装机后往供料泵壳体内加入石蜡油，油面应浸没盘形凸轮滑块；往料斗加入少量液状石蜡，开动主机运转排出空气，避免供料泵柱塞氧化。

4. 干燥转笼机箱及不可拆卸的设备表面等用清洁布或不掉毛刷子蘸洗涤剂溶液清洗掉污物，油渍等，用饮用水擦净后，用75%乙醇溶液擦拭，最后按要求装机。

（二）生产相同品种，转换批号时的清洁程序

1. 每批产品生产结束后，将已完成的中间产品移交下工序，清除机器上的残留物料、中间产品。

2. 用布擦净机器上的污渍。

六、维护保养规程

1. 坚持每班检查和清洁、润滑、紧固等日常保养。

2. 经常注意仪表的可靠性和灵敏性。

3. 每周更换一次料泵箱体石蜡油。

4. 发现问题应及时与维修人员联系，进行维修，正常后方可继续生产。

5. 不同型号的软胶囊机操作及维护规程应根据其设备说明书做适当补充及调整。

七、生产记录

软胶囊压制生产记录、岗位清场记录如表5-16、表5-17所示。

表5-16　软胶囊压制生产记录

<table>
<tr><td colspan="3">工序名称：</td><td colspan="3">生产时间：　　年　月　日　时至　　年　月　日　时</td></tr>
<tr><td colspan="2">品名：</td><td>批号：</td><td>规格：</td><td colspan="2">批量：</td></tr>
<tr><td colspan="2">操作开始</td><td>年　月　日　时</td><td>操作结束</td><td colspan="2">年　月　日　时</td></tr>
<tr><td colspan="3">执行文件：《压制软胶囊岗位操作法》</td><td colspan="3" rowspan="2">粘贴《清场合格证》副本及《准产证》</td></tr>
<tr><td colspan="3">生产前检查：文件□　设备□　现场□　物料□
结论：　检查人：　QA：</td></tr>
<tr><td rowspan="2">物料</td><td colspan="2">内容物　数量：　kg</td><td colspan="3">在储存期内：是□　否□</td></tr>
<tr><td colspan="2">胶液</td><td colspan="3">在储存期内：是□　否□</td></tr>
<tr><td colspan="3">喷体编号：</td><td colspan="3">模具编号：</td></tr>
<tr><td rowspan="12">压制</td><td>室温（℃）</td><td></td><td></td><td></td><td></td></tr>
<tr><td>相对湿度（%）</td><td></td><td></td><td></td><td></td></tr>
<tr><td>喷体温度（℃）</td><td></td><td></td><td></td><td></td></tr>
<tr><td>左胶盒温度（℃）</td><td></td><td></td><td></td><td></td></tr>
<tr><td>右胶盒温度（℃）</td><td></td><td></td><td></td><td></td></tr>
<tr><td>胶液批号</td><td></td><td></td><td></td><td></td></tr>
<tr><td>胶皮厚度</td><td>符合规定□</td><td>符合规定□</td><td>符合规定□</td><td>符合规定□</td></tr>
<tr><td>操作人</td><td></td><td></td><td></td><td></td></tr>
<tr><td>复校人</td><td></td><td></td><td></td><td></td></tr>
<tr><td>日期／班次</td><td>日　班</td><td>日　班</td><td>日　班</td><td>日　班</td></tr>
<tr><td colspan="3">合计本批耗用胶液：　罐</td><td colspan="2">记录人：</td></tr>
<tr><td colspan="2">平均丸重：　g</td><td colspan="3">废丸重：　kg</td></tr>
<tr><td colspan="6">物料平衡计算公式：
限度范围：
内容物：　　结论：
胶带：　　结论：</td></tr>
<tr><td colspan="2">操作人</td><td>班组长</td><td></td><td>QA</td><td></td></tr>
</table>

表5-17　岗位清场记录

<table>
<tr><td>清场前品种</td><td></td><td>规格</td><td></td><td>批号</td><td></td></tr>
<tr><td>房间名称</td><td></td><td colspan="2">清洁剂或消毒剂</td><td colspan="2"></td></tr>
<tr><td>清场日期</td><td></td><td>有效期</td><td colspan="3"></td></tr>
<tr><td>检查项目</td><td>清场要求</td><td colspan="2">清场情况</td><td colspan="2">QA检查</td></tr>
<tr><td>物料</td><td>结料，剩余物料退料</td><td colspan="2">按规定做□</td><td colspan="2">合格□</td></tr>
<tr><td>中间产品</td><td>清点，送规定地点放置，挂状态标识</td><td colspan="2">按规定做□</td><td colspan="2">合格□</td></tr>
<tr><td>工具器具</td><td>冲洗、湿抹干净，放规定地点</td><td colspan="2">按规定做□</td><td colspan="2">合格□</td></tr>
<tr><td>清洁工具</td><td>清洗干净，放规定处干燥</td><td colspan="2">按规定做□</td><td colspan="2">合格□</td></tr>
<tr><td>容器管道</td><td>冲洗、湿抹干净，放规定地点</td><td colspan="2">按规定做□</td><td colspan="2">合格□</td></tr>
<tr><td>生产设备</td><td>湿抹或冲洗，标识符合状态要求</td><td colspan="2">按规定做□</td><td colspan="2">合格□</td></tr>
<tr><td>工作场地</td><td>漫抹或湿拖干净，标识符合状态要求</td><td colspan="2">按规定做□</td><td colspan="2">合格□</td></tr>
<tr><td>废弃物</td><td>清离现场，放规定地点</td><td colspan="2">按规定做□</td><td colspan="2">合格□</td></tr>
<tr><td>工艺文件</td><td>与续批产品无关的清离现场</td><td colspan="2">按规定做□</td><td colspan="2">合格□</td></tr>
<tr><td colspan="6">注：符合规定在“□”中打“√”，不符合规定则清场至符合规定后在“□”中打“√”</td></tr>
</table>

续表

清场时间	年　月　日　班
清场人员	
QA签名	年　月　日　班
检查合格发放《清场合格证》，粘贴《清场合格证》	
备注	

任务10-4　干燥与清洗

一、任务描述

按照《干燥岗位操作法》《RGY6X15F型软胶囊机配套干燥定型转笼操作规程》，将压制成的软胶囊在网机内20℃下吹风干燥定型，待定型4h后，整型。按照《洗丸岗位操作法》《XWJ-Ⅱ型超声波软胶囊清洗机操作规程》，用乙醇在洗丸机中洗去胶囊表面油层，吹干洗液。

二、岗位职责

1. 严格按工艺要求和操作规程，进行软胶囊产品的干燥、清洗工作，保证质量，防止差错。

2. 按生产计划，积极与上下工序进行沟通，按时按量完成生产。

3. 按生产指令及时正确填写领料单，按时领入本工序所需的原、辅料（乙醇等），生产结束后，及时填写退料单，将物料退仓。

4. 做好中间产品进出站的清点、复核工作，认真填写中间站台账。

5. 负责保管进入车间的乙醇溶液。

6. 认真如实填好生产记录，做到字迹清晰、内容真实、数据完整，不得任意涂改和撕毁，做好交接记录。

7. 按要求做好清场和清洁工作。

8. 负责本工序设备和工具的清洁、养护、保管、检查，发现问题及时上报。

9. 负责本工序各工作间的清洁。

10. 工作结束或更换品种时应及时做好清洁卫生并按有关规程进行清场工作，认真填写相应记录。做到岗位生产状态标识、设备及生产工具所处状态标识清晰明了。

三、岗位操作法

（一）干燥岗位操作法

1. 生产前准备

（1）复核清场情况　①检查生产场地是否无上一批生产遗留的软胶囊、物料、生产用具、状态标识等；②检查干燥操作间和洗丸操作间的门窗、天花板、墙壁、地面、地漏、

灯罩、开关外箱、出风口是否已清洁，无浮尘、无油污；③检查是否无上一批生产记录及与本批生产无关文件等；④检查是否有上一次生产的《清场合格证》，且是否在有效期内，证上所填写的内容齐全，有QA签字。

（2）接收生产指令　①工艺员发生产记录、物料标签、“运行中”标识（皆为空白）；②仔细阅读“批生产指令”的要求和内容；③填写“运行中”标识的各项内容。

（3）设备、生产用具准备　①按生产指令准备所需干燥车、不锈钢勺、装丸盘等用具；②检查生产用具、干燥转笼是否清洁、完好、干燥；③按《干燥转笼操作规程》检查设备是否运作正常；④检查电子秤是否计量范围符合要求，清洁完好，有计量检查合格证和在规定的使用期内，并在使用前进行校正。

（4）领取软胶囊中间产品。从压制工序领取批生产指令所要求的软胶囊中间产品。复核品名、规格和QA签发的“中间产品递交许可证”。

（5）生产环境的工艺条件检查。检查干燥间的温度、相对湿度是否符合工艺规程要求，并记录。

（6）检查操作人员的着装，是否穿戴整齐、服装干净。

（7）有班组申请QA检查，检查合格后领取QA签发的《准产证》。

2. 操作

（1）将压制完毕的胶丸放入干燥转笼进行干燥。①按《干燥转笼操作规程》启动转笼，从转笼放丸口倒入胶丸，装丸最大量为转笼的3/4；②设备外挂上“运行中”标识，填写名称、规格、批号、日期，操作者签名。每班检查两次室温、室内相对湿度，并记录。③干燥7～16h，准备好胶盘放在胶丸出口处，将干燥转笼旋转方向调至右转，放出胶丸。

（2）将转笼放出的胶丸放上干燥车进行干燥。①将胶丸分置于干燥车上的筛网上（每个筛不宜放入过多，以2～3层胶丸为宜），并摊平。干燥车外挂已填写各项内容的“运行中”标识。②将盛有胶丸的干燥车推入干燥间静置干燥。③干燥时每隔3h翻丸一次，使干燥均匀和防止粘连，尤其注意翻动筛盘边角位置的胶丸。④干燥期间每2h记录一次干燥条件。⑤达到工艺规程所要求的干燥时间（8～16h）后，每车按上、中、下层随机抽取若干胶丸检查，胶丸坚硬不变形，即可送入洗丸间，或用胶桶装好密封并送至洗前暂存间。

（3）洗后软胶囊干燥操作　①将洗后的软胶囊放上干燥车，分置于筛网上（每筛以2～3层胶丸为宜），并摊平。干燥车外挂已填写各项内容的“运行中”标识。②将干燥车推入干燥隧道，挥去乙醇。③干燥期间每隔3h翻丸一次，使干燥均匀和防止粘连，尤其注意翻动筛盘边角位置的胶丸。④每2h记录一次干燥条件。⑤达到工艺规程所要求的干燥时间（5～9h）后，抽取若干胶丸检查，丸形坚硬不变形，即可收丸。⑥将干燥好的胶丸，放入内置洁净胶袋的胶桶中，扎紧胶袋，盖好桶盖，防止吸潮。⑦装桶后的干丸用电子秤进行称量净重。桶外挂物料标识，注明品名、批号、规格、生产日期、班次、净重、数量。

（4）生产过程中及时填写各种生产记录。

3. 清场

（1）连续生产同一品种时，按规定的清洁周期将生产用具按《软胶囊生产用具清洁规

程》进行清洁，设备按《干燥转笼清洁规程》《干燥车清洁规程》进行清洁，生产环境按《D级洁净区清洁规程》进行清洁，若非连续生产同一品种，在最后一批生产结束后按以上要求进行清洁。按《软胶囊干燥间清场规程》进行清场，并填写清场记录。

（2）为了保证清场工作质量，清场时应遵循先上后下，先里后外，一道工序完成后方可进行下道工序作业。

（3）清场后，填写清场记录，上报QA，经QA检查合格后挂《清场合格证》。

4. 记录 操作完工后填写批生产记录。如实填写各生产记录。

（二）洗丸岗位操作法

1. 生产前准备

（1）复核清场情况 ①检查生产场地是否无上一批生产遗留的软胶囊、物料、生产用具、状态标识等；②检查压丸操作间的门窗、天花板、墙壁、地面、地漏、灯罩、开关外箱、出风口是否已清洁，无浮尘、无油污；③检查是否无上一批生产记录及与本批生产无关文件等；④检查是否有上一次生产的《清场合格证》，且是否在有效期内，证上所填写的内容齐全，有QA签字。

（2）接收生产指令 ①工艺员发生产记录、物料标签、“运行中”标识（皆为空白）；②仔细阅读“批生产指令”的要求和内容；③填写“运行中”标识的各项内容。

（3）设备、生产用具准备 ①按生产指令准备所需干燥车、不锈钢勺、装丸盘；②检查生产用具、干燥车、超声波软胶囊清洗机是否清洁、完好，生产用具是否干燥；③按《超声波软胶囊清洗机操作规程》检查设备是否运作正常。

（4）核对软胶囊中间产品的生产指令与产品上标示的品名、规格是否相符。

（5）领用清洗软胶囊用的乙醇（浓度95%），同时核对其品名、规格、质量合格证、重量。领用的乙醇必须放置在有防爆功能的洗丸间。

（6）生产环境的工艺条件检查 ①检查压差计数值是否符合规定；②检查洗丸间的室内温度、相对湿度。

（7）检查操作人员的着装，是否穿戴整齐、服装干净。

（8）有班组申请QA检查，检查合格后领取QA签发的《准产证》。

2. 操作

（1）调节频率，打开电源总开关。

（2）打开浸洗缸、喷淋缸的缸盖，倒入一定量（各约40L）乙醇，盖上缸盖，打开冷水阀（用于冷却洗丸时产生的热量）。

（3）调节各开关阀至工作状态，倒入胶丸于料斗中至略满，盏上斗盖。

（4）调节出丸口大小，以传送带上出丸顺畅有不漏丸为宜。

（5）按顺序开动按钮，进行洗丸。

（6）经浸洗、喷淋后出丸，以清洗的胶丸表面无油腻感即可放置于干燥车并摊干。

（7）洗完胶丸后，关闭各按钮和电源总开关。

3. 清场

（1）按《超声波软胶囊清洗机清洁规程》《软胶囊生产用具清洁规程》《D级洁净区清

洁规程》进行清洁。按《洗丸间清场规程》进行清场，并填写清场记录。

（2）为了保证清场工作质量，清场时应遵循先上后下，先里后外，一道工序完成后方可进行下道工序作业。

（3）清场后，填写清场记录，上报QA，经QA检查合格后挂《清场合格证》。

4. 记录　操作完工后填写批生产记录。如实填写各生产记录。

四、操作规程

（一）RGY6X15F软胶囊机配套干燥定型转笼操作规程

1. 开机前准备

（1）确认准备使用的转笼已清洁，符合生产卫生要求。

（2）将转笼按顺序放置在机座上，确认转笼上的大光轮及大齿轮已完全和机座上的小光轮和小齿轮啮合。

（3）检查转笼活门上的螺母是否已上紧。

（4）盖上转笼护罩（注意护罩上的感应器要与机座上的感应开关相对应）。

（5）检查电箱上的风机、转笼旋钮是否在关闭位置。

（6）在末端转笼的出丸口盖上不锈钢盖。

2. 开机运行

（1）将电源开关置于开启位置。

（2）开启风机，使风机开始送风。

（3）将控制转笼转向的旋钮置于“L”，转笼此时反转，从转笼入口处倒入待干燥的软胶囊。此时软胶囊滞留在笼中进行干燥。

（4）待到达干燥时间后，在转笼出口放置清洁的胶盘，将转向旋钮置于停位置上，等转笼停定后，再调至“R”位置，转笼此时正转，软胶囊自动排出转笼，跌入胶盘中。

如采用较大型的数节干燥转笼串联的干燥机，将胶丸送入笼中操作如下（假设有五节转笼串联）：①将5#转笼的转向旋钮置于反转位置，1# ~4#转笼的转向旋钮置于正转位置；②从转笼入口倒入待干燥软胶囊，此时软胶囊会经过1# ~4#转笼，送入5#转笼内；③当5#转笼内软胶囊装至笼内容积约80%时，将4#转笼开关置于停位置上；④等数秒后使4#转笼反转，此时倒入的软胶囊经过1# ~3#转笼进入4#转笼内；⑤按上述方法将软胶囊依次送入3# ~1#转笼内；⑥当到达干燥时间后，依次将1# ~5#转笼开关从正转位置旋到停止位置；⑦取下5#转笼出口处的封盖，在出口下方放置清洁的胶盘；⑧依次将5# ~1#转笼开关置于正转位置上，软胶囊会依次通过转笼，最后经过5#转笼进入胶盘内。

（5）完成出胶丸后，将粘在转笼内壁的胶丸手工取出：先取下笼护罩，拧下活门上的螺母，打开活门取出胶丸。

（6）完成后将活门合上并拧紧螺母。

（7）将转笼取下进行清洁。

（二）XWJ-Ⅱ型超声波软胶囊清洗机操作规程

1. 开机前准备

（1）打开设备后盖板。

（2）在两乙醇缸内分别倒入约40L乙醇，观察左侧液位计到3/5为宜。

（3）将设备后盖板盖上。

（4）根据软胶囊的大小调整加料斗闸板的位置。

（5）在出料口放置装料容器。

（6）打开乙醇缸冷却水管阀门。

（7）将设备面板各阀门置于“工作”位置。

2. 开机运行

（1）打开“浸泡”旋钮，观察超声波桶液位上升情况，不要让乙醇溢出，如乙醇溢出，应立即关闭“浸泡”开关，通过调节“液位”阀门，控制液位的高低。

（2）启动“浸泡”旋钮，并确认浸洗系统工作正常。

（3）启动“喷淋”旋钮，喷淋系统开始工作，将“喷淋速度”阀门调至合适位置，使喷淋速度适中。

（4）启动“超声波”旋钮，听到尖锐的声音，同时检查传送带，确认系统正常。

（5）将软胶囊倒入料斗内，开始洗丸。

（6）观察软胶囊在输送带上的输送情况，应使软胶囊既能铺满输送带，又不会从输送带上跌落。如未能满足以上条件，可通过调节料斗闸板来实现。

（7）检查冷却水量是否合适，通过冷却水管阀门来调节水流量大小。

（8）及时将装料容器中的软胶囊转移到干燥车上。

3. 换液

（1）系统乙醇变浑浊时应及时更换。

（2）将浸洗系统浑浊乙醇排出。①在设备左侧“排液”管口接上软管，软管的另一侧接到乙醇容器内；②将“浸洗”、面板下部的工作状态阀门置于“排旧液”状态；③将“浸泡”旋钮置于开位置，打开后盖板观察浑浊乙醇排出设备情况，待缸内乙醇即将排尽时（注意不可将乙醇排尽），将“浸泡”旋钮置于关位置；④用抹布将缸内残留乙醇吸收，并用干净乙醇清洁缸体内壁。

（3）将喷洗系统乙醇注入浸洗系统。①将“浸洗”阀门置于“吸新液”状态，“喷洗”、工作状态阀门置于“排泪液”状态；②将“喷淋”旋钮置于开位置，打开后盖板观察乙醇从喷淋缸注入浸洗缸情况，待缸内乙醇即将排尽时（注意不可将乙醇排尽），将“喷淋”旋钮置于关位置；④用干净抹布将缸内残留乙醇吸收，并用干净乙醇清洁缸体内壁；③将“浸洗”、“喷洗”及工作状态阀门置于“工作”状态。

（4）往喷洗缸内加入新乙醇约40L。

4. 停机　按“超声波”→“浸洗”→“喷淋”顺序依次关闭系统。

（三）软胶囊干燥及清洗设备安全操作注意事项

1. 干燥定型转笼　当转笼转动换向时，必须等转笼完全静止后方可进行换向操作，严禁突然换向，否则可能导致电器元件损坏。

2. 超声波软胶囊清洗机

（1）真空泵严禁空转。

（2）超声波桶内无乙醇时，严禁开启超声波，避免损坏设备。

（3）开机前必须检查各阀门均处于工作位置，检查各管路、电路、网路均处于正常情况，方可开机。

（4）如有紧急情况，应首先关闭电源。

（5）乙醇缸内冷却水管阀门在工作时必须打开，使乙醇温度保持在25～30℃之间。

（6）如设备长时间停用，必须把缸内乙醇全部排出，并将缸内壁擦洗干净。

（7）经常清洗各过滤网，经常检查各管路是否有泄漏，一经发现应及时维修。

五、清洁规程

（一）软胶囊干燥定型转笼的清洁规程

1. 与软胶囊直接接触的部分在清洗间进行清洗，不可拆卸移动的部分在操作间进行清洁。

2. 用蘸有清洁剂溶液的刷子反复刷洗转笼上残留的油渍、污垢，用饮用水冲洗至无滑腻感，再用纯化水冲洗2min。

3. 用洗洁精溶液擦抹转笼护罩表面、机底、机外壁，直至无污物残留，再用饮用水擦抹至无滑腻感。

4. 用75%乙醇溶液或0.2%苯扎溴铵溶液擦抹消毒。

5. 清洁效果评价：无油污、无软胶囊残留、无污物、无积垢。

6. 废物要及时装入洁净的胶袋中，密闭放在指定地点，生产结束及时清离洁净区。

7. 清洁合格，机外挂“已清洁”标识，并填写清洁人、清洁日期、清洁有效期。

（二）XWJ–Ⅱ型超声波软胶囊清洗机的清洁规程

1. 生产使用前清洁

（1）设备内乙醇缸、废丸斗、传送带、出料口及进料斗等用75%乙醇溶液擦拭。

（2）设备外部用饮用水擦净，如沾有油污，用清洁剂溶液擦净并用饮用水擦拭至无滑腻感。

2. 生产结束清洁

（1）吸除清洗机内的废乙醇：调节排旧液开关阀，把浸洗缸、喷淋缸内的废乙醇吸到存放容器内，放置在规定地点，清洁完毕后清离洁净区（注意：吸乙醇时，应保留少许乙醇在缸内，避免损坏真空泵）。

（2）关闭旋钮，关闭冷水阀及电源总开关。

（3）用干净毛巾吸收浸洗缸，喷淋缸内剩余乙醇，清除缸内杂物，清除隔网筛的废丸。

（4）擦洗设备表面至无油污。

（5）用75%乙醇溶液擦拭消毒。

3. 清洁效果评价　无浮尘、无污渍、无未清洁死角、无积垢。

4. 废物处理　废物要及时装入洁净的胶袋中，密闭放在指定地点，生产结束及时清离洁净区。

5. 清洁合格　清洁合格，机外挂“已清洁”标识，并填写清洁人、清洁日期、清洁有

效期。

六、维护保养规程

1. 经常检查润滑油杯内的油量是否足够。

2. 设备外表及内部应洁净无污物聚集。

3. 齿盘的固定和转动齿是否磨损严重，如严重需调整。

4. 每季度检查一次电动机轴承，要及时调整更换。

七、生产记录

转笼干燥记录、岗位清场记录如表5-18、表5-19所示，洗丸与隧道干燥记录、岗位清场记录如表5-20、表5-21所示。

表5-18　转笼干燥记录

工序名称：		生产时间：　　年　月　日　时至　　年　月　日　时			
品名：	批号：		规格：	批量：	
操作开始	年　月　日　时		操作结束	年　月　日　时	
生产前检查： 文件□　设备□　现插□　物料□ 检查人：			《清场合格证》副本及《准产证》粘贴处		
日期／班次	记录时间	室温（℃）	相对湿度（%）	操作人	
日　班					
日　班					
日　班					
日　班					
日　班					
干燥开始时间	月　日　时　分		记录人		
干燥结束时间	月　日　时　分		记录人		
物料平衡计算公式： 限度范围： 半成品：　　结论： 残损量：　　结论：					
班组长			QA		

表5-19　岗位清场记录

清场前品种		规格		批号	
房间名称		清洁剂或消毒剂			
清场日期		有效期			
检查项目	清场要求		清场情况	QA检查	
物料	结料，剩余物料退料		按规定做□	合格□	

续表

检查项目	清场要求	清场情况	QA检查
中间产品	清点，送规定地点放置，挂状态标识	按规定做□	合格□
工具器具	冲洗、湿抹干净，放规定地点	按规定做□	合格□
清洁工具	清洗干净，放规定处干燥	按规定做□	合格□
容器管道	冲洗、湿抹干净，放规定地点	按规定做□	合格□
生产设备	湿抹或冲洗，标识符合状态要求	按规定做□	合格□
工作场地	漫抹或湿拖干净，标识符合状态要求	按规定做□	合格□
废弃物	清离现场，放规定地点	按规定做□	合格□
工艺文件	与续批产品无关的清离现场	按规定做□	合格□
注：符合规定在“□”中打“√”，不符合规定则清场至符合规定后在“□”中打“√”			
清场时间	年　月　日　班		
清场人员			
QA签名	年　月　日　班		
检查合格发放《清场合格证》，粘贴《清场合格证》			
备注			

表5-20　洗丸与隧道干燥记录

工序名称：		生产时间：　年　月　日　时至　年　月　日　时			
品名：		批号：	规格：	批量：	
洗丸	领料量		折合万粒		
	洗液名称		搅拌时间		
	洗丸效果		离心速度		
	离心时间		出料量		
	操作者		复核者		
干燥	进室时间		室内温度		
	相对湿度		收丸时间		
	收料量		收料人		
本班产量		折合万粒		废料量	
本批产量			折合万粒		
物料平衡	物料平衡 = $\frac{\text{干燥后产量（　）+废料量（　）}}{\text{领料量（　）}}\times 100\%=$ 计算人：　　复核人： 结论： 质量监控员：				
操作人		班组长		QA	

表5-21　岗位清场记录

清场前品种		规格		批号	
房间名称		清洁剂或消毒剂			
清场日期		有效期			

续表

检查项目	清场要求	清场情况	QA检查
物料	结料，剩余物料退料	按规定做□	合格□
中间产品	清点，送规定地点放置，挂状态标识	按规定做□	合格□
工具器具	冲洗、湿抹干净，放规定地点	按规定做□	合格□
清洁工具	清洗干净，放规定处干燥	按规定做□	合格□
容器管道	冲洗、湿抹干净，放规定地点	按规定做□	合格□
生产设备	湿抹或冲洗，标识符合状态要求	按规定做□	合格□
工作场地	漫抹或湿拖干净，标识符合状态要求	按规定做□	合格□
废弃物	清离现场，放规定地点	按规定做□	合格□
工艺文件	与续批产品无关的清离现场	按规定做□	合格□

注：符合规定在“□”中打“√”，不符合规定则清场至符合规定后在“□”中打“√”

清场时间	年 月 日 班
清场人员	
QA签名	年 月 日 班
检查合格发放《清场合格证》，粘贴《清场合格证》	
备注	

任务评价

一、技能评价

维生素E软胶囊生产的技能评价见表5-22。

表5-22　维生素E软胶囊生产的技能评价

评价项目		评价细则	评价结果	
			班组评价	教师评价
实训操作	操　作（40分）	1. 开启设备前能够检查设备（10分）		
		2. 能够按照操作规程正确操作设备（10分）		
		3. 能注意设备的使用过程中各项安全注意事项（10分）		
		4. 操作结束将设备复位，并对设备进行常规维护保养（10分）		
	产品质量（15分）	1. 性状、水分、细度复合要求（8分）		
		2. 收率符合要求（7分）		
	清　场（15分）	1. 能够选择适宜的方法对设备、工具、容器、环境等进行清洗和消毒（8分）		
		2. 清场结果符合要求（7分）		
实训记录	完整性（15分）	1. 能完整记录操作参数（8分）		
		2. 能完整记录操作过程（7分）		
	正确性（15分）	1. 记录数据准确无误，无错填现象（8分）		
		2. 无涂改，记录表整洁、清晰（7分）		

二、知识评价

（一）选择题

1. 单项选择题

（1）滴制法制备软胶囊时滴入与胶液不相溶的冷却液，常选用（　　）

A. 明胶　　B. 甘油　　C. 液状石蜡　　D. 纯化水

（2）干燥是软胶囊剂的制备过程中不可缺少的过程。在压制或滴制成形后，软胶囊胶皮内含有40%~50%的水分，未具备定型的效果，生产时要进行干燥，要使软胶囊胶皮的含水量下降至（　　）左右

A. 10%　　B. 15%　　C. 20%　　D. 25%

（3）软胶囊剂装量差异检查时，应取（　　）粒进行检查

A. 5　　B. 10　　C. 15　　D. 20

（4）在制备维生素E胶丸时，其化胶操作中，明胶∶甘油∶水比例是（　　）

A. 2∶1∶1　　B. 2∶1∶2　　C. 2∶1∶3　　D. 2∶1∶4

（5）软胶囊剂崩解时限的检查，其普通软胶囊应在（　　）小时内全部崩解

A. 1　　B. 2　　C. 3　　D. 4

（6）软胶囊的特点叙述错误的是（　　）

A. 液体油性药物可直接封入胶囊，无需使用吸附、包合之类的添加剂

B. 密封性好，胶囊强度和膜遮光性高，内容物可长期保持稳定

C. 摄取后，内容物迅速释放，体内生物利用度高

D. 填充物均一性好，含量偏差高

（7）软胶囊剂中液态药物的pH以（　　）为宜

A. 3.5 ~ 6.5　　B. 3.0 ~ 4.5　　C. 4.5 ~ 7.5　　D. 5.5 ~ 8.0

（8）制备空胶囊时加入二氧化钛是（　　）

A. 成型材料　　B. 增塑剂　　C. 增稠剂　　D. 遮光剂

（9）下列说法中正确的是（　　）

A. 软胶囊系指将一定量的液体原料药物直接包封，或将固体原料药物溶解或分散在适宜的辅料中制备成溶液、混悬液、乳状液或半固体，密封于软质囊材中的胶囊剂

B. 胶囊剂也称为胶丸

C. 软胶囊需用滴制法制备

D. 软质囊材用明胶单独制成

（10）含油量高的药物适宜制成的剂型是（　　）

A. 溶液剂　　B. 胶囊剂　　C. 片剂　　D. 滴丸剂

2. 多项选择题

（1）软胶囊剂制备方法有（　　）

A. 压制法　　B. 滴制法　　C. 溶解法　　D. 乳化法　　E. 粉碎法

（2）软胶囊的囊壳主要由（　　）组成

A. 明胶　　B. 增塑剂　　C. 水　　D. 主药　　E. 硅胶

（3）下列哪些药物适合制成软胶囊（　）

A. 油性药物　　B. 低熔点药物

C. 对光敏感遇湿热不稳定的药物　　D. 具有挥发性成分的药物

E. 易氧化的药物

（4）压制法制备的软胶囊可根据模具的形状来确定软胶囊的外形，常见的有（　　）

A. 橄榄形　B. 椭圆形　C. 球形　D. 鱼雷形　E. 正方形

（5）软胶囊内容物配制常用的设备有（　　）

A. 调配罐　B. 胶体磨　C. 乳化罐　D. 发酵罐　E. 粉碎机

（6）以下属于胶囊剂的是（　　）

A. 硬胶囊　B. 软胶囊　C. 胶丸　D.胶剂　E. 肠溶胶囊

（7）以下哪些情况的药物不宜制成软胶囊（　　）

A. 液体药物如含水量在5%以上　　B. 水溶性、挥发性小分子有机物

C. 具不良气味的药物　　D. 醛类药物

E. 生物利用度差的疏水性药物

（8）常作为软胶囊药物的溶剂或混悬液介质的是（　　）

A. 植物油　B. PEG400　C. 硬脂醇　D. 甘油　E. 乙二醇

（9）软胶囊在生产与贮藏期间应符合下列要求（　　）

A. 小剂量药物应先用适宜的稀释剂稀释，并混合均匀

B. 外观整洁，不得有黏结、变形或破裂现象，无异臭

C. 除另有规定外，应密封贮存

D. 可在一般生产区进行内包装

E. 生产时环境温度控制在14～26℃

（10）维生素E软胶囊处方分析正确的是（　　）

A. 维生素E为主药，大豆油为溶剂

B. 维生素E为主药，大豆油为增塑剂

C. 明胶为囊壳材料，甘油为增塑剂，水为溶剂

D. 明胶为囊壳材料，甘油、水为溶剂

E. 姜黄素为着色剂

（二）简答题

1. 软胶囊剂的特点有哪些？哪些药物适宜制成软胶囊？

2. 滚模式软胶囊机工作原理是什么？

3. 请以RGY6X15F软胶囊机为例，阐述其操作规程。

（三）案例分析题

某药厂采用压制法制备软胶囊时，出现软胶囊之间黏结、易变形等问题，试根据本章所学内容分析其原因，并找出解决的方法。

（赵春霞　谢志强）

项目六　丸剂的生产

知识目标

通过大山楂丸(蜜丸)、氯霉素滴丸（滴丸）的生产任务，掌握丸剂、滴丸剂的概念及制备工艺，熟悉丸剂的辅料、滴丸剂基质及冷凝液，了解常见中药丸剂的生产管理要求。

技能目标

通过完成本项目任务，熟练掌握中药丸剂的生产过程、各岗位操作及清洁规程、设备维护及保养规程，学会多功能制丸机组等设备的操作、清洁和日常维护及保养，学会正确填写生产记录。

任务11　大山楂丸的生产

扫码“学一学”

·任务资讯·

一、丸剂概述

（一）丸剂的概念

中药丸剂系指饮片细粉或提取物加适宜的黏合剂或其他辅料制成的球形或类球形制剂。是中药传统剂型之一，目前仍是中成药的主要品种。

（二）丸剂的特点

（1）作用持久　溶散、释放药物缓慢，可延长药效，降低毒性、刺激性，减少不良反应，适用于慢性病治疗或病后调和气血。

（2）能容纳多种形态的药物　是中药原粉较理想的剂型之一，固体、半固体、液体药物均可制成丸剂。

（3）制法简便。

（4）可缓和某些药物的毒副作用，如糊丸、蜡丸。

（5）可减缓某些药物成分的挥散。

（6）某些传统品种剂量大，服用不便，尤其是儿童。

（7）生产操作不当易致溶散、崩解迟缓。

（8）含原药材粉末较多者卫生标准难以达标。

（三）丸剂的分类

1. 根据赋形剂分类　可分为蜜丸、水蜜丸、水丸、糊丸、蜡丸和浓缩丸等类型。蜜丸

系指饮片细粉以蜂蜜为黏合剂制成的丸剂。其中每丸重量在0.5g（含0.5g）以上的称大蜜丸，每丸重量在0.5g以下的称小蜜丸。水蜜丸系指饮片细粉以蜂蜜和水为黏合剂制成的丸剂。水丸系指饮片细粉以水（或根据制法用黄酒、醋、稀药汁、糖液等）为黏合剂制成的丸剂。糊丸系指饮片细粉以米粉、米糊或面糊等为黏合剂制成的丸剂。蜡丸系指饮片细粉以蜂蜡为黏合剂制成的丸剂。浓缩丸系指饮片或部分饮片提取浓缩后，与适宜的辅料或其余饮片细粉，以水、蜂蜜或蜂蜜和水为黏合剂制成的丸剂。根据所用黏合剂的不同，分为浓缩水丸、浓缩蜜丸和浓缩水蜜丸。

2. 根据制法分类　可分为泛制丸、塑制丸、滴制丸。

（四）丸剂的质量要求

根据《中国药典》相关规定，丸剂在生产和贮藏期间应符合以下要求：

1.除另有规定外，供制丸剂用的药粉应为细粉或最细粉。

2.炼蜜按炼蜜程度分为嫩蜜、中蜜和老蜜，制备时可根据品种、气候等具体情况选用。蜜丸应细腻滋润，软硬适中。

3.浓缩丸所用饮片提取物应按制法规定，采取一定的方法提取浓缩制成。

4.蜡丸制备时，将蜂蜡加热熔化，待冷却至适宜温度后按比例加入药粉，混合均匀。

5.根据原料药物的性质、使用与贮藏的要求，凡需包衣和打光的丸剂，应使用各品种制法项下规定的包衣材料进行包衣和打光。

6.除另有规定外，水蜜丸、水丸、浓缩水蜜丸和浓缩水丸均应在80℃以下干燥；含挥发性成分或湿粉较多的丸剂（包括糊丸）应在60℃以下干燥；不宜加热干燥的应采用其他适宜方法干燥。

7.除另有规定外，丸剂外观应圆整，大小、色泽应均匀，无粘连现象。

8.除另有规定外，糖丸在包装前应在适宜条件下干燥，并按丸重大小要求用适宜筛号的药筛过筛处理。

9.除另有规定外，丸剂应密封贮存，防止受潮、发霉、虫蛀、变质。

二、常用辅料

1. 润湿剂　药材细粉自身具有黏性，仅需要润湿即可发挥黏合性或增加黏性，使之黏结成丸，有的润湿剂兼有促进有效成分溶解作用，提高疗效。

（1）水　指纯化水，能润湿或溶解药粉中黏液、糖及胶类等产生黏性。

（2）酒　常用白酒（含醇量50%~70%）与黄酒（含醇量12%~15%），能润湿药粉中的树脂等成分增加黏性。

（3）醋　常用米醋（含乙酸3%~5%）。能润湿药粉产生黏性，有助于促进碱性成分的溶解提高疗效。醋能散淤血、消肿痛，入肝经消瘀止痛的丸剂常用。

（4）稀药汁　处方中不易制粉的药材可取其榨汁或煎取药汁，既是主药也是润湿剂。

2. 黏合剂

（1）蜂蜜　蜂蜜具有黏合作用，兼有滋补作用及镇咳、润燥、解毒等功效。生蜜在使

用前需加热炼制，根据炼制程度分为嫩蜜（加热至105～115℃，色泽无明显变化，含水量17%~20%，相对密度1.35左右）、中蜜（炼蜜继续加热至116～118℃，浅黄颜色，均匀细泡有光泽，含水量14%~16%，相对密度1.37左右，用手捻有黏性，手指分开时有白丝，拉长即断）、老蜜（由中蜜继续加热至119～122℃，气泡较大红棕色，含水量10%以下，相对密度1.40左右，手捻较黏，手指分开出现长白丝，滴水成珠）三种规格。

（2）米糊和面糊　以米、糯米、神曲、小麦等的细粉加水加热熬制成糊，或蒸煮成糊，糊粉的用量一般为药材细粉总量的5%~15%。制作方法有冲、煮、蒸等。糊丸一般较硬、崩解迟缓。

（3）蜂蜡　浅黄色，又称黄蜡。熔化后与药材细粉混合，按塑制法或泛制法制成蜡丸。因释药缓慢，可制成缓、控释丸剂。

（4）清膏与浸膏　含纤维较多或体积较大的药材，可以提取制成清膏或浸膏，进一步加工制成浓缩丸。

（5）饴糖及蔗糖水　有还原性和吸湿性，黏性中等、味甜。

三、丸剂的制备

（一）称量配制、粉碎、过筛、混合

参见项目二　散剂的生产。

（二）制丸

塑制法系指药材细粉加适宜的黏合剂，混合均匀，制成软硬适宜、可塑性较大的丸块，再依次制丸条、分粒、搓圆而成丸粒的制丸方法，是目前制备丸剂的常用方法。多用于蜜丸、水蜜丸、浓缩丸、糊丸、蜡丸的制备，工艺流程为：原辅料处理→制丸块→制丸条→分粒→搓圆→干燥→整丸→质检→包装。

1. 原辅料的处理　按照处方挑选清洁炮制好的药材，称量、干燥、粉碎、过筛、混合成均匀的细粉。如果含有毒、剧、贵重药材等，要按照工艺要求进行粉碎和混合。

2. 制丸块　将已混合均匀的药物细粉，按处方规定用量，加入适宜的赋形剂，混合制成软硬适度、可塑性好的软材，也称“和坨”。生产常采用槽型混合机或双桨搅拌机等设备进行。色泽不均是最常见的质量问题，原因是粉末搅拌混合时间不足，尤其是冰片、麝香等芳香性后加药物粉末，搅拌时间应按药物粉末和赋形剂的特性而定，过长和过短都可能造成色泽不均。还有炼蜜、淀粉糊在和药前都应过筛，才可避免产生花点，混合温度不能太低，特别是炼蜜温度太低很容易造成混合不均，产生色泽不均。

影响丸块质量的因素有以下几种。①炼蜜程度：应根据处方中药材的性质、粉末的粗细、含水量的高低、当时的气温及湿度，决定炼制蜂蜜的程度。蜜过嫩则粉末黏合不好，丸粒搓不光滑；蜜过老则丸块发硬，难以搓丸。②和药蜜温：一般处方用热蜜和药。如处方中含有多量树脂、胶质、糖、油脂类的药材，黏性较强且遇热易熔化，则炼蜜温度应以60～80℃为宜。若处方中含有冰片、麝香等芳香挥发性药物，也应采用温蜜。若处方中含有大量的叶、茎、全草或矿物性药材，粉末黏性很小，则须用老蜜，且趁热加入。③用蜜量：药粉与炼蜜的比例也是影响丸块质量的重要因素。一般是1∶1～1∶1.5，但也有此范

围外的，这主要决定于药材的性质：含糖类、胶质等黏性强的药粉用蜜量宜少；含纤维较多、质地轻松、黏性极差的药粉，用蜜量宜多，可高达1∶2以上。夏季用蜜量应稍少，冬季用蜜量宜稍多。手工和药，用蜜量稍多；机械和药，用蜜量稍少。

3. 制丸条 制丸条直接影响到丸药的光洁度和丸重差异，对塑制丸质量至关重要。软材存放的时间和出条时软材的温度掌握不当都会造成出条不光洁、粗细不一致。每一品种混合后的软材都有它特定的温涨时间，即药物粉末和赋形剂混合后，药物粉末膨胀所需的时间。该过程与时间、温度有关。如果膨胀不透，在出条时就会造成毛条，不光洁。另外，药物粉末和赋形剂的配比也应有一定的比例，虽然工艺上已有规定，但是，还应根据每一批药粉的吸湿率进行微调。如果赋形剂过量或温度过高会造成软条或粗细不一。反之，赋形剂太少或温度太低会造成硬条。因此，在药物粉末和赋形剂配比恰当的情况下，还应掌握好温涨的时间和出条时的温度，以保证出条光洁和粗细一致，为分粒和搓圆打好基础。

4. 分粒与搓圆 一般采用轧丸机或在多功能制丸机上完成分粒与搓圆。轧丸机有双滚筒和三滚筒二种。因三滚筒比双滚筒制得的丸药圆整度和光洁度都更好，目前多采用三滚筒。一般合格的出条都能得到合格的丸药。但有时小蜜丸机会碰到轧丸和出条软瘫，不能分粒、搓丸的现象，这与温度有关。温度太低，轧丸，温度太高又造成软瘫。因此，温度对塑制丸质量影响很大，必须全过程严格控制。尤其是冬天，必要时可采取保温措施。

5. 干燥 塑制法成丸后，纯蜜丸由于所用的蜂蜜经过炼制，蜜的含水量已控制在一定范围，通常成丸后即可包装，不须经过干燥，以保持丸药的滋润状态。但应注意成丸后必须吹冷，以防止并粒和变形。浓缩丸等还是需要及时干燥，干燥设备类型与泛制丸类似。

扫码“看一看”

四、丸剂的生产设备

（一）塑制法制丸设备

1. 结构组成 塑制法制丸常用炼药制丸机完成。炼药制丸机组由以下部分组成：炼药仓、制条仓、搓丸机、输条机、交流变频器、触摸屏、酒精桶、送条轮、刀轮等组成，见图6-1。制条机、搓丸机、输条机、交流变频器及各种开关构成拖动控制系统，其控制方式是触摸屏，由可编程序控制器PLC、触摸屏、编码器、控制模块等部件组成自动控制系统。由触摸屏操作控制给拖动制条机的5.5kW变频器一个启动信号，制条电机运转。药打出条后，该信号被放置在出条口的编码器所接收，编码器把收到的信号送给PLC，PLC根据信号控制拖动输条机的变频器输出，从而实现输条机对制条电机的同步跟踪，实现对丸条动态的控制。再经搓丸机的切、搓完成制丸的目的。

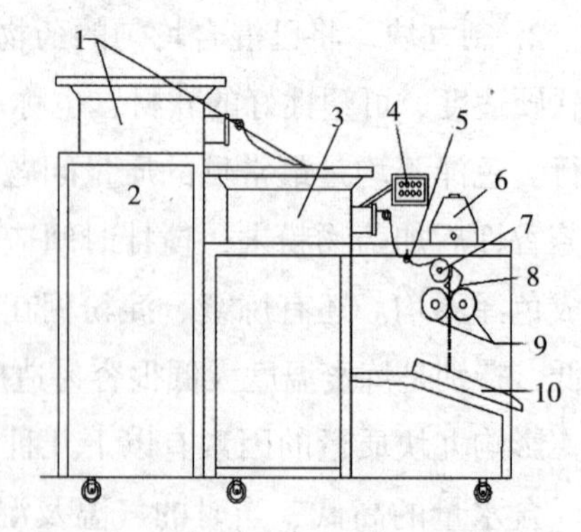

图6-1 炼药制丸机结构示意图

1. 加料口；2. 炼药仓；3. 制条仓；4. 触摸屏；5. 送条轮；6. 酒精桶；7. 输条机；8. 顺条器；9. 刀轮；10. 出料口

2.工作原理　炼药制丸机组的工作原理是先将药粉加黏合剂（水、蜜、提取液或膏）混合搅拌均匀后，在设备左边的炼药仓内将药物炼合成组织均匀、软硬相同、致密性一致的条状物料。然后再顺势送入右下方的制丸机的料仓中，经挤压成细条、切断成粒后高速搓制成丸。

（二）泛制法制丸设备

中药的水丸或水蜜丸在制造的过程中，利用一定量黏合剂在转动、振动、摆动或搅动下，使固体粉末黏附成球形颗粒的操作称作中药丸的泛制，也叫作转动造粒。泛制的方法有：包层和附聚。包层是指原料粉末均匀地附着在预先制好的母核上，使颗粒的体积逐层地增大。泛丸机是包层操作常用的设备。附聚是指物料粉末相互黏结附聚成丸粒。它与包层的区别在于，包层需要预先制造母核，母核所采用的物料可以与包层所采用的物料不同；附聚则是直接将原料置于糖衣锅内，进行转动生成丸粒。

1. 结构组成　泛丸机的结构见图6-2，主要由机身、涡轮箱体、锅体、加热装置、风机、电机等主要部分组成。

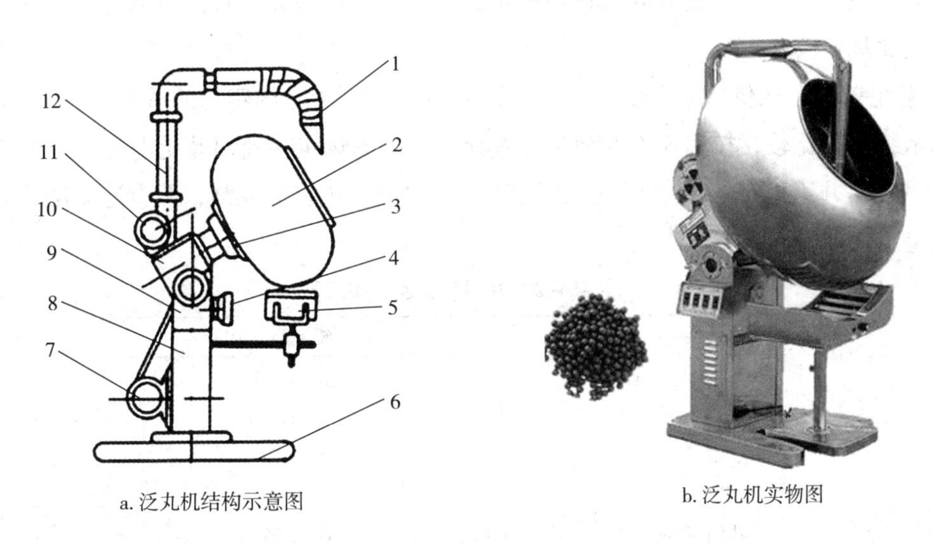

a. 泛丸机结构示意图　　b. 泛丸机实物图

图6-2　泛丸机

1. 热风管；2. 泛丸机锅体；3. 转轴；4. 仰角调节手轮；5. 加热器；6. 底座；7. 电机；8. 机身；9. 机架；10. 减速箱；11. 风机；12. 电炉丝

2.工作原理　泛丸机由电动机通过三角皮带驱动涡轮、涡杆减速器，带动锅体旋转，在离心力和重力的作用下，使物料在锅内上下翻滚，通过物料与锅内壁、物料与物料之间相互撞击、揉搓、挤压、摩擦等作用，达到起模、制丸、盖面和打光的作用。

五、丸剂的质量检查

除另有规定外，丸剂应进行以下相应检查。

1. 水分　照水分测定法（《中国药典》）测定。除另有规定外，蜜丸和浓缩蜜丸中所含水分不得过15.0%；水蜜丸和浓缩水蜜丸不得过12.0%；水丸、糊丸和浓缩水丸不得过9.0%。蜡丸不检查水分。

2. 重量差异　以10丸为1份（丸重1.5g及1.5g以上的以1丸为1份），取供试品10份，分别

称定重量，再与每份标示重量（每丸标示量×称取丸数）相比较（无标示重量的丸剂，与平均重量比较），按表6-1丸剂重量差异限度表的规定，超出重量差异限度的不得多于2份，并不得有1份超出限度1倍。除另有规定外，丸剂照上述方法检查，应符合规定。

表6-1　丸剂重量差异限度表

标示重量（或平均重量）	重量差异限度
0.05g及0.05g以下	±12%
0.05g以上至0.1g	±11%
0.1g以上至0.3g	±10%
0.3g以上至1.5g	±9%
1.5g以上至3g	±8%
3g以上至6g	±7%
6g以上至9g	±6%
9g以上	±5%

包糖衣丸剂应检查丸芯的重量差异并符合规定，包糖衣后不再检查重量差异，其他包衣丸剂应在包衣后检查重量差异并符合规定；凡进行装量差异检查的单剂量包装丸剂，不再进行重量差异检查。

3. 装量差异　取供试品10袋（瓶），分别称定每袋（瓶）内容物的重量，每袋（瓶）装量与标示装量相比较，按表6-2丸剂装量差异限度表的规定，超出装量差异限度的不得多于2袋（瓶），并不得有1袋（瓶）超出限度1倍。单剂量包装的丸剂，照上述方法检查，应符合规定。

表6-2　丸剂装量差异限度表

标示装量	装量差异限度
0.5g及0.5g以下	±12%
0.5g以上至1g	±11%
1g以上至2g	±10%
2g以上至3g	±8%
3g以上至6g	±6%
6g以上至9g	±5%
9g以上	±4%

装量以重量标示的多剂量包装丸剂，照最低装量检查法（《中国药典》）检查，应符合规定。以丸数标示的多剂量包装丸剂，不检查装量。

4. 溶散时限　除另有规定外，取供试品6丸，选择适当孔径筛网的吊篮（丸剂直径在2.5mm以下的用孔径约0.42mm的筛网；在2.5～3.5mm之间的用孔径约1.0mm的筛网；在3.5mm以上的用孔径约2.0mm的筛网），照崩解时限检查法（《中国药典》）片剂项下的方法加挡板进行检查。除另有规定外，小蜜丸、水蜜丸和水丸应在1h内全部溶散；浓缩丸和糊丸应在2h内全部溶散。操作过程中如供试品黏附挡板妨碍检查时，应另取供试品6丸，以不加挡板进行检查。上述检查，应在规定时间内全部通过筛网。如有细小颗粒状物未通过筛网，但已软化且无硬芯者可按符合规定论。蜡丸照崩解时限检查法（《中国药典》）片剂项下的肠溶衣片检查法检查，应符合规定。除另有规定外，大蜜丸及研碎、嚼碎等或用开水、黄酒等分散后服用的丸剂不检查溶散时限。

5. 微生物限度　照微生物限度检查法（《中国药典》）检查，应符合规定。

六、丸剂的包装与贮存

丸剂制成后若包装不当，常引起霉烂、虫蛀及挥发性成分的散失等问题。各类丸剂的性质不同，其包装与贮存的方法亦有区别。大、小蜜丸及浓缩丸等常装于塑料球壳内，壳外用蜡层固封或用蜡纸进行包裹，并装于蜡浸过的纸盒内，盒外再浸蜡，以达到密封防潮的目的。其中大蜜丸也可选用泡罩式铝塑材料包装。含芳香挥发性成分或贵重细料药丸剂可采用蜡壳固封，再装入金属、帛或纸盒中。小丸常采用玻璃瓶或塑料瓶密封。水丸、糊丸及水蜜丸等如为按粒服用，应以数量分装；按装量服用则应以装量分装。含芳香性药物或较贵重药物的微丸多用瓷质的小瓶密封。

除另有规定外，丸剂应密封贮存，蜡丸应密封并置阴凉干燥处贮存，以防止吸潮、微生物污染以及丸剂中所含的挥发性成分损失而降低药效。

工作任务

大山楂丸的生产指令见表6–3。

表6–3　大山楂丸的生产指令

文件编号：			生产车间：			
产品名称	大山楂丸	规格	9g/丸	理论产量	10000丸	
产品批号		生产日期		有效期至		
序号	原辅料名称	处方量（g）	消耗定额			备注
			理论量（kg）	损耗量（kg）	合计（kg）	
1	山楂	3600	36.000	1.800	37.800	
2	六神曲	540	5.400	0.270	5.670	
3	炒麦芽	540	5.400	0.270	5.670	
4	蔗糖	2160	21.600	1.080	22.680	
5	炼蜜	2160	21.600	1.080	22.680	
制成		1000丸	10000丸			
起草人		审核人		批准人		
日期		日期		日期		

任务分析

一、处方分析

本制剂为大蜜丸，方中山楂、六神曲、炒麦芽为主药，蔗糖、炼蜜为辅料。饮片山楂中有核，粉碎时易损坏筛网，药物细粉混合后黏性适中，故用炼蜜（中蜜）以塑制法制丸容易成型。本品制成后宜及时分装，保证丸剂的滋润状态。

二、工艺分析

按照塑制法制丸的生产过程，将工作任务细分为5个子工作任务，即任务11-1粉碎过筛；任务11-2称量配制；任务11-3混合；任务11-4制丸；任务11-5内包装，见图6-3。

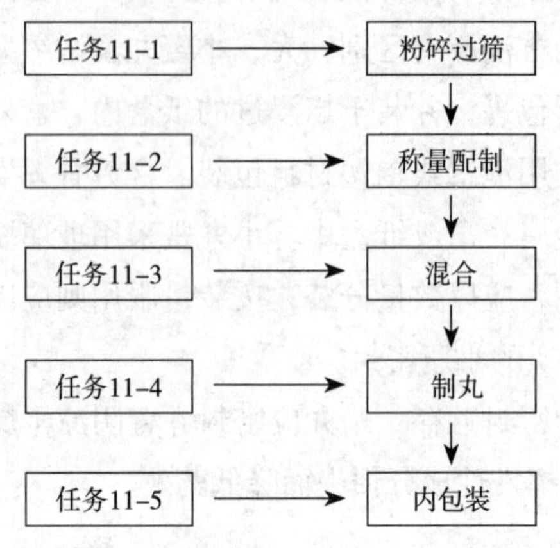

图6-3　大山楂丸生产工艺分解图

三、质量标准分析

根据《中国药典》的相关规定，大山楂丸的质量应符合以下要求。

1. 性状　本品为棕红色或褐色的大蜜丸；味酸、甜。

2. 规格　每丸重9g。

3. 鉴别

（1）取本品，置显微镜下观察：果皮石细胞淡紫红色、红色或黄棕色，类圆形或多角形，直径约125μm（山楂）。表皮细胞纵列，由1个长细胞与2个短细胞相间连接，长细胞壁厚，波状弯曲，木化（炒麦芽）。

（2）取本品9g，剪碎，加乙醇40ml，加热回流10min，滤过，滤液蒸干，残渣加水10ml，加热使溶解，用正丁醇15ml振摇提取，分取正丁醇液，蒸干，残渣加甲醇5ml使溶解，滤过。取滤液1ml加少量镁粉与盐酸2～3滴，加热4～5min后，即显橙红色。

（3）取【鉴别】（2）项下的滤液，作为供试品溶液。另取熊果酸对照品，加甲醇制成每1ml含1mg的溶液，作为对照品溶液。照薄层色谱法（《中国药典》四部通则0502）试验，吸取上述两种溶液各2μl，分别点于同一硅胶G薄层板上，以三氯甲烷-丙酮（9∶1）为展开剂，展开，取出，晾干，喷以10%硫酸乙醇溶液，在105℃加热至斑点显色清晰。供试品色谱中，在与对照品色谱相应的位置上，显相同的紫红色斑点。

4. 检查　应符合丸剂项下有关的各项规定（《中国药典》四部通则0108）。

5. 含量测定　取重量差异项下的本品，剪碎，混匀，取约3g，精密称定，加水30ml，60℃水浴温热使充分溶散，加硅藻土2g，搅匀，滤过，残渣用水30ml洗涤，100℃烘干，连同滤纸一并置索氏提取器中，加乙醚适量，加热回流提取4h，提取液回收溶剂至干，残渣用石油醚（30～60℃）浸泡2次（每次约2min），每次5ml，倾去石油醚液，残渣加无水乙醇-三氯甲烷（3∶2）的混合溶液适量，微热使溶解，转移至5ml量瓶中，用上述混合溶液稀释至刻度，摇匀，作为供试品溶液。另取熊果酸对照品适量，精密称定，加无水乙醇制

成每1ml含0.5mg的溶液，作为对照品溶液。照薄层色谱法（《中国药典》）试验，分别精密吸取供试品溶液5μl，对照品溶液4μl与8μl，分别交叉点于同一硅胶G薄层板上，以环已烷－三氯甲烷－乙酸乙酯－甲酸（20：5：8：0.1）为展开剂，展开，取出，晾干，喷以10%硫酸乙醇溶液，在110℃加热至斑点显色清晰，在薄层板上覆盖同样大小的玻璃板，周围用胶布固定，照薄层色谱法（《中国药典》四部通则0502薄层色谱扫描法）进行扫描，波长：λ_S=535nm，λ_R=650nm，测量供试品吸光度积分值与对照品吸光度积分值，计算，即得。本品每丸含山楂以熊果酸（$C_{30}H_{48}O_3$）计，不得少于7.0mg。

6.贮藏　密封。

任务计划

按照丸剂生产岗位要求，将学生分成若干个班组，由组长带领本组成员认真学习各岗位职责，对工作任务进行讨论，并进行人员分工，对每位员工应完成的工作任务内容、完成时限和工作要求等做出计划（表6-4）。

表6-4　生产计划表

工作车间：丸剂		制剂名称：大山楂丸	规格：每丸重9g	
工作岗位	人员及分工	工作内容	工作要求	完成时限

任务实施

任务11-1　粉碎过筛

确认粉碎机清洁、完好后，安装目数为100目的筛网，扣紧机盖，并开机空运转，无异常声响后，将称量好的山楂、六神曲、炒麦芽饮片投入粉碎机加料斗中粉碎。粉碎过程中注意控制给料量，给料量过大会使粉碎不充分、细度不好。投料过程中注意检查物料不得有异物。粉碎机如有异常声响应立刻停机，以免打坏筛网。具体操作参见“项目二　散剂的生产，任务3-1粉碎、任务3-2过筛”。

任务11-2　称量配制

按照生产指令，使用电子秤称量山楂36.000kg、六神曲5.400kg、炒麦芽5.400kg、蔗糖21.600kg、炼蜜21.600kg，蔗糖粉加纯化水与炼蜜一起混合，加热炼至相对密度约为1.38（70℃）备用。具体操作参见“项目二　散剂的生产，任务3-3称量配制”。

任务11-3　混合

确认混合机清洁、完好，开机空运转，无异常声响后，将称量好的原料细粉投入混合机混合30min。具体操作参见“项目二　散剂的生产”中的“任务3-4　混合”。

任务11-4　制丸

一、任务描述

按照大山楂丸生产指令，使用炼药制丸机组将混合好的原料细粉加入炼药仓，加入适量的炼蜜炼制，然后经制丸机制丸条、搓丸成型。

二、岗位职责

1. 按照丸剂工段班长安排的工作计划进行生产，并保证生产是在GMP条件下进行，在生产过程中防止一切可能发生的差错、混药和交叉污染。

2. 生产中严格按照丸剂制丸岗位SOP及设备SOP执行，当生产中出现不能按照GMP要求进行的异常情况，应立即停止生产，并通知本工段班长，请求处理。

3. 生产中要保持本岗位的环境及个人卫生，严格执行洁净区更衣标准操作程序和生产车间工艺卫生管理规程，确保文明卫生制度的实施。

4. 生产过程中对设备和工器具的使用要做到有效、爱护、安全。生产中严格执行生产车间安全生产管理规程。

5. 生产结束后，按照《丸剂制丸岗位清场规程》进行清场。

三、岗位操作法

（一）生产前准备

1. 操作人员按D级洁净区要求进行更衣、消毒、进入丸剂制备操作间。

2. 检查操作间、工具、容器、设备等是否有清场合格标识，并核对是否在有效期内。否则按清场标准操作规程进行清场，QA人员检查合格后，填写清场合格证，进入本操作。

3. 根据要求使用适宜的生产设备，设备要有“完好”标识牌和“已清洁”标识牌，并对设备状况进行检查，确认设备正常后方可使用。

4. 清理设备、容器、工具、工作台。

5. 检查整机各部件是否完整、干净，带槽滚筒是否锁紧、对正。

6. 酒精桶内是否有酒精。

7. 检查各开关是否处于正常状态，如调频开关扳向关，速度调节旋钮和调频旋钮处于最低位。

8. 接通电源后，低速检查机器运行是否正常。

（二）操作

1. 操作人员按生产指令领取制丸用物料，核对名称、批号、规格、数量等。

2. 填写“生产状态标识卡”“设备状态标识卡”并挂于指定位置，取下原标识牌，并放于指定位置。

3. 按处方量逐一称取各种物料细粉，用洁净容器盛装，贴签。

4. 制丸块（合坨）　配制润湿剂或黏合剂，与药粉混合，按工艺规程要求控制混合时间，直至制成符合规定的丸块，备用。

5. 制丸　根据工艺规程要求选择并安装出条板与刀轮，按照《制丸机操作规程》操作，进行制丸。

6. 干燥　选用合适的干燥设备，及时对丸粒进行干燥，干燥好的丸粒用洁净容器盛装，贴签，交中间站，记录数量，并填写请检单。

（三）生产结束，清场

1. 关闭设备开关。

2. 对所使用的设备按其清洁规程进行清洁、维护和保养。

3. 对操作间进行清场，并填写清场记录。请QA检查，QA检查合格后发清场合格证。

4. 设备和容器上分别挂上“已清洁”标识牌，在操作间指定位置挂上“清场合格证”标识牌。

四、操作规程

（一）开机前准备

1. 确认系统电源合格，确认设备“完好、已清洁”状态标识在有效期内。

2. 确认各紧固件紧固，可编程序控制器等插头确认插牢，确认本机平衡并接地。

3. 根据药品规格安装上合适的条孔堵头和制丸刀轮。

4. 核对中间产品的品名、规格、数量。

（二）开机运行

1. 合上供本机使用的电源开关，接通总电源开关QS。

2. 合上本机QF1～QF5低断路器，此时触摸屏控制箱上面的绿色信号灯（HL1）燃亮，该信号灯含在BS1电源（启动）按钮内。

3. 按动触摸屏控制箱上面的电源按钮SB1总电源接触器KM1吸合，此时HL1绿色信号灯灭，红色信号灯HL2燃亮，该信号灯含在急停按钮内，触摸屏显示初始画面，5s后触摸屏自动切换至主控画面。

4. 在主控画面中，“制条启”“输条启”“搓丸启”三个按钮启动制条电机、输条电机、搓丸电机，再按“流速”键画面切换手动/自动画面。

5. 在手动/自动画面中，按“制条启”和“输条启”下方的“+”“–”键调节制条和输条的速度，使其适宜。

6. 制丸

（1）打开乙醇装置开关，先将制丸刀湿润。

（2）将上在料斗的药坨加入制条机料仓内，经翻转和推进器，药条自制丸机堵头孔

出来。

（3）将制成的药条放在编码器轮上，并在托轮下面穿过，放到送条轮上，通过顺条器进入制丸刀轮进行制丸。

（4）一般是先将一根药条通过编码器，利用“手动/自动画面”中“制条启”和“输条启”的“+”“-”键，进一步调节二者的速度，待确定速度调好后，按“手动键”，则切换到“自动”状态，并将其余几根药条依次放上，输条电机开始自动跟踪制条电机，使药条以相对匹配的速度稳定的运行，运行中要均匀的加入药坨，若出现速度失配时，可随时将“自动”切换成“手动”，利用“+”“-”键进行微调后恢复到“自动”位置。

（5）制丸过程严禁金属、竹木等杂物混入刀轮中，以免损坏刀轮。

（6）更换刀轮时两刀轮牙尖一定要对齐，否则影响药丸表面光滑度。

（三）停机

1. 工作完成后或其他原因需关机时，先按“启动”键使之恢复到“手动”，然后再按制条机、输条机的键使频率降至零，并按“主控”键，将触摸画面切换到主控画面。分别按“制条启”和“输条启”、“搓丸停”，最后按触摸屏控制箱上的急停按钮SB2、KM1接触器断开，停止向制丸机各低压断路器供电，同时红色信号灯灭，整机断电。

2. 遇有紧急情况直接按SB2急停按钮，全机断电。

3. 工作结束后应将料仓和刀轮上的残留物清洗干净，清洗料仓需取下翻板，重新装上时两个翻板方向应相互垂直，较大的翻板装在高位轴上，较小的翻板装在低位上。

（四）操作注意事项

1. 加料时严禁手接触两翻板以防受伤。

2. 制条电机和输条电机过载或其他工作异常触摸屏变红色，应及时调整。

3. 按急停按钮停止后，要重新启动，必须等5min后才能通电，以免损坏变频器。

4. 发现异常立即停机，查明原因排除故障方可继续进行生产。

5. 交流变频器上的触摸屏按键不要随意乱按，以免改变内存参数造成停机。只能用手触摸，切忌用金属、木棒等硬物代替去操作。

五、清洁规程

（一）清洁方法

先关闭所有电源。将制条、输条减速到零，关闭搓丸、输条电机。拿下出料筒内帽，将制条变频开至10Hz以下挤出料头回收，最后将制条变频降至零，并关闭电源。拿出料仓推进器、内帽等，用饮用水冲洗。将翻板、刀具、塑料刷卸下用饮用水冲洗。在卸下上述部件后，可用抹布将料仓擦洗，擦洗时要注意，防止水流入机架内部电器中。将整机用抹布擦洗，必要时用液体洗涤剂。清理现场，待检查合格后，挂上设备清洁合格状态标识，并填写清洁记录。

（二）标准及检查方法

用洁净的白色抹布抹料台、料仓、推料桨、出条片、制丸刀、顺条器、塑料刷、接丸台面及设备外部等，应无色斑、污点、油迹，整机外观光洁。

（三）注意事项

1. 完成上述清洗时须一个人操作设备，避免多人操作设备，引发事故，并要保持断电。

2. 清洁好的配件放在固定位置，以防乱拿或碰伤等事故出现。

3. 清洁设备时需要开机，必须先确认其设备周围有无人或干其他工作，并唤其注意离开或停止工作，方能通电开机。

4. 清洁触摸屏不能用乙醇、汽油等化学稀料擦拭，以免损坏触摸屏表面。

六、维护保养规程

（一）日常维护保养

1. 料仓上部的双翻板每班前加注食用油。

2. 油箱需保证油面高度，应高于油窗中心线，低于中心线应加油，油号为25#机油，每半年换油一次。

3. 减速机为油浴式润滑，用70#工业级齿轮油，正常油面高于油标中线为止，每3～6个月更换一次。

4. 各紧固件应每班前检查并及时紧固。

5. 检查和确认本设备平衡并接地，严加防护触摸屏，切忌用金属、木棒代替手操作，碰坏屏面。

（二）注意事项

1. 维修保养要挂好检修标记，并在绝对断电的状态下进行，杜绝事故发生，必要时配电盒加锁。

2. 检修电气控制部分，更换元件等需专业技术人员进行检修，不能无证检修。

3. 常见故障及排除方法（表6–5）。

表6–5　制丸机常见故障及排除方法

序号	故障现象	发生原因	排除方法
1	制条速度慢	1. 制条推进器间隙大 2. 物料不符合要求	1. 更换推进器 2. 使用符合要求的物料
2	搓丸光洁度差	刀轮牙尖没有对齐	对齐刀轮牙尖
3	制条和搓丸不协调	速度失调	手动状态下进行微调再运行

七、生产记录

大山楂丸批生产记录见表6–6，制丸岗位清场记录见表6–7。

表6–6　大山楂丸批生产记录

产品名称	规格	批号	温度	相对湿度
生产日期				

续表

生产前检查			
序号	操作指令及工艺参数	工前检查及操作记录	检查结果
1	检查房间上次生产清场记录	□无　□有	□合格　□不合格
2	检查房间中有无上次生产的遗留物；有无与本批次产品无关的物品、文件	□无　□有	□合格　□不合格
3	操作间温度及相对湿度符合要求	□是　□否	□合格　□不合格
4	检查磅秤、天平是否有效，调节零点	□是　□否	□合格　□不合格
5	检查工器具、容器是否干燥洁净	□是　□否	□合格　□不合格
6	按生产指令领取物料	□是　□否	□合格　□不合格
7	检查整机各部件是否完整、干净，是否正确安装	□是　□否	□合格　□不合格
8	酒精桶内是否有酒精	□是　□否	□合格　□不合格
9	检查开关是否处于正常状态，速度调节旋钮和调频旋钮处于最低位	□是　□否	□合格　□不合格
10	接电后低速运转检查机器运行是否正常	□是　□否	□合格　□不合格
11	操作间静压差　　Pa，符合生产要求	□是　□否	□合格　□不合格
检查时间	年　月　日　时　分至　时　分	检查人	QA

<table>
<tr><th colspan="4">操作</th></tr>
<tr><th>操作指令及工艺参数</th><th>操作记录</th><th>操作人</th><th>复核人</th></tr>
<tr><td>1.按生产指令称量所需原辅料</td><td>1.<table>
<tr><td>物料名称</td><td>物料代码</td><td>批号</td><td>报告书编号</td><td>水分/%</td><td>配料/kg</td></tr>
<tr><td></td><td></td><td></td><td></td><td></td><td></td></tr>
<tr><td></td><td></td><td></td><td></td><td></td><td></td></tr>
<tr><td></td><td></td><td></td><td></td><td></td><td></td></tr>
<tr><td></td><td></td><td></td><td></td><td></td><td></td></tr>
</table></td><td rowspan="5"></td><td rowspan="5"></td></tr>
<tr><td>2.制丸块：将炼蜜加入适量纯化水调整至适宜黏度。将原辅料及炼蜜加入炼药制丸机内，开机搅拌，制成软硬适中的丸块</td><td>2.设备编号：
调蜜加水量
搅拌时间：___时___分~___时___分
搅拌速度：
丸块重量：</td></tr>
<tr><td>3.制丸：开启制条、输条及搓丸按钮，调节制条与输条的速度，使机器配合良好，切换至自动界面进行自动生产</td><td>3.制丸时间：___时___分~___时___分
酒精用量：
湿丸总重量：</td></tr>
<tr><td>4.干燥：将制好的湿丸置于干燥设备内，按照工艺规程设定相应干燥时间及干燥温度，对湿丸就行干燥</td><td>4.干燥时间：___时___分~___时___分
干燥温度：
干丸总重量：</td></tr>
<tr><td>5.结束操作：停机，对尾粉及粘附于部件上的残余物料进行收集</td><td>5.尾粉料量：
废弃量：</td></tr>
</table>

$$物料平衡=\frac{干丸总重量+尾粉量+废弃量}{药粉投入量+炼蜜量}\times 100\%=\frac{\qquad}{\qquad}\times 100\%=$$

$$收率=\frac{干丸总总量}{药粉投入量+炼蜜量}\times 100\%=\frac{\qquad}{\qquad}\times 100\%=$$

质量检查记录						
制丸块： 混合均匀	湿丸： 圆整度 重量合格	干丸： 水分 外观	重量差异			
操作人		班组长		QA		
备注						

生产管理员：　　　　　　　　QA检查员：

表6-7　制丸岗位清场记录

品名	规格	批号	清场日期	有效期	
			年　月　日	至　年　月　日	
基本要求	1. 地面无积粉、无污斑、无积液；设备外表面见本色，无油污、无残迹、无异物				
	2. 工器具清洁后整齐摆放在指定位置；需要消毒灭菌的清洗后立即灭菌，标明灭菌日期				
	3. 无上批物料遗留物				
	4. 设备内表面清洁干净				
	5. 将与下批生产无关的文件清理出生产现场				
	6. 生产垃圾及生产废物收集到指定的位置				
清场项目	项目	合格（√）	不合格（×）	清场人	复核人
	地面清洁干净，设备外表面擦拭干净				
	设备内表面清洗干净，无上批物料遗留物				
	物料存放在指定位置				
	与下批生产无关的文件清理出生产现场				
	生产垃圾及生产废物收集到指定的位置				
	工器具、洁具擦拭或清洗干净，整齐摆放在指定位置，需要消毒灭菌的清洗后立即消毒灭菌，标明灭菌日期				
	更换状态标识牌				
备注					

负责人：　　　　　　　　QA（检查员）：

任务评价

一、技能评价

大山楂丸生产的技能评价见表6-8。

表6-8　大山楂丸生产的技能评价

评价项目		评价细则	评价结果	
			班组评价	教师评价
实训操作	制丸操作（40分）	1. 开启设备前能够检查设备（10分）		
		2. 能够按照操作规程正确操作设备（10分）		
		3. 能注意设备使用过程中各项安全注意事项（10分）		
		4. 操作结束将设备复位，并对设备进行常规维护保养（10分）		
实训操作	产品质量（15分）	1. 性状、水分、重量差异符合要求（8分）		
		2. 收率符合要求（7分）		
	清场（15分）	1. 能够选择适宜的方法对设备、工具、容器、环境等进行清洗和消毒（8分）		
		2. 清场结果符合要求（7分）		
实训记录	完整性（15分）	1. 能完整记录操作参数（8分）		
		2. 能完整记录操作过程（7分）		
	正确性（15分）	1. 记录数据准确无误，无错填现象（8分）		
		2. 无涂改，记录表整洁、清晰（7分）		

二、知识评价

（一）选择题

1. 单项选择题

（1）《中国药典》一部规定，水蜜丸剂所含水分（　　）。

A. 不得超过8.0%　　B. 不得超过9.0%

C. 不得超过12.0%　　D. 不得超过15.0%

（2）浓缩蜜丸常用制备方法是（　　）

A. 塑制法　　B. 泛制法　　C. 滴制法　　D. 凝聚法

（3）不是丸剂特点的是（　　）

A. 作用缓和持久　　B. 能容纳多种形态的药物

C. 制作简单　　D. 剂量小

（4）下列可用作水丸赋形剂的是（　　）

A. 黄酒　　B. 蜂蜜　　C. 蜂蜜和水　　D. 面糊

（5）大山楂丸的规格为9g/丸，按照《中国药典》规定，其重量差异应为（　　）

A. ±3　　B. ±4　　C. ±5　　D. ±6

（6）以下属于中药丸剂的质量检查项目的是（　　）

A. 崩解时限　　B. 溶散时限　　C. 溶化性　　D. 融变时限

（7）以蜂蜜为黏合剂，且丸重在0.5g以下的称为（　　）

A. 水蜜丸　　B. 大蜜丸　　C. 滴丸　　D. 小蜜丸

（8）下列关于塑制法的工艺流程正确的是（　　）

A. 原辅料处理→制丸块→制丸条→分粒搓圆→干燥

B. 原辅料处理→制丸条→制丸块→分粒搓圆→干燥

C. 原辅料处理→制丸块→分粒搓圆→制丸条→干燥

D. 原辅料处理→分粒搓圆→制丸条→制丸块→干燥

（9）大山楂丸生产中常用的黏合剂为（　　）

A. 嫩蜜　B. 中蜜　C. 老蜜　D. 生蜂蜜

（10）大山楂丸的制备方法为（　　）

A. 泛制法　B. 滴制法　C. 塑制法　D. 揉搓法

2. 多项选择题

（1）下列叙述正确的是（　　）

A. 嫩蜜的含水量一般在20%～30%，相对密度1.40左右

B. 嫩蜜的含水量一般在17%～20%，相对密度1.35左右

C. 中蜜的含水量14%～16%，相对密度1.37左右

D. 老蜜的气泡较大红棕色，含水量10%以下，相对密度1.40左右

E. 老蜜的含水量10%以下，相对密度1.45以上

（2）中药丸剂的制备方法可有（　　）

A. 塑制法　B. 泛制法　C. 滴制法

D. 压制法　E. 搓制法

（3）丸剂的质量检查项目可有（　　）

A. 重量差异　B. 溶散时限　C. 外观

D. 硬度　E. 水分

（4）炼药制丸机组的结构组成有（　　）

A. 炼药仓　B. 制条仓　C. 搓丸机　D. 输条机　E. 刀轮

（5）中药丸剂常用辅料有（　　）

A. 白酒　B. 醋　C. 蜂蜜　D. 蔗糖　E. 水

（6）以下属于中药丸剂的特点的有（　　）

A. 作用持久　B. 生产成本高

C. 可容纳多种形态的药物　D. 能够缓和某些药物的毒副作用

E. 适合所有人群，尤其是儿童服用

（7）以下属于片剂与丸剂共同的检查项目的是（　　）

A. 溶散时限　B. 崩解时限　C. 脆碎度

D. 重量差异　E. 微生物限度

（8）以下属于塑制法制备大山楂丸的工序的有（　　）

A. 原辅料处理　B. 炼蜜　C. 制丸块

D. 制丸条　E. 盖面

（9）中药丸剂按制法可以分为哪几类（　　）

A. 蜜丸　B. 塑制丸　C. 泛制丸　D. 滴制丸　E. 浓缩丸

（10）当使用炼药制丸机生产丸剂时，发现制条速度过慢，可能的原因为（　　）

A. 刀轮牙尖没有对齐　B. 速度失调

C. 制条推进器间隙过大　　　　D. 物料不符合要求

E. 机器传动部分缺少润滑

（二）简答题

1. 中药丸剂常用辅料有哪些？

2. 中药丸剂的制备方法有哪些？

3. 中药塑制丸的制备工艺流程是什么？

（三）案例分析题

某药厂丸剂车间的操作工人在炼药制丸机组生产丸剂时，丸粒重量超过规定重量2倍，请问这是什么原因造成，如何解决？

（魏增余）

任务12　氯霉素滴丸的生产

扫码"学一学"

任务资讯

一、滴丸剂概述

（一）滴丸剂的概念

滴丸剂系指原料药物与适宜的基质加热熔融混匀，滴入不相混溶、互不作用的冷凝介质中制成的球形或类球形制剂。主要供口服，亦有供外用和眼、耳、鼻、直肠、阴道等局部使用的滴丸。

1977年版《中国药典》开始收载滴丸剂型，是国际上第一个收载滴丸剂的药典。近年来伴随着合成、半合成基质及固体分散技术的应用，滴丸剂迎来了快速发展期。滴丸剂以其自身的特点，在医药行业得到广泛认可，在某些重大疾病的治疗中发挥着举足轻重的作用。

（二）滴丸剂的特点

1. 生物利用度高，疗效迅速。因药物以分子、胶体或微粉状态高度分散在基质中，提高了药物的溶出速度和吸收速度。如速效救心丸通过舌下含服，能够快速增加冠脉血流量，缓解心绞痛症状等。

2. 增加药物的稳定性。因药物与基质融合后，与空气接触的面积变小，同时工艺条件易于控制，受热时间短，从而有效减少了药物的氧化和挥发；若基质为脂溶性的，还可避免水解。

3. 液体药物可制成固体滴丸，便于携带和服用。如牡荆油滴丸、芸香油滴丸等。

4. 根据药物性质与临床需要可制成不同给药途径或具有缓、控释性能的滴丸。如用于耳道内治疗的氯霉素控释滴丸可起长效作用。

5. 设备简单，操作方便；质量稳定，剂量准确；工艺周期短，生产效率高；车间无粉尘，利于劳动保护。

6. 目前可供选择的基质和冷凝液较少，且载药量有限，难以制成大丸（一般丸重多在100mg以下），因而只能应用于剂量小的药物。

（三）滴丸剂的基质

滴丸剂中除药物以外的赋形剂一般称为基质。基质是滴丸剂生产必不可少的成分，其与滴丸的成型及其溶出速度、稳定性等关系密切。

适宜的滴丸剂基质一般应具备以下条件：①与原料药物不发生化学反应，不影响药物的疗效与检测。②熔点较低，在60~160℃条件下能熔化成液体，遇骤冷又能冷凝为固体，与药物混合后仍能保持以上物理性状。③对人体安全无害。

滴丸剂的基质分为水溶性与非水溶性基质两大类：水溶性基质常用的有聚乙二醇类（PEG）、泊洛沙姆、硬脂酸聚烃氧（40）酯、硬脂酸钠以及甘油明胶等；非水溶性基质常用的有硬脂酸、单硬脂酸甘油酯、氢化植物油、虫蜡等。

选择基质时应根据“相似相溶”的原则，尽可能选用与药物极性或溶解度相近的基质。但在实际应用中，亦有采用水溶性与非水溶性基质的混合物作为滴丸的基质，如国内常用PEG-6000与适量硬脂酸混合，可得到较好的滴丸。

（四）滴丸剂的冷凝液

用于冷却滴出的液滴，使之收缩冷凝成为滴丸的液体称为冷凝液。冷凝液不是滴丸剂的组成部分，但参与滴丸剂制备中的一个工艺过程，如果处理不彻底可能会产生毒性，因此冷凝液应具备下列条件：①安全无害，或虽有毒性，但易于除去。②与药物和基质不相混溶，不起化学反应。③有适宜的相对密度，一般应略高于或略低于滴丸的相对密度，使滴丸（液滴）缓缓上浮或下沉，便于充分凝固、丸形圆整。

水溶性基质可用的冷凝液有液体石蜡、植物油、甲基硅油等；非水溶性基质可用的冷凝液有水、不同浓度的乙醇、酸性或碱性水溶液等。

（五）滴丸剂的质量要求

滴丸剂作为丸剂的一种，除应符合丸剂的质量要求（参见任务11）外，在生产贮存期内还应符合以下规定。

1. 滴丸基质包括水溶性基质和非水溶性基质，常用的有聚乙二醇类（如聚乙二醇6000、聚乙二醇4000等）、泊洛沙姆、硬脂酸聚烃氧（40）酯、明胶、硬脂酸、单硬脂酸甘油酯、氢化植物油等。

2. 滴丸冷凝介质必须安全无害，且与原料药物不发生作用。常用的冷凝介质有液状石蜡、植物油、甲基硅油和水等。

3. 根据原料药物的性质与使用、贮藏的要求，供口服的滴丸可包糖衣或薄膜衣。必要时，薄膜衣包衣滴丸应检查残留溶剂。

4. 化学药滴丸含量均匀度、微生物限度应符合要求。

二、滴丸剂制备

滴丸剂通常采用滴制法制备。滴制法是将药物均匀分散在熔融的基质中，再滴入不相混溶的冷凝液中冷凝收缩成丸的方法。滴制法制备滴丸剂的工艺流程见图6-4。

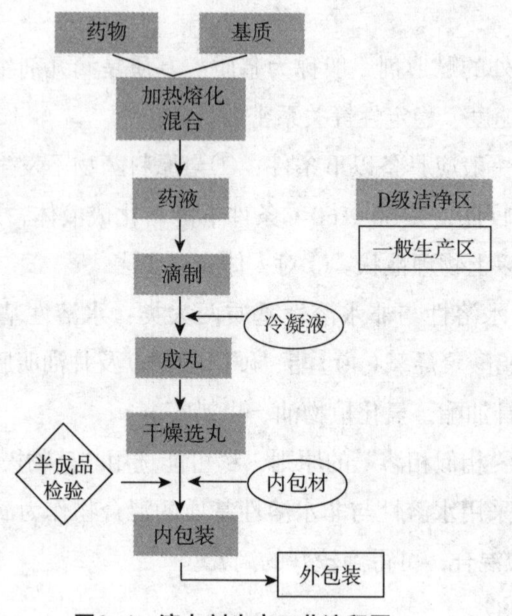

图6-4　滴丸剂生产工艺流程图

扫码"看一看"

三、滴丸剂生产设备

（一）结构组成

滴丸剂生产通常采用多功能滴丸机完成，如图6-5所示。该设备采用机电一体化紧密型组合方式，集药物调剂供应系统、动态滴制收集系统、循环制冷系统、电气控制系统于一体，符合GMP要求。

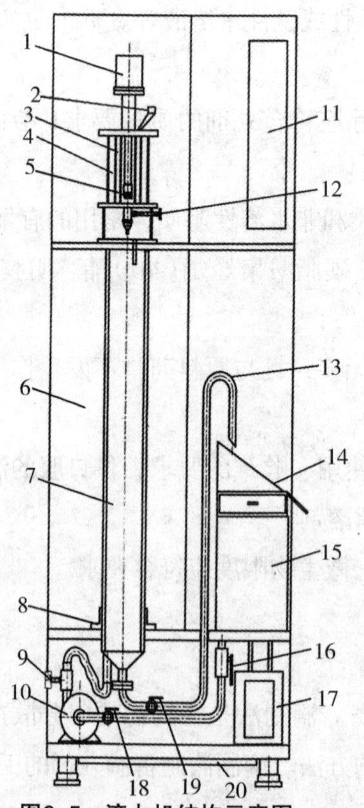

图6-5　滴丸机结构示意图

1.搅拌电机；2.加料口；3.药液；4.导热油；5.搅拌器；6.机柜；7.冷却柱；8.升降装置；9.液位调节装置；10.油泵；11.控制箱；12.滴速控制手柄；13.出料管；14.出料槽；15.油箱；16.油箱阀；17.制冷系统；18.放油阀；19.放油阀；20.接油盘

1. 药物调剂供应系统　主要由保温层、加热层、滴液罐、电动减速搅拌机、药液输出开关等部分组成。将药液与基质放入储料罐内，通过加热搅拌制成滴丸的混合药液，然后通过压缩空气将其输送到滴液罐内。

2. 动态滴制收集系统　作用是将滴液罐内的药液通过滴头滴入到冷凝液中，液滴在温度梯度（由高到低）的作用下，使药滴在表面张力作用下充分的收缩冷凝成丸。冷凝液泵出口装有节流开关，通过调节冷凝液泵节流开关的开启度控制油泵的流量，使冷凝液在收集过程中保持了液面的平衡。

3. 循环制冷系统　为了保证滴丸的圆整度，避免滴制的热量及冷却柱加热盘的热量传递给冷凝液，使其温度受到影响，制冷机组通过钛合金制冷器控制制冷箱内冷凝液的温度，保证了滴丸的顺利成型。

4. 电气控制系统　设备面板上设有电气操作盘和各参数的显示器。

（二）工作原理

溶于基质的固体或液体药物经配料罐加温、搅拌混合成溶液，再通过气压输送至滴液罐，并经过特制的滴头滴入到冷凝住内的冷凝液中，利用液体的表面张力作用，通过严格控制冷凝液的温度，使药滴形成圆整度极高的滴丸。

四、滴丸剂的质量检查

除另有规定外，滴丸剂应进行以下相应检查。

1. 外观　滴丸应大小均匀，色泽一致，无粘连现象，表面无冷凝液黏附。

2. 重量差异　滴丸剂的重量差异限度应符合表6-9中的规定。

表6-9　滴丸剂重量差异限度

标示丸重或平均丸重	重量差异限度
0.03g及0.03g以下	± 15%
0.03g以上至0.1g	± 12%
0.1g以上至0.3g	± 10%
0.3g以上	± 7.5%

取供试品20丸，精密称定总重量，求得平均丸重后，再分别精密称定每丸的重量。每丸重量与标示丸重相比较（无标示丸重的，与平均丸重比较），按表6-9中的规定，超出重量差异限度的不得多于2丸，并不得有1丸超出限度1倍。

3. 溶散时限　照崩解时限检查法，不加挡板检查，普通滴丸应在30分钟内全部溶散，包衣滴丸应在1小时内全部溶散。如有细小颗粒状物未通过筛网，但已软化且无硬心者可按符合规定论。

五、滴丸剂的包装与贮存

滴丸剂包装应严密，一般采用塑料瓶、玻璃瓶或瓷瓶包装，亦有用铝塑复合材料等包装的。除另有规定外，滴丸剂应密封贮存，防止受潮、发霉、虫蛀、变质。

工作任务

氯霉素滴丸的生产指令见表6-10。

表6-10　氯霉素滴丸的生产指令

文件编号：				生产车间：		
产品名称	氯霉素滴丸		规格	7mg/丸	理论产量	10000丸
产品批号			生产日期		有效期至	
序号	原辅料名称	处方量（g）	消耗定额			
			投料量（kg）	损耗量（kg）	领料量（kg）	备注
1	氯霉素	7	0.07	0.004	0.074	
2	聚乙二醇-6000	21	0.21	0.011	0.221	
制成		1000丸	10000丸			
起草人		审核人			批准人	
日期		日期			日期	

任务分析

一、处方分析

该制剂为耳用滴丸剂，处方中氯霉素为主药，其水中溶解度较低，聚乙二醇-6000为水溶性滴丸基质，能够与氯霉素形成均匀分散的固体分散体。因以聚乙二醇为基质，故冷凝液可选择液体石蜡或二甲硅油等脂溶性物质。

二、工艺分析

根据滴制法制备丸剂的工艺流程，将工作任务细分为3个子任务，即任务12-1 称量配制；任务12-2 药物基质混合；12-3 滴制法制丸。见图6-6。

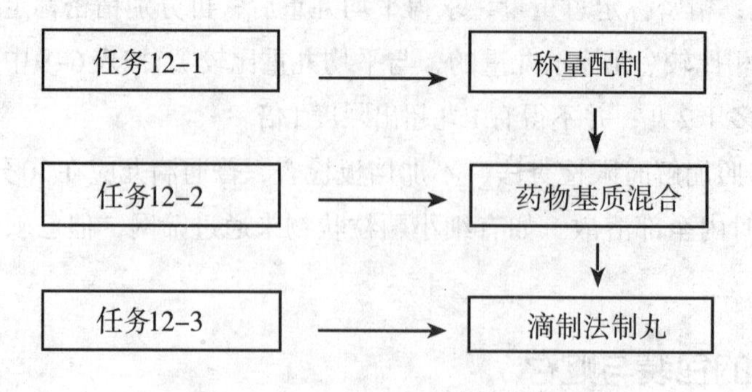

图6-6　氯霉素滴丸生产工艺分解图

三、质量标准分析

根据《中国药典》的相关规定，氯霉素滴丸的质量应符合以下要求。

1. 性状　本品为淡黄色至黄色圆珠形滴丸。

2. 规格　7mg/丸。

3. 鉴别

（1）取本品适量（约相当于氯霉素10mg），加稀乙醇1ml溶解后，加1%氯化钙溶液3ml与锌粉50mg，置水浴上加热10分钟，倾取上清液，加苯甲酰氯约0.1ml，立即强力振摇1分钟，加三氯化铁试液0.5ml与二氯甲烷2ml，振摇，水层显紫红色。不加锌粉同法试验，应不显色。

（2）在含量测定项下记录的色谱图中，供试品溶液主峰的保留时间与对照品溶液主峰的保留时间一致。

4. 检查

（1）溶解度　取本品1粒（17mg规格）或2粒（7mg规格），加稀乙醇5ml，应完全溶解。

（2）有关物质　取本品适量，加甲醇适量（按每10mg氯霉素加甲醇1ml）使溶解后，用流动相定量稀释制成每1ml中约含氯霉素0.5mg的溶液,摇匀，作为供试品溶液；另精密称取氯霉素二醇物对照品与对硝基苯甲醛对照品适量，按氯霉素二醇物每10mg加甲醇1ml使溶解，用流动相定量稀释制成每1ml中约含氯霉素二醇物20μg与对硝基苯甲醛3μg的混合溶液，作为杂质对照品溶液。照含量测定项下的色谱条件试验，取杂质对照品溶液10μl，注入液相色谱仪，调节检测灵敏度，使氯霉素二醇物峰的峰高约为满量程的50%；精密量取供试品溶液与杂质对照品溶液各10μl，分别注人液相色谱仪，记录色谱图。按外标法以峰面积计算，含氯霉素二醇物不得过2.0%,含对硝基苯甲醛不得过0.5%。

（3）溶散时限　取供试品6丸，选择适当孔径筛网的吊篮(丸剂直径在2. 5mm以下的用孔径约0.42mm的筛网；在2.5~3.5mm之间的用孔径约1.0mm的筛网；在3.5mm以上的用孔径约2.0mm的筛网)，照崩解时限检查法(《中国药典》四部通则0921)检查，在100分钟内全部溶散。

（4）其他　应符合丸剂项下有关的各项规定（《中国药典》四部通则0108）。

5. 含量测定　取本品20粒，精密称定，研细，精密称取适量，加甲醇适量（按每10mg氯霉素加甲醇1ml）使溶解后，用流动相定量稀释制成每1ml中约含氯霉素0.1mg的溶液，照氯霉素项下的方法测定，即得。本品含氯霉素（$C_{11}H_{12}C_2N_2O_5$）应为标示量的90.0%~120.0%。

任务计划

按照丸剂岗位要求，完成表6-11内容。

表6-11　生产计划表

工作车间：		制剂名称：氯霉素滴丸	规格：7mg/丸	
工作岗位	人员及分工	工作内容	工作要求	完成时限

·任务实施·

任务12-1　称量配制

按照生产指令，使用电子秤分别称量氯霉素0.07kg、聚乙二醇-6000 0.21kg备用。具体操作参见“项目二 散剂的生产，任务3-3称量配制”。

任务12-2　药物基质混合

一、任务描述

按照氯霉毒滴丸生产指令，使用烧杯在热水浴中将主药与基质提前混合均匀，制成均匀的混合液，为下一步滴制做好准备。

二、岗位职责

1.按照滴丸剂工段班长安排的工作计划进行生产，并保证生产是在GMP条件下进行，在生产过程中防止一切可能发生的差错、混药和交叉污染。

2.生产中严格按照滴丸剂药物基质混合岗位SOP执行，当生产中出现不能按照 GMP要求进行的异常情况，应立即停止生产，并通知本工段班长，请求处理。

3.生产中要保持本岗位的环境及个人卫生，严格执行洁净区更衣标准操作程序和生产车间工艺卫生管理规程，确保文明卫生制度的实施。

4. 生产过程中对设备和工器具的使用要做到有效、爱护、安全。生产中严格执行生产车间安全生产管理规程。

5.生产结束后，按照《滴丸剂药物基质混合岗位清场规程》进行清场。

三、岗位操作法

（一）生产前准备

1. 操作人员按D级洁净区要求进行更衣、消毒、进入滴丸剂制备操作间。

2. 检查操作间、工具、容器、设备等是否有清场合格标识，并核对是否在有效期内。否则按清场标准操作规程进行清场，QA人员检查合格后，填写清场合格证，进入本操作。

3. 确认水浴锅是否开启，温度是否达到预设温度。

（二）操作

1. 提前将水浴锅打开，温度设定为100℃。

2. 操作人员按照生产指令领取所需物料，核对名称、规格、批号、数量等。

3. 填写“生产状态标识卡”及“设备状态标识卡”，并挂于指定位置，取下原标识牌，并放置于指定位置。

4. 将聚乙二醇-6000置于洁净的500ml烧杯中，并置于沸水浴中不断搅拌，使完全熔融。

5. 将氯霉素分次加入熔融好的聚乙二醇-6000中适当搅拌，至分散均匀，无粉末聚集，无明显气泡，保温备用。

（三）生产结束，清场

1. 待物料已转移至下一岗位后停止水浴加热。

2. 对所使用的容器具及设备按照清洁规程进行清洁、维护和保养。

3. 对操作间进行清场，并填写清场记录。请QA检查，QA检查合格后发清场合格证。

4. 设备和容器具上分别挂上“已清洁”标识牌，在操作间指定位置挂上“清场合格证”标识牌。

四、操作规程

（一）水浴锅

1. 确认水浴锅内水量是否充足，不足时及时补充适量纯化水。

2. 接通电源，打开电源开关。

3. 点击温度设定按键，将温度设定为100℃。

4. 盖好水浴锅盖，等待水温加热至所需温度。

（二）烧杯

1. 将聚乙二醇-6000置于烧杯中，左手持烧杯，右手持玻璃棒，将烧杯置于水浴锅中，尽量使药物完全浸没于液面以下，以提高熔融的速度。

2. 必要时可用试管夹或坩埚钳固定烧杯，以防止烫伤。

3. 搅拌时玻璃棒不可碰撞杯底或杯壁，以免损坏烧杯。

4. 搅拌速度要适中，不可过快，以免引入过多气泡。

（三）注意事项

1. 水浴过程中应注意观察水浴锅内水量是否充足，不足时应及时补充。

2. 氯霉素在水中溶解度较低，水浴过程中应防止水溅入烧杯内，以免影响成品质量。

五、清洁规程

（一）清洁方法

关闭水浴锅电源。将混合药物所用的烧杯及玻璃棒用热的纯化水进行刷洗，以免聚乙二醇遇冷凝结。将水浴锅内水排尽，用纯化水刷洗锅内部，清除黏附于锅壁上的水垢等杂质。用抹布将锅内外壁擦干以防锈蚀。清理台面及地面，待检查合格后，挂上设备清洁合格状态标识，并填写清洁记录。

（二）标准及检查方法

用洁净的白色抹布抹台面及设备外部等，应无色斑、污点、油迹，整机外观光洁。

（三）注意事项

1. 清洁烧杯时必须先用热水刷洗，否则聚乙二醇遇冷凝结后会黏附于烧杯壁上很难清除。

2. 排出水浴锅内热水时应做好防护，防止烫伤。

3. 水浴锅电控部分不可用水冲洗。

六、维护保养规程

1. 水箱应放在固定的平台上，仪器所接电源电压应为220V，电源插座应采用三孔插座，并必须安装地线。

2. 加水之前切勿接通电源，而且在使用过程中，水位必须高于隔板，切勿无水或水位低于隔板加热，否则会损坏加热管。

3. 注水时不可将水流入控制箱内，以防发生触电，使用后箱内水应及时放净，并擦拭干净，保持清洁以延长使用寿命。

4. 最好使用纯净水，以避免产生水垢。

七、生产记录

药物基质混合批生产记录、混合岗位清场记录分别见表6-12、表6-13。

表6-12　药物基质混合批生产记录

产品名称	规格	批号	温度	相对湿度
生产日期				

生产前检查

序号	操作指令及工艺参数	工前检查及操作记录		检查结果	
1	检查上批清场情况，并有清场合格证	□是	□否	□合格	□不合格
2	确认所有容器具在合格的校验有效期内	□是	□否	□合格	□不合格
3	确认所用容器具已清洁，并在有效期内	□是	□否	□合格	□不合格
4	核对所用原辅料名称、规格、批号等与生产指令相符	□是	□否	□合格	□不合格
5	水浴锅电源是否打开，是否加热至设定温度	□是	□否	□合格	□不合格
检查时间	年　月　日　时　分至　时　分	检查人		QA	

操作

操作指令及工艺参数	操作记录	操作人	复核人
1. 核对物料：批号，数量正确，外观质量无异常 2. 开机前检查：检查设备清洁状况，水浴锅内水量是否充足 3. 基质熔融：将聚乙二醇-6000置于洁净的500ml烧杯中，并置于沸水浴中不断搅拌，使完全熔融 4. 药物基质混合：将氯霉素分次加入熔融好的聚乙二醇-6000中适当搅拌，至分散均匀，无粉末聚集，无明显气泡 5. 结束操作：关闭水浴锅，对混合药液重量进行称量	1. 结果：批号、数量______ 外观质量______ 2. 结果：清洁状态______ 水量 3. 水浴温度______ 加热开始时间______ 结束时间______ 聚乙二醇-6000投入量______ 剩余量______ 残损量______ 4. 搅拌开始时间______ 结束时间______ 氯霉素投入量______ 剩余量______ 残损量______ 5. 混合药液重量______		

$$物料平衡=\frac{混合药液重量+残损量}{处理前物料总量}\times 100\%=\frac{\quad}{\quad}\times 100\%=$$

物料平衡限度为99.0%~100.0%

生产管理员：　　　　　　　　QA检查员：

表6-13　药物基质混合岗位清场记录

<table>
<tr><td>品名</td><td>规格</td><td>批号</td><td colspan="2">清场日期</td><td colspan="2">有效期</td></tr>
<tr><td></td><td></td><td></td><td colspan="2">年　月　日</td><td colspan="2">至　年　月　日</td></tr>
<tr><td rowspan="6">基本要求</td><td colspan="6">1. 地面无积粉、无污斑、无积液；设备外表面见本色，无油污、无残迹、无异物</td></tr>
<tr><td colspan="6">2. 工器具清洁后整齐摆放在指定位置；需要消毒灭菌的清洗后立即灭菌，标明灭菌日期</td></tr>
<tr><td colspan="6">3. 无上批物料遗留物</td></tr>
<tr><td colspan="6">4. 设备内表面清洁干净</td></tr>
<tr><td colspan="6">5. 将与下批生产无关的文件清理出生产现场</td></tr>
<tr><td colspan="6">6. 生产垃圾及生产废物收集到指定的位置</td></tr>
<tr><td rowspan="8">清场项目</td><td colspan="2">项目</td><td>合格（√）</td><td>不合格（×）</td><td>清场人</td><td>复核人</td></tr>
<tr><td colspan="2">地面清洁干净，设备外表面擦拭干净</td><td></td><td></td><td rowspan="7"></td><td rowspan="7"></td></tr>
<tr><td colspan="2">设备内表面清洗干净，无上批物料遗留物</td><td></td><td></td></tr>
<tr><td colspan="2">物料存放在指定位置</td><td></td><td></td></tr>
<tr><td colspan="2">与下批生产无关的文件清理出生产现场</td><td></td><td></td></tr>
<tr><td colspan="2">生产垃圾及生产废物收集到指定的位置</td><td></td><td></td></tr>
<tr><td colspan="2">工器具、洁具擦拭或清洗干净，整齐摆放在指定位置，需要消毒灭菌的清洗后立即消毒灭菌，标明灭菌日期</td><td></td><td></td></tr>
<tr><td colspan="2">更换状态标识牌</td><td></td><td></td></tr>
<tr><td>备注</td><td colspan="6"></td></tr>
</table>

负责人：　　　　　　　　QA检查员：

任务12-3　滴制法制丸

一、任务描述

按照氯霉毒滴丸生产指令，使用DWJ-2000型多功能滴丸机将混合好的药液滴入不相混溶的冷凝液中，使药液收缩冷凝成丸，最后对滴丸进行擦洗，擦除表面冷凝液并进行干燥。

二、岗位职责

1. 按照滴丸剂工段班长安排的工作计划进行生产，并保证生产是在GMP条件下进行，在生产过程中防止一切可能发生的差错、混药和交叉污染。

2. 生产中严格按照滴丸剂制丸岗位SOP及设备SOP执行，当生产中出现不能按照 GMP要求进行的异常情况，应立即停止生产，并通知本工段班长，请求处理。

3. 生产中要保持本岗位的环境及个人卫生，严格执行洁净区更衣标准操作程序和生产车间工艺卫生管理规程，确保文明卫生制度的实施。

4. 生产过程中对设备和工器具的使用要做到有效、爱护、安全。生产中严格执行生产车间安全生产管理规程。

5. 生产结束后，按照《滴丸剂制丸岗位清场规程》进行清场。

三、岗位操作法

（一）生产前准备

1. 操作人员按D级洁净区要求进行更衣、消毒、进入滴丸剂制备操作间。

2. 检查操作间、工具、容器、设备等是否有清场合格标识，并核对是否在有效期内。否则按清场标准操作规程进行清场，QA人员检查合格后，填写清场合格证，进入本操作。

3. 根据要求使用适宜的生产设备，设备要有“完好”标识牌，“已清洁”标识牌，并对设备状况进行检查，确认设备正常后方可使用。

4. 检查整机各部件是否完整、干净，冷凝液箱中是否加注了足量的冷凝液，温度是否到达设定值，打开冷凝液的循环泵。

5. 检查储液罐油浴情况，油浴温度是否达到设定值。

6. 将滴头取下，置于水浴中进行预热并保温。

（二）操作

1. 操作人员按照生产指令领取所需物料，核对名称、规格、批号、数量等。

2. 填写“生产状态标识卡”及“设备状态标识卡”，并挂于指定位置，取下原标识牌，并放置于指定位置。

3. 将已经混匀的药液倒入储液罐内。

4. 将滴头从水浴中取出，装于储液罐下方的滴管上。

5. 滴制：适当打开滴速控制手柄，使药液逐滴滴落，控制滴速为50滴/min。在出料口收集已经凝固成型的滴丸，剔除外观不合格的滴丸。

6. 干燥：将合格滴丸置于托盘内，用滤纸或吸油纸反复擦拭滴丸表面，擦除粘附的冷凝液。将擦拭干净的滴丸用洁净的容器盛装，贴签，置于阴凉干燥处自然阴干，及时填写生产记录。

（三）清场

1. 关闭循环泵，使冷凝液流回油相，关闭加热，拆下滴头，关闭设备开关。

2. 对所使用的设备按其清洁规程进行清洁、维护和保养。

3. 对操作间进行清场，并填写清场记录。请QA检查，QA检查合格后发清场合格证。

4. 设备和容器上分别挂上“已清洁”标识牌，在操作间指定位置挂上“清场合格证”标识牌。

（四）记录

操作完成后，填写原始记录和批记录。

四、操作规程

（一）开机前准备

1. 确认设备状态为“完好”“已清洁”，且在有效期内。

2. 确认机器各部件安装完好，插头确认插牢，确认本机平衡并接地。

3. 确认储液罐油浴液位及颜色，当液位过低时应及时补充导热油，当颜色过深时应及时更换。向油箱内加入足量所需冷凝液。接入压缩空气管路。

（二）开机运行

1. 打开电源开关，接通电源；滴液罐及冷却柱处照明灯点亮。

2. 将“制冷温度”“油浴温度”“药液温度”和“底盘温度”显示仪的温度调节到所要求的温度值。

3. 按下“制冷”开关，启动制冷系统。

4. 按下“油泵”开关，启动磁力泵，并调节柜体左侧面下部的液位调节旋钮，使其冷却剂液位平衡。

5. 按下“油浴加热”开关，启动加热器为滴罐内的导热油进行加热。

6. 按下“滴盘加热”开关，启动加热盘为滴盘进行加热保温。

7. 启动已准备好的空气压缩机，让其达到0.7MPa的压力。

8. 药液温度受油浴温度影响，当药液温度达到所需温度时，将滴头用开水加热浸泡5分钟后，装入滴罐下方。

9. 将加热熔融好的药液从滴罐上部加料口处加入。在加料时，可调节面板上的“真空”旋钮，让滴罐内形成真空，药液能迅速的进入滴罐。

10. 加料完成后，要将加料口的盖上好（保证滴罐内不漏气）。

11. 按动“搅拌”开关，调节“调速”按钮，使搅拌器在要求的转速下进行工作。

12. 一切工作准备完毕后（即制冷温度、药液温度和底盘温度显示为要求值时），方可进行滴丸滴制工作。

13. 缓慢扭动滴罐上的滴速控制手柄进行滴制，需要时可调节面板上的“气压”或“真空”旋钮，使滴头下滴的滴液符合滴制工艺要求，药液稠时调“气压”旋扭，药液稀时调“真空”旋扭。一旦调好不要随便旋动，以保证丸重均匀。

（三）停机

1. 当药液滴制完毕时，首先关闭滴速控制手柄，再按照9~13项进行下一循环操作。

2. 当该批滴制药液全部滴制完成后，关闭面板上的“制冷”“油泵”开关，按加料方法，将准备好的热水（≥80℃）加入滴罐内，对滴罐进行清洗工作。

（四）操作注意事项

1. 开机运行过程中5、6两项在第一次加热时，应将二者温度显示仪先设置到40℃，当加热达到40℃时，关闭“油浴加热”或“滴盘加热”开关，停留10分钟，使导热油或滴盘温度适当传导后，再将二者温度显示仪调到所需温度。按下“油浴加热”或“滴盘加热”开关进行加热，直到温度达到要求。

2. 滴罐玻璃罐处与照明灯处温度较高，请不要将手及怕烫的物品放置在上面，以免烫伤、烫坏。

3. 搅拌器不允许长期开启。调节转速不宜过高，一般在指示的前2~4格内；60~100r/min。

4. 滴罐增加压力操作必须把有机玻璃窗放下，以保证安全。

五、清洁规程

（一）清洁方法

清洗时，向滴罐内加入热水（≥80℃），打开“搅拌”开关，对滴罐内的热水进行搅拌，提高搅拌器转速，使残留的药液溶入热水中，打开滴头开关，将热水从滴头排出。如此反复几次至滴罐洗净为止。滴头拆下后泡入热水中进行刷洗。最后用抹布将整机外部擦拭干净，必要时用洗涤剂清洗。清理现场，待检查合格后，挂上设备清洁合格状态标识，并填写清洁记录。

（二）标准及检查方法

用洁净的白色抹布抹台面及设备外部等，应无色斑、污点、油迹，整机外观光洁。

（三）注意事项

1. 在清洗滴罐时，将接盘放在冷却柱上口处，以防热水流入冷却柱内，而影响或破坏了冷凝液的纯度。

2. 如特殊药液无法将滴罐内清洗干净，可拆下滴罐上部法兰和搅拌电机底座的联接用毛刷进行清洗，至干净后重新装好，以备下次使用。

3. 多功能滴丸机正面上方的有机玻璃和冷却柱有机玻璃请勿用酒精或其他有机溶剂擦拭，以免损坏。

六、维护保养规程

1. 一般机件，每班开车前加油一次，中途可根据需要添加一次，每周对润滑点润滑一次。

2. 每班使用结束后，检查工作面是否黏有残渣，如有应清扫干净。

3. 每个班次结束后，若生产中断，须将设备彻底清洗干净并给各润滑点加油润滑，经检查合格后，挂清洁合格状态标识。

4. 更换模具时，应轻扳、轻放，以免变形损坏；机器使用场所应保持清洁。

5. 常见故障及排除方法见表6-14。

表6-14　滴丸机常见故障及排除方法

序号	故障现象	发生原因	排除方法
1	滴丸粘连	冷凝液温度偏低，黏性大，滴丸下降慢	升高冷凝液温度
2	滴丸表面不光滑	冷凝液温度偏高,丸形定型不好	降低冷凝液温度
3	滴丸拖尾	冷凝液上部温度过低	升高冷凝液温度
4	滴丸呈扁形	1.冷凝液上部温度过低，药液与冷凝液液面碰撞成扁形，且未收缩成球形已成型 2.药液与冷凝液密度不匹配，使液滴下降太快影响形状	1.升高冷凝液温度 2.改变药液或冷凝液密度，使两者相匹配
5	丸重偏重	1.药液过稀，滴速过快 2.压力过大使滴速过快	1.适当降低滴罐和滴盘温度，使药液黏度增加 2.调节压力旋钮或真空旋钮，减小滴罐内压力
6	丸重偏轻	1.药液太黏稠，搅拌时产生气泡 2.药液太黏稠，滴速过慢 3.压力过小使滴速过慢	1.适当增加滴罐和滴盘温度，降低药液黏度 2.适当升高滴罐和滴盘温度，使药液黏度降低 3.调节压力旋钮或真空旋钮，增大滴罐内压力

七、生产记录

滴制法制丸批生产记录、岗位清场记录分别见表6-15、表6-16。

表6-15　滴制法制丸批生产记录

<table>
<tr><td>产品名称</td><td>规格</td><td>批号</td><td colspan="2">温度</td><td colspan="2">相对湿度</td></tr>
<tr><td></td><td></td><td></td><td colspan="2"></td><td colspan="2"></td></tr>
<tr><td>生产日期</td><td colspan="6"></td></tr>
<tr><td colspan="7">生产前检查</td></tr>
<tr><td>序号</td><td colspan="2">操作指令及工艺参数</td><td colspan="2">工前检查及操作记录</td><td colspan="2">检查结果</td></tr>
<tr><td>1</td><td colspan="2">检查上批清场情况，并有清场合格证</td><td>□是</td><td>□否</td><td>□合格</td><td>□不合格</td></tr>
<tr><td>2</td><td colspan="2">确认所有容器具在合格的校验有效期内</td><td>□是</td><td>□否</td><td>□合格</td><td>□不合格</td></tr>
<tr><td>3</td><td colspan="2">确认所用容器具已清洁，并在有效期内</td><td>□是</td><td>□否</td><td>□合格</td><td>□不合格</td></tr>
<tr><td>4</td><td colspan="2">核对所用原辅料名称、规格、批号等与生产指令相符</td><td>□是</td><td>□否</td><td>□合格</td><td>□不合格</td></tr>
<tr><td>检查时间</td><td colspan="2">年 月 日 时 分至 时 分</td><td>检查人</td><td></td><td>QA</td><td></td></tr>
</table>

<table>
<tr><td colspan="4">操 作</td></tr>
<tr><td>操作指令及工艺参数</td><td>操作记录</td><td>操作人</td><td>复核人</td></tr>
<tr><td>1. 核对物料：批号，数量正确，外观质量无异常
2. 生产前准备
（1）检查设备状态，确认储液罐油浴液位及颜色，向油箱内加入足量所需冷凝液，接入压缩空气管路
（2）设置好冷却温度及各部位加热温度，按下“制冷、油泵、油浴加热、滴盘加热”等开关
（3）滴头放入热水浴中加热5min
3. 滴制
（1）将已经混匀的药液倒入储液罐内
（2）将滴头从水浴中取出，装于储液罐下方的滴管上
（3）适当打开滴速控制阀，使药液逐滴滴落，控制滴速为50滴/分。在出料口收集已经凝固成型的滴丸，剔除外观不合格的滴丸
4. 结束操作
（1）将合格滴丸置于托盘内，用滤纸或吸油纸反复擦拭滴丸表面，擦除粘附的冷凝液
（2）关闭设备</td><td>1. 结果：批号、数量＿＿＿＿
外观质量＿＿＿＿
2. 设备编号＿＿＿＿
设备状态＿＿＿＿
所用冷凝液＿＿＿＿
制冷温度＿＿＿＿
油浴温度＿＿＿＿
滴盘温度＿＿＿＿
滴头预热温度＿＿＿＿
预热时间＿时＿分~＿时＿分
3. 药液总量＿＿＿＿
药液余量＿＿＿＿
残损量＿＿＿＿
滴速＿＿＿＿
滴制时间＿时＿分~＿时＿分
4. 合格滴丸重量＿＿＿＿
不合格滴丸重量＿＿＿＿
平均丸重＿＿＿＿</td><td></td><td></td></tr>
<tr><td colspan="4">物料平衡= (合格滴丸重量+不合格滴丸重量+残损量+药液余量) / 药液总量 ×100%= ——— ×100%=</td></tr>
<tr><td colspan="4">物料平衡限度为99.0%~100.0%</td></tr>
<tr><td colspan="2">生产管理员：</td><td colspan="2">QA检查员：</td></tr>
</table>

表6-16 滴制法制丸岗位清场记录

<table>
<tr><td colspan="2">品名</td><td>规格</td><td>批号</td><td>清场日期</td><td colspan="3">有效期</td></tr>
<tr><td colspan="2"></td><td></td><td></td><td>年 月 日</td><td colspan="3">至 年 月 日</td></tr>
<tr><td rowspan="6">基本要求</td><td colspan="7">1. 地面无积粉、无污斑、无积液；设备外表面见本色，无油污、无残迹、无异物</td></tr>
<tr><td colspan="7">2. 工器具清洁后整齐摆放在指定位置；需要消毒灭菌的清洗后立即灭菌，标明灭菌日期</td></tr>
<tr><td colspan="7">3. 无上批物料遗留物</td></tr>
<tr><td colspan="7">4. 设备内表面清洁干净</td></tr>
<tr><td colspan="7">5. 将与下批生产无关的文件清理出生产现场</td></tr>
<tr><td colspan="7">6. 生产垃圾及生产废物收集到指定的位置</td></tr>
<tr><td rowspan="8">清场项目</td><td colspan="3">项目</td><td>合格（√）</td><td>不合格（×）</td><td>清场人</td><td>复核人</td></tr>
<tr><td colspan="3">地面清洁干净，设备外表面擦拭干净</td><td></td><td></td><td rowspan="7"></td><td rowspan="7"></td></tr>
<tr><td colspan="3">设备内表面清洗干净，无上批物料遗留物</td><td></td><td></td></tr>
<tr><td colspan="3">物料存放在指定位置</td><td></td><td></td></tr>
<tr><td colspan="3">与下批生产无关的文件清理出生产现场</td><td></td><td></td></tr>
<tr><td colspan="3">生产垃圾及生产废物收集到指定的位置</td><td></td><td></td></tr>
<tr><td colspan="3">工器具、洁具擦拭或清洗干净，整齐摆放在指定位置，需要消毒灭菌的清洗后立即消毒灭菌，标明灭菌日期</td><td></td><td></td></tr>
<tr><td colspan="3">更换状态标识牌</td><td></td><td></td></tr>
<tr><td>备注</td><td colspan="7"></td></tr>
</table>

负责人： QA检查员：

任务评价

一、技能评价

氯霉素滴丸生产的技能评价见表6-17。

表6-17 氯霉素滴丸生产的技能评价

<table>
<tr><td colspan="2" rowspan="2">评价项目</td><td rowspan="2">评价细则</td><td colspan="2">评价结果</td></tr>
<tr><td>班组评价</td><td>教师评价</td></tr>
<tr><td rowspan="8">实训操作</td><td rowspan="4">制丸操作（40分）</td><td>1. 开启设备前能够检查设备（10分）</td><td></td><td></td></tr>
<tr><td>2. 能够按照操作规程正确操作设备（10分）</td><td></td><td></td></tr>
<tr><td>3. 能注意设备使用过程中各项安全注意事项（10分）</td><td></td><td></td></tr>
<tr><td>4.操作结束将设备复位，并对设备进行常规维护保养（10分）</td><td></td><td></td></tr>
<tr><td rowspan="2">产品质量（15分）</td><td>1. 外观、重量差异、溶散时限符合要求（8分）</td><td></td><td></td></tr>
<tr><td>2. 物料平衡符合要求（7分）</td><td></td><td></td></tr>
<tr><td rowspan="2">清场（15分）</td><td>1. 能够选择适宜的方法对设备、工具、容器、环境等进行清洗和消毒（8分）</td><td></td><td></td></tr>
<tr><td>2. 清场结果符合要求（7分）</td><td></td><td></td></tr>
</table>

续表

评价项目		评价细则	评价结果	
			班组评价	教师评价
实训记录	完整性（15分）	1. 能完整记录操作参数（8分）		
		2. 能完整记录操作过程（7分）		
	正确性（15分）	1. 记录数据准确无误，无错填现象（8分）		
		2. 无涂改，记录表整洁、清晰（7分）		

二、知识评价

（一）选择题

1. 单项选择题

（1）滴丸剂最早收录于哪部药典（　　）

A. 2015年版《中国药典》　　B. 1985年版《中国药典》

C. 1977年版《中国药典》　　D. 1953年版《中国药典》

（2）下列不属于滴丸剂特点的是（　）

A. 起效快　　B. 生物利用度高

C. 发挥长效作用　　D. 含药量高，服用量小

（3）氯霉毒滴丸的给药途径为（　　）

A. 内服　　B. 腔道给药

C. 舌下含服　　D. 皮下植入

（4）下列关于滴丸剂的说法不正确的是（　　）

A. 滴丸剂只能发挥速效作用，无法发挥长效作用

B. 滴丸剂含药量小，每次服用量较大

C. 滴丸剂生产设备简单，操作方便，车间无粉尘，利于劳动保护

D. 液体药物也可制成固体滴丸

（5）滴丸剂中除主药以外的成分，能够帮助滴丸成型的附加剂称为（　　）

A. 填充剂　　B. 冷凝液　　C. 稀释剂　　D. 滴丸基质

（6）以下属于滴丸剂水溶性基质的是（　）

A. 硬脂酸　　B. 泊洛沙姆

C. 氢化植物油　　D. 单硬脂酸甘油酯

（7）以下属于滴丸剂非水溶性基质的是（　　）

A. 虫蜡　　B. 聚乙二醇

C. 硬脂酸聚烃氧（40）酯　　D. 硬脂酸钠

（8）在滴丸剂生产过程中，若以聚乙二醇-6000为滴丸基质，则可以选择的冷凝液为（　　）

A. 二甲硅油　　B. 纯化水

C. 10%乙醇　　D. 10%乙酸水溶液

（9）下列关于多功能滴丸机结构的叙述，正确的是（　　）

A. 滴液罐通过水浴进行加热，水浴温度可随意调整

B. 整个冷却柱内的温度上下必须保持一致

C. 滴头距离冷凝液液面的高度对滴丸成型无影响

D. 储液罐、滴盘等部分可分别进行温度控制

（10）以下属于滴丸剂质量检查项目的是（　　）

A. 崩解时限　　B. 溶化性　　C. 溶散时限　　D. 融变时限

2. 多项选择题

（1）滴丸剂的特点包括（　　）

A. 液体药物可制成固体滴丸剂　　B. 含药量大，服用量小

C. 生物利用度高　　D. 生产设备简单，操作简便

E. 可增强药物稳定性

（2）作为滴丸剂的基质，应满足以下哪些要求（　　）

A. 熔点较低　　B. 不与主药发生反应　　C. 对人体无害

D. 流动性较高　　E. 不影响主药的疗效与检测

（3）滴丸所用冷凝液应满足哪些要求（　　）

A. 不与基质及主药发生反应　　B. 不溶解基质与主药

C. 黏度高　　D. 沸点高

E. 密度与滴丸相近但不相等

（4）以下属于滴丸剂水溶性基质的有（　　）

A. 泊洛沙姆　　B. 聚乙二醇　　C. 硬脂酸聚烃氧（40）酯

D. 硬脂酸钠　　E. 甘油明胶

（5）以下属于滴丸剂非水溶性基质的有（　　）

A. 氢化植物油　　B. 虫蜡　　C. 单硬脂酸甘油酯

D. 硬脂酸钠　　E. 硬脂酸

（6）当以硬脂酸聚烃氧（40）酯为滴丸基质时，可选用的冷凝液有哪些（　　）

A. 二甲硅油　　B. 纯化水

C. 植物油　　D. 液体石蜡

E. 不同浓度的乙醇

（7）当以单硬脂酸甘油酯为滴丸基质时，可选用的冷凝液有哪些（　　）

A. 液体石蜡　　B. 纯化水　　C. 弱酸性水溶液

D. 弱碱性水溶液　　E. 不同浓度的乙醇

（8）以下属于多功能滴丸机组成部分的是（　　）

A. 储液罐　　B. 滴头　　C. 冷却柱

D. 油箱　　E. 制冷系统

（9）滴丸剂的给药途径包括（　　）

A. 口服给药　　B. 舌下含服　　C. 腔道给药

D. 眼部给药　　E. 皮下给药

（10）滴丸剂的质量检查项目有哪些（　　）

A. 外观　　B. 重量差异　　C. 崩解时限

D. 溶散时限　　E. 溶化性

（二）简答题

1.请画出滴丸剂的生产工艺流程图，并注明洁净度级别。

2.滴丸剂基质与冷凝液选择的一般原则有哪些？

3.请简要分析滴丸剂能够快速释放药物，发挥速效作用的原因有哪些？

（三）案例分析题

某药厂制剂工在操作多功能滴丸剂完成滴丸剂制备时发现，丸剂不够圆整，多呈水滴状，有拖尾，请分析造成这种现象的原因是什么，如何解决？

（潘学强）

参考答案

任务1

1.单项选择题

（1）A （2）D （3）B （4）B （5）A （6）B （7）A （8）D （9）C （10）A

2.多项选择题

（1）ABCD （2）ABC （3）ABCDE （4）ABCD （5）ABCD （6）ABCD （7）ABCDE （8）ACD （9）ABD （10）ABCDE

任务2

1.单项选择题

（1）A （2）D （3）C （4）C （5）C （6）A （7）B （8）D （9）A （10）B

2.多项选择题

（1）ABCD （2）ABCD （3）ABCDE （4）ABCD （5）ABCDE （6）BCDE （7）ABCDE （8）ABCD （9）BC （10）BC

任务3

1.单项选择题

（1）A （2）B （3）C （4）A （5）C （6）C （7）C （8）D （9）B （10）B

2. 多项选择题

（1）ABC （2）ABC （3）ACE （4）ABCDE （5）ABC （6）BCDE （7）BCD （8）ABCE （9）AE （10）ABC

任务4

1. 单项选择题

（1）B （2）A （3）B （4）D （5）D （6）C （7）A （8）C （9）A （10）C

2. 多项选择题

（1）ABDE （2）ABCD （3）ABCDE （4）ABCD （5）ABDE （6）ACDE （7）ABD （8）ABC （9）BDE （10）ABCDE

任务5

1. 单项选择题

（1）C （2）D （3）A （4）D （5）B （6）C （7）D （8）D （9）C （10）B

2. 多项选择题

（1）AD （2）ABCDE （3）ABCD （4）ABCDE （5）ABCDE （6）AB （7）ABC （8）ABCD （9）ABCDE （10）ABCDE

任务6

1. 单项选择题

（1）B （2）A （3）C （4）B （5）D （6）A （7）D （8）A （9）B （10）D

2. 多项选择题

（1）ABCD （2）ABCDE （3）BCE （4）DE （5）ACE （6）BCE （7）ABCDE
（8）CDE （9）ABCDE （10）ABCD

任务7

1. 单项选择题

（1）B （2）C （3）A （4）D （5）B （6）C （7）A （8）B （9）A （10）D

2. 多项选择题

（1）ABDE （2）ADE （3）ACD （4）ABD （5）ABE （6）ABE （7）ACD
（8）CDE （9）CDE （10）BDE

任务8

1. 单项选择题

（1）B （2）A （3）B （4）A （5）A （6）D （7）B （8）A （9）A （10）D

2. 多项选择题

（1）ABCDE （2）ABCDE （3）ABDE （4）ABDE （5）ABCDE （6）ABE （7）BCD
（8）CD （9）BCE （10）ABCDE

任务9

1. 单项选择题

（1）C （2）D （3）A （4）C （5）D （6）C （7）C （8）A （9）C （10）B

2. 多项选择题

（1）ABCD （2）ACDE （3）BC （4）ABE （5）ABCDE （6）ABCDE （7）ABC
（8）ABCE （9）BDE （10）ACE

任务10

1. 单项选择题

（1）C （2）A （3）D （4）B （5）A （6）D （7）C （8）D （9）A （10）B

2. 多项选择题

（1）AB （2）ABC （3）ABCDE （4）ABCD （5）ABC （6）ABCE （7）ABD
（8）ABDE （9）ABC （10）ACE

任务11

1. 单项选择题

（1）C （2）A （3）D （4）A （5）C （6）B （7）D （8）A （9）B （10）C

2. 多项选择题

（1）BCD （2）AB （3）ABCE （4）ABCE （5）ABCDE （6）ACD （7）DE
（8）ABCD （9）BCD （10）CD

任务12

1. 单项选择题

（1）C （2）D （3）B （4）A （5）D （6）B （7）A （8）A （9）D （10）C

2. 多项选择题

（1）ACDE （2）ABCE （3）ABE （4）ABCDE （5）ABCE （6）ACD （7）BCDE
（8）ABCDE （9）ABCD （10）ABD

参考文献

[1] 韩瑞亭. 药物制剂技术[M]. 北京：中国农业大学出版社，2008.
[2] 张洪斌. 药物制剂工程技术与设备[M]. 北京：化学工业出版社，2010.
[3] 杨瑞红. 药物制剂技术与设备[M]. 2版. 北京：化学工业出版社，2012.
[4] 张劲. 药物制剂技术[M]. 北京：化学工业出版社，2009.
[5] 胡英，周广芬. 药物制剂[M]. 2版. 北京：中国医药科技出版社，2008.
[6] 于广华，毛小明. 药物制剂技术[M]. 北京：化学工业出版社，2012.
[7] 陈晶. 药物制剂技术[M]. 北京：化学工业出版社，2013.
[8] 王云云，王秋香. 药物制剂技术[M]. 西安：第四军医大学出版社，2011.
[9] 兰小群，李艳艳. 实用药物制剂技术实训教程[M]. 上海：上海交通大学出版社，2010.
[10] 朱玉玲. 药物制剂技术[M]. 北京：化学工业出版社，2012.
[11] 张健泓. 药物制剂技术[M]. 北京：人民卫生出版社，2013.
[12] 刘一. 药物制剂知识与技能教程[M]. 北京：化学工业出版社，2006.
[13] 黄家得. 药物制剂实训教程[M]. 北京：中国医药科技出版社，2008.
[14] 张琦岩，孙耀华. 药剂学[M]. 北京：人民卫生出版社，2009.
[15] 崔福德. 药剂学[M]. 6版. 北京：人民卫生出版社，2008.
[16] 谢淑俊. 药物制剂设备：下册[M]. 北京：化学工业出版社，2009.
[17] 杨凤琼. 实用药物制剂技术[M].2版. 北京：化学工业出版社，2010.
[18] 魏增余. 中药制药设备应用技术[M]. 南京:江苏教育出版社，2012.
[19] 王行刚. 药物制剂设备与操作[M]. 北京：人民卫生出版社，2009.
[20] 王泽.杨宗发. 制剂设备[M]. 北京：中国医药科技出版社，2013 .
[21] 邓才彬. 药物制剂设备[M]. 北京：人民卫生出版社，2013.
[22] 杨宗发. 药物制剂设备[M]. 北京：人民军医出版社，2012.
[23] 李忠文. 药剂学[M]. 北京：人民卫生出版社，2018.
[24] 方亮. 药剂学[M]. 北京：人民卫生出版社，2016.